동물 기계

동물 기계

ANIMAL MACHINES

새로운 공장식 축산

루스 해리슨 지음 | **레이철 카슨** 서문

강정미 옮김

에이도스

목차

1964년 초판 서문 | 레이철 카슨 07

01 들어가며 11

02 육계 25

03 도계장 55

04 배터리 산란계 73

05 식육용 송아지 115

06 기타 밀집식 사육 시설 159

07 사진으로 간략하게 보는 새로운 공장식 축산 175

08 품질 기준 203

09 고품질 생산과 대량 생산 223

10 동물 학대와 법률 273

11 결론 315

감사의 말 334

추천의 글(2013년 재판)

우리가 『동물 기계』를 읽어야 하는 이유 **336**
_ 마리아나 스탬프 도킨스

루스 해리슨, 영감을 주는 친구에게 바치는 헌사 **341**
_ 존 웹스터

『동물 기계』의 예언과 철학 **348**
_ 버나드 E. 롤린

루스 해리슨에게 바치는 헌사 **360**
_ 데이비드 프레이저

루스 해리슨의 후기 저술과 동물복지 업적 **365**
_ 도널드 M. 브룸

옮긴이 후기 **371**

미주 **373**

참고 문헌 **380**

찾아보기 **386**

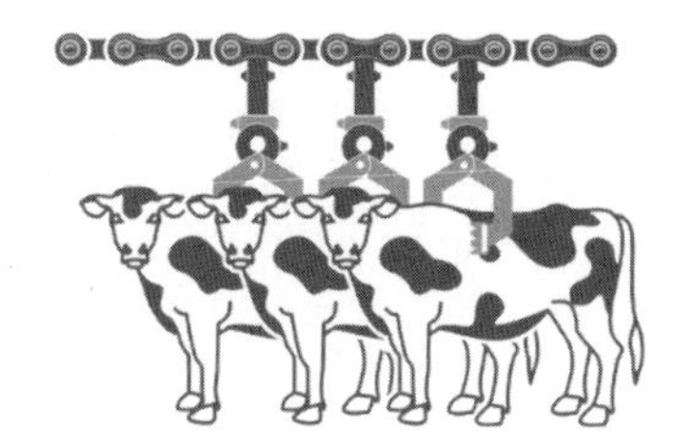

일러두기

* 이 책의 초판은 1964년 발행되었다. 한국어판은 2013년 CABI에서 출판된 판본을 번역했다.
* 본문에 나오는 괄호 안 설명과 고딕 강조는 모두 지은이가 한 것이며, 독자의 이해를 돕기 위해 필요한 부분에 옮긴이 주를 달았다.
* 본문에서 인용된 저서와 소책자는 『 』, 일간지는 〈 〉, 주간지를 비롯한 정기간행물은 《 》로 표기했다.

1964년 초판 서문

레이철 카슨

현대는 고속과 대량이라는 신을, 빨리빨리와 손쉬운 영리(營利)라는 신을 숭배한다. 이 우상숭배로부터 괴물 같은 악마들이 등장했다. 하지만 악마는 오랫동안 눈에 보이지 않았다. 악마를 창조한 사람들조차도 기만적인 합리화로 사회에 끼친 해악에 대해 스스로 눈을 가리고 있기 때문이다. 일반인들 대다수는 '누군가' 사태를 해결해줄 것이라는 어린아이 같은 순진한 믿음 속에 안주하고 있다. 이런 믿음은 공공심(公共心)으로 충만하고, 끈기 있는 연구와 변치 않는 용기를 가진 한 사람이 더 이상 묵과할 수 없는 사실들을 들이밀기 전까지 깨지지 않았다.

그 사람이 바로 루스 해리슨이었다. 해리슨의 이야기는 인간의 식탁에 오르는 동물을 사육하는 새로운 방식을 다룸으로써 사실상 거의 모든 시민들에게 영향을 미쳤다. 순진한 믿음 속에 안주하고 있던 사람들로서는 충격을 받을 수밖에 없는 이야기였다.

현대 축산은 '밀집사육'이라는 파고에 휩쓸리고 있다. 이 물결은 과거의 전통적인 사육과 조금이라도 비슷한 방식이라면 무엇이든 쓸어내버렸다. 초록의 대지에 동물들이 거닐고 닭 무리가 먹이를 찾아 만족스럽게 흙바닥을 쪼는 목가적인 풍경은 사라졌다. 그곳에 공장과 유사한 건물들이 세워지고, 그 안에서 동물들은 발아래 흙을 한 번도 느껴보지 못한 채, 햇살이 있다는 것도 모른 채, 자연의 먹이를 뜯는 단순한 즐거움도 모른 채, 비참한 존재로 살아가고 있다. 철저히 감금되어, 아주 작은 움직임도 용납하지 않는 밀집된 곳에서 살아가고 있다.

환경 분야 특히 생물과 그 주변 환경에 관심이 있는 생물학자로서, 현대식 공장과 같은 인공적이고 훼손된 환경에서 건강한 동물이 생산된다는 건 상상도 할 수 없는 일이다. 그곳에서 동물들은 살이 찌워지고 생기 없는 무생물 무리가 되어 간다.

육계의 밀집된 환경, 양돈장의 비위생적이고 역겨운 환경, 산란계가 평생을 감금당해 사는 조그마한 닭장을 해리슨은 밀집사육 환경의 예로 들며 설명한다. 그는 이런 인공적인 환경은 건강하지 않다고, 분명히 그럴 수 없다고 주장한다. 이런 시설에서는 계속해서 항생제를 사용할 수밖에 없는 질병이 휩쓸고 지나간다. 그리고 질병은 항생제 내성을 키운다. 식육용 송아지는 의도적으로 빈혈 상태를 유지해 미식가의 욕구를 만족시키도록 키워진다. 때때로 송아지를 감금 사육틀에서 꺼내면 급사하기도 한다.

그렇다면 다음과 같은 질문이 떠오른다. 밀집사육 환경에서 생산한 동물이 인간의 음식으로 사용될 만큼 안전한가? 해리슨은 전문적인 의견을 인용하고, 인상적인 증거를 제시하면서 안전하지 않다고 지적한다. 생산량은 늘어도 품질은 떨어진다는 것이다. 이는 몇몇 생산자들, 이를테면 자기들 식탁에 올리는 닭고기는 육계 시설이 아니라 집 뒷마당에서 몇 마리 키워서 먹을 것이라고 말하는 생산자들이 가장 의미심장한 방식으로 깨달은 사실이다. 인간에게 위협적인, 이 환상적인 운용 시스템을 어떻게든 굴러가도록 유지하기 위해 사용되고 있는 약품, 호르몬, 살충제에 관한 문제는 아직 연구되지도 않았다.

밀집사육에 반대하는 최종적인 의견은 현재 농축 산업 분야에 수렴되어 인도주의적인 방식으로 실행되고 있다. 나는 해리슨이 인간이 지배하는 다른 생명에 대해 도덕적 권리를 얼마나 행사할 수 있는가 하는 물음을 끌어냈다는 것이 무척 기쁘다. 해리슨이 보여준 것처럼, 인간은 전혀 생명이라고도 할 수 없이 그저 미천한 존재로 살아가는 생명의 수를 줄일 권리가 있을까? 더 나아가 마음대로 잔혹하게 대함으로써 이 불쌍한 생명들의 삶을 끝낼 권리가 인간에게 있을까? 내 대답은 검증되지 않은 '아니오'이다. 인간이 모든 살아 있는 생명을 진실하게 숭배하고 고귀하게 끌어안는 슈바이처식 윤리를 깨닫지 않는 한 인간과 함께 하는 동물들은 평화로울 수 없다고 믿는다.

해리슨의 책은 영국의 상황에 대해서 자세히 서술했지만, 밀집사육 방식이 실행되고 있는 유럽 국가들과 밀집사육을 서서히 도입하고 있는 미국에서 널리 읽혀야 한다. 어디에서 읽든 간에 혐오, 역겨움, 분노의 감정이 들 것이다. 나는 이 책이 소비자의 저항에 불을 붙여, 이 거대한 새로운 축산 방식을 선택하는 비율이 강제로라도 고쳐지기를 희망한다.

"이게 풀이란 것이다. 바보들아! 이걸 먹어야지…기억 안 나?"

출처: 《농부와 목축업자》(Farmer and Stockbreeder)

01
들어가며

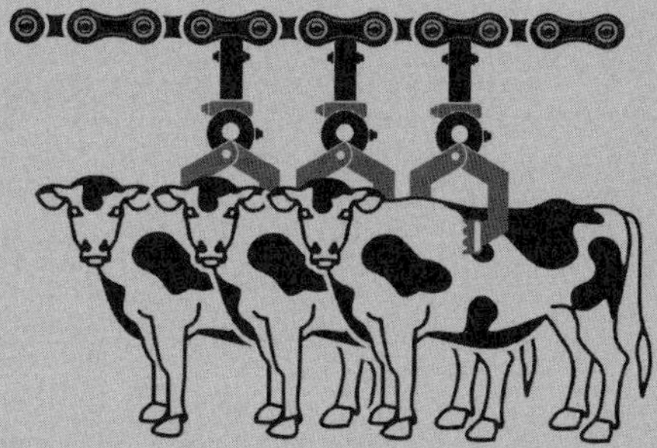

ANIMAL MACHINES

나는 이 책에서 새로운 형태의 축산에 대해 이야기하고자 한다. 바로 생산라인 방식의 축산, 공장식 축산이다. 여기서 동물들은 죽을 때까지 어둠 속에서 움직이지도 못하고 햇빛도 보지 못한 채 살아간다. 아울러 동물을 오직 인간의 음식으로 얼마나 변환되는지를 가지고 평가하는 인간에 대해서도 이야기하려고 한다.

공장식 축산이란 무엇인가?

밀집사육이란 무엇인가?

이 분야의 전문가 로윗 연구소(Rowett Research Institute)의 프레스턴(T.R. Preston) 박사의 설명을 들어보자.

> 빠른 전환율, 고밀도 비육, 높은 기계화 비율, 저노동, 판매 가능한 제품으로의 효과적인 변환, 이 다섯 가지가 이른바 밀집식 동물생산 시스템의 핵심이다.[1]

달리 표현하면 오래된 이끼로 덮인 헛간과 들판에서 농장동물들을 끌고 와 어떤 동물이든 들어가면 밀집된 환경 때문에 거의 움직일 수 없고, 먹이와 물은 자동으로 공급되는 기괴한 산업 건물 안으로 들인다는 의미이다. 기계화된 청소 설비는 사육자가 동물과 함께하는 시간을 대폭 줄여, 전통적 농부들이 가지고 있던 동물과의 일체감은 비경제적이고 감상적인 것으로 치부된다. 공장식 농장에서 생명은 온전히 이익과 관련되어 있고, 동물들은 순수하게 음식과 고기 또는 판매 가능한 제품으로 얼마나 변환될 수 있는가로 평가된다.

식육용 송아지를 키우는 극단적인 환경의 시설을 방문한 적이 있다. 밝은 햇빛이 있는 곳에서 창문이 없는 헛간의 암흑으로 들어갔다. 농부가 불을 켜자 헛간 한쪽 끝에 폭이 좁고 막혀 있는 지옥 같은 감금 사육틀이 나란히 놓여 있었다. 농부가 소리를 내지 않으려 조심스럽게 감금 사육틀 앞에 있는 덧문을 하나를 올리자, 송아지가 겨우 자기 몸집만 한 공간에 서 있었다. 송아지의 눈이 커지면서 우리를 응시했다. 송아지의 얼굴은 고통 그 자체였다. 송아지는 하루에 두 번, 여물을 먹을 때만 전깃불을 볼 수 있다. 여물을 먹지 않을 때는 어둡고 비좁은 감금 사육틀 안에서 움직이지도 못하고 겨우 목숨만 붙어 있다. 도축되기 전까지 말이다.

송아지를 보았을 때 나는 얼마나 많은 사람들이 이런 새로운 사육 방식에 대해서 알고 있는지, 이런 방법들이 얼마나 필요한지, 또한 이런 행위를 어떻게 정당화하는지 궁금해졌다. 또 이런 송아지가 최종 상품이 됐을 때 그 고기 안에 어떤 영양분이 있는지 궁금했다. 무엇보다 인류가 우주를 탐험하고, 흥미진진하고 놀라운 새로운 세계가 눈앞에 펼쳐져 있는 20세기 중반에 어떻게 이런 믿을 수 없는 일이 벌어지는 것인지 궁금했다. 이것은 자신을 고상하다 여기고, 무엇보다 '동물을 사랑하는 나라'에 사는 것을 자랑스러워하는 영국 사람들에게 모순적인 야만이었다.

대다수의 사람들 특히 도시에 사는 사람들은 음식이 식탁에 오르기까지의 과정을 무시하는 경향이 있다. 무시하는 게 아니라면 잊는 게 속 편하다고 생각하는 듯하다. 축산물이라고 하면 아직도 동물들이 울타리가 쳐진 초원을 거닐고, 암소가 그림 같은 농장 마당에서 착유(搾乳)를 편안하게 기다리고, 암탉들은 횃대에 올라 잠들기 전에 먹이를 쪼고, 양몰이 개가 양들을 열심히 모는 그런 가족 같은 분위기의 전통적인 농장 앞마당의 모습을 머릿속으로 연상한다. 이런 이미지는 대중들이 여전히 건강한 환경은 곧 좋은 품질이라고 생각한다는 것을 깨달은 영리한 광고업계 거물들에 의해 유지됐다. 음울한 감금 사육틀 안 간격이 듬성듬성한 널빤지 바닥 위에 거의 묶인 것이나 다름없이 불행하게 서 있는 송아지의 모습, 닭들이 꼼짝달싹할 수 없는 배터리 케이지에 갇혀 있는 모습, 사우나 같은 양돈장에 기력 없이 갇힌 돼지들, 어둑한 헛간 안에 육계들이 바다를 이루어 꽉 찬 모습은 업자들이 제품을 판매하는 데 도움이 되지 않는 것이다.

더 슬픈 일은 대중이 거대한 광고에 흡수되어 순전히 효율성과 물질적인 발전에 마음을 빼앗기면 빼앗길수록 사람들이 더욱 더 양심에 거리낌이 없어진다는 것이다. 공장식 축산 업계를 살펴보면 이런 일이 어떻게 일어나는지 알 수 있다. 공장식 축산업자에게 생명은 너무도 하찮다. 수많은 동물을 '도태'시키는 일은 매일 일어난다. 도태시킨다는 것은 이윤을 창출하지 못하는 동물을 제거하기 위해 죽이는 것을 말한다. 약한 동물을 죽이는 원칙은 처음부터 적용된다. 부화장에서는 다른 병아리들보다 약간 늦게 부화한 병아리들을 도태시킨다. 병아리가 기형이어서가 아니라 늦게 부화했으니 약할 것이라는 추측으로 도태시킨다. 닭들은 수백만 마리나 되므로 크고 비싼 가축보다 더 소모품처럼 다루어진다. 하지만 생명 자체를 하찮게 여기는 원칙은 같다. 이런 원칙은 생명의 기준을 낮춘다. 어떤 생명이든 하찮다고 여기는 것이 위험한 이유는 세대가 지날수록 그 기준이 더 낮아지기 때문이다.

우리는 동물의 세계를 지배할 권리가 얼마나 있는가? 동물의 사체로 돈을 더 많이 더 빨리 벌기 위해 동물들의 삶의 즐거움을 빼앗을 권리가 있을까? 살아있는 동물을 오직 음식 변환 기계처럼 다룰 권리가 우리에게 있는가? 어느 선까지 우리는 학대를 인정해야 하는가?

영국 농무부 장관이 말하기 좋아하는 것처럼, 어떤 면에서 농장동물은 언제나, 특히 음식으로 키워질 때 인간의 착취 대상이었다. 그러나 최근까지 농장동물들은 개성을 가진 존재였고, 푸른 초원과 햇빛, 신선한 공기에 대한 생득권이 있었다. 동물들은 쪼고, 움직이고, 세상이 어떻게 돌아가는지를 보며 살 수 있었다. 나쁜 날씨 탓에 안전이 보장되지 않아도, 자연스러운 먹이가 부족해도, 동물들은 죽기 전까지 나름의 즐거움을 가질 수 있었다. 오늘날 동물에 대한 착취는 모든 즐거움을 박탈하고 모든 자연스러운 본능을 표출하지 못하게 하는 수준을 넘었을 뿐 아니라, 극도의 불편함과 갑갑함을 강요하며 동물이 건강해야 한다는 사실까지 부정하고 있다. 동물이 죽기 전까지는 삶조차 허락되지 않는 지경에 이르렀다.

공장식 축산업자와 그 뒤에 있는 농산업의 세계에서는 오직 수익이 사라지는 곳에서만 학대가 인정이 된다. 동물이 빨리 자라 살만 찌운다면, 동물에게 약물을 과도하게 사용하거나 평생 어두운 곳에서 가두어 키운다고 해도 그 행동을 잔인하다고 여기지 않는다. 동물과 관련된 법률은 허술하고 제대로 마련되지 않았다. 게다가 절망적일 만큼 구닥다리이다. 그렇게 대중의 양심에서 물러나고 또 쉽게 달아오르고 쉽게 잠잠해진다. 이러한 공장식 축산 방식에 대한 무지든 아니면 대중들의 무신경이든 간에 가축 사육이 산업과 관련되는 한 공장식 축산은 성과를 올렸다. 그리고 해마다 더 많은 동물에 대한 새로운 착취 방법과 그 세부적인 내용이 나오고 있다.

수의사들은 이 모든 것에 대해 어떻게 생각할까? 수의사들은 공장식 축산 시스템을 적극적으로 관리하고 감독할 수 있을까? 수의사들에게도 히포크라테스의 선서처럼 모든 동물을 도와야 한다는 선서가 있을까? 아니면 그저 더 많은 약물을 처방하는 한낱 관리자에 불과한 것일까? 한 수의사는 이렇게 썼다.

> 현재 수의사 수수료의 규모는 너무나 미미한 수준이어서, 농장에 방문할 때마다 농부 고객의 학대 행위를 고발할 만한 여력이 있는 수의사는 없다. 개인적으로 나는 잘못된 감상벽이라는 걸 알면서도, 농장동물보다 전적으로 작은 동물들 관련 업무만 할 수 있다는 것이 좋다.[2]

공장식 축산업자에게는 조상들이 해왔던 것처럼 동물을 대하면서 얻은 경험을 아버지가 아들에게 전달해 세대로 이어지는 지식이 쓸모가 없다. 공장식 축산업자가 기대는 것은 가능한 가장 빠른 속도로 사료를 고기로 변환하는 데 가장 적합한 품종, 먹이, 환경을 찾기 위해 막후에서 컴퓨터를 돌리는 사람들이 던져주는 방대한 양의 자료들이다. 이들에게는 시장에 들어가는 모든 동물들이 또 하나 실험이자 실험의 일부이다. 농업학교에서 이뤄지는 이러한 훈련과 연구는 미래의 축산업에 대한 불안감을 일으킨다. 산업체의 지원을 받는 농업학교의 학생들은 충분히 동물 생리학을 알고 있을까? 그리고 광범위한 교육을 받고 있을까? 1961년 12월 23일자 《수의학 기록》(Veterinary Record)에 실린 영국 왕립수의대학 회원 암스트롱(D.H. Armstrong)의 서신을 읽어 보면 흥미롭다.

> 올해 초 밀러 씨는 영국 내 농업교육 강좌 동물 편에서 이루어진 피상적인 교육에 대하여 지적했습니다.[3] 농업 교육, 자문, 연구 프로젝트(수의학 교육과 실습 제외)에서 동물과 관련된 거의 모든 활동이 수많은 농업 자격증 중 한두 개밖에 없는 사람의 손에 달려 있다는 것은 터무니없고 놀라운 상황입니다. 최근 힐 농업연구단체(Hill Farming Research Organisation)의 두 번째 보고서에서 아주 좋은 사례를 찾을 수 있었습니다. 경영진 17명 중 단 1명만이 수의사였고 동물 연구에 관련된 12명은 대표성이 빈약하다고 말하기도 부족합니다. … 보고서 10쪽에는 동물 건강에 대한 중요한 연구를 시작할 만큼 조직이 갖추어지지 않았다고 언급합니다. 그러나 가축 생산에서 이러한 연구를 분리할 수 있는 방법은 비수의학 동물 축산 전문가

만이 아는 비밀입니다. … 특별 과학 연수는 말만 앞세우고, 해당 행정부서를 찾기 귀찮아서 농장의 동물 책임자들에게 잘못 알려주거나 조언도 제대로 하지 않는 것으로 보였습니다. … 업계의 동물 영양 자문단, 낙농 전문가들, 많은 재단의 연구원들이 진지한 동물 연구의 결과를 이해하기에 필수적인 해부학, 생리학 교육이 부족하다는 사실을 대중매체나 농업 관련 매체에 알리면 분명히 동요할 것입니다.

굳이 수의사가 아니더라도 실내에서 과도하게 밀집사육하는 환경이 동물에게 건강하지 않다는 것은 누구나 분명히 알고 있다. 동물의 건강 문제는 가축병 분야에서 심한 우려를 낳을 정도로 악화되었다. 그러나 요즘 사람들은 의사가 약물로 기적을 행하는 사람이라고 생각하고, 약물로 이런 어리석은 삶의 영향도 극복할 수 있을 것이라고 여기는 경향이 있다. 농부들은 동물의 모든 자연스러운 욕구를 무시한 결과를 수의사가 약물로 해결하는 기적을 행할 것이라고 믿는다. 만약 약물이 심각한 생리학적 변화를 초래한다 하더라도 농부들은 남겨진 동물의 사체를 판매할 수만 있다면 더 이상 관여하지 않는다.

이러한 환경에서 동물의 생명을 유지하기 위해 항생제가 포함된 먹이를 먹이고, 조금이라도 무기력해 보이면 과도한 약물을 사용하며, 성장촉진제, 호르몬, 안정제 같은 것을 투여하는데, 이 모든 약품은 동물의 사료를 빠르게 고기로 강제 전환하는 역할을 한다. 1960년 제2차 보건경영자 콘퍼런스에서 영국 왕립 내과대학 회원이자 영양학자인 휴 싱클레어 박사(Dr. Hugh Sinclair)는 이런 발언을 했다.

> 당신이 먹는 영국의 전통 요리 로스트비프는 소가 자라는 동안 축사에서 에스트로겐과 항생제 오레오마이신을 먹이고, 도축되기 전까지 안정적으로 이동시키기 위해 안정제를 투여하고, 도축 직전에는 고기를 냉장 보관하지 않아도 부드러워지도록 정맥 항생제를 주사했을지 모른다. 이 모든 잔여물은 고기 속에 남아 있다.

다른 정부는 식품 목적으로 키우는 동물에게 호르몬과 그 외의 화학물질을 사용하는 것을 금지하고 있다. 이는 잠재적으로 소비자에게 위험하기 때문이다. 그러나 영국 정부는 위험하지 않다고 생각하고 있다.

책의 후반부에서 다루겠지만, 인간의 질병 발생 빈도는 걱정스러운 속도로 매순간 증가하고 있다. 이런 추세가 온전히 공장식 축산방식 때문이라고 말하려는 게 아니다. 공장식 축산방식 하에서 약물이 과도하고, 끊임없이, 보편적으로 사용되어, 고기에 잔여물이 남는 원인이 된다는 것이다.

아울러 약물을 사용하기 전에 왜 인간에게 그 영향을 시험해 보지 않는지 너무나 궁금하다. 예컨대 항생제 클로람페니콜을 송아지에게 생장촉진제로 시험해 보았다. 클로람페니콜은 클로르테트라사이클린과 옥시테트라사이클린(두 가지 모두 항생 물질이다_옮긴이)보다는 효과가 덜한 것으로 밝혀졌다. 하지만 더 이상 사용되지 않는지는 확인할 수 없다. 임상병리학회는 1963년 3월 16일, 27명이 항생제 클로람페니콜로 인한 직접적인 혈관 질병으로 사망했다고 발표했다. 클로람페

니콜은 더 이상 효과적인 항생제가 없을 때, 생명을 위협하는 감염 치료에만 사용해야 합리적이다.[4]

또한 건강하지 못한 동물의 사체에서 소비자에게 직접적으로 감염되는 질병의 가능성에 대해서도 의문의 여지가 있다. 예컨대 백혈병은 암과 관련 있는 형태의 질병이다. 사람들의 백혈병 발병 증가와 육계를 키우는 시설에서 폭발적으로 백혈병이 발생하는 현상은 어떤 관련이 있지 않을까?

사람들에게 회자되는 이론 중 그나마 위안이 되는 것은 영국의 경우 영양의 일반 기준이 높아서 질이 떨어지거나 심지어 약간 해로운 식품이 일반 소비자에게 해를 입히지 못한다는 것이다. 그러나 선견지명이 있는 많은 과학자들은 수년간 우리에게 안전지대가 없을 뿐만 아니라 실제로 식품을 생산하는 방식이 매우 위험하다는 사실을 알리기 위해 노력해왔다. 미국 화학자협회 회원 레너드 위킨든(Leonard Wickenden)은 저서 『우리 일상의 독』(Our Daily Poison, 1956)에 다음과 같이 썼다.

> 우리는 헛되이 목숨을 거는 것 같다. 목숨을 건다는 표현은 과장이 아니다. 우리 중 소수의 사람이 매일 적은 양의 다양한 독극물을 흡수하여 급사한다고 할 때, 우리 중 많은 사람들은 심각한 질병의 희생양으로 죽을 것이고, 건강에 거의 영향을 받지 않는 사람은 아마도 굉장히 적을 것이다.

고기를 먹는다는 게 위험한 일이 되고 있다. 고기를 생산해 빨리 이윤을 얻으려는 욕구 때문이다.

우리는 농부와 사료 제조업체를 먹여 살려야 한다는 무거운 책임감을 갖고 있는 것처럼 보인다. 그들의 주요한 관심은 사료요구율일 뿐, 자신들이 사용하는 약물이 소비자에게 궁극적으로 얼마나 많은 영향을 주는지가 아니다. 예컨대 사료회사에 밀집사육으로 키우는 동물들에게 고정 첨가물로 먹이 1톤당 100그램의 항생제를 첨가하도록 허용한다면, 농부는 자신이 생각하기에 적당한 수준의 항생제가 첨가된 사료를 구매할 것이다. 이런 미량의 약물도 소비자에게는 삶과 죽음의 문제가 될 수 있다.

1962년 9월호《농업》(Agricultures)은 '미국 기업식 농업의 87퍼센트는 농장이 없는 시설'이라고 지적하면서, 생산자에게 생산·가공·판매 등 일련의 모든 단계에 적극적인 관심을 가질 것을 경고했다. 이 일련의 과정은 영국에서도 농업을 가장 큰 산업으로 만들고 있다. 또한 현재의 농업 방식을 심히 불안해하는 수많은 사람들은 기득권과 생계를 잃을까 하는 두려움에 침묵하고 있다.

우리 사회의 전체 구조는 기득권을 가진 사람들에게 완전히 빠져 있어 특정 분야에서 무슨 일이 일어나고 있는지 제대로 알기가 너무나 어렵다. 내가 이 소규모 분야의 연구를 진행하면서도 느낀 바이다. 사실에 대하여 회피하고 또 회피하는 사람들을 만나면서, 진실의 작은 조각조각을 발견하고 모아 이 책을 썼다. 때로는 내가 받아들여야 하는 사실을 왜곡하는 것이 경이로울 정도였다.

'우리는 단지 대중이 원하는 것을 생산할 뿐이다.'

이 인용문은 이 책을 집필하게 된 이유를 잘 요약한 것 같다. 내가 이 주제에 끌린 이유는 농장동물을 키우는 현대적인 방법이 솔직히 말해서 소름끼치게 잔인하기 때문이다. 이 주제에 대해 연구할수록 다른 쟁점들도 관련되어 있다는 확신이 들었다. 끔찍한 방법으로 동물을 멸시함으로써 이제 동물은 목숨만 겨우 부지하는 존재가 되었고, 이것은 인간의 자존감, 궁극적으로는 사람이 다른 사람을 대하는 방식에 영향을 주었을 것이다. '너희가 여기에 있는 형제 중에 가장 보잘 것 없는 사람 하나에게 해준 것이 곧 나에게 해준 것이다.'(마태복음 25장 40절) 어떤 사람은 동물과 관련한 일에서는 아무렇지 않게 자신의 양심을 속일 수 있다. 그러나 이 문제는 우리가 먹는 음식이 저질에다 위험한 방식으로 생산되는 한, 양심의 문제를 넘어 확장되고 또 인간 종의 물질적 행복에 가장 실질적인 방법으로 영향을 미친다고 할 수 있다.

02

육계

ANIMAL MACHINES

지난 20년간, 특히 1955년 이후, 가금 산업은 놀라울 정도로 발전했다. 제2차 세계대전 전에는 사육두수가 적었고, 전쟁으로 사료 배급제가 실시되면서 가금의 수를 제한하게 된다. 배급제가 끝나자 가금류의 수가 늘어나고, 산란계와 육계 사업 모두 급성장했다. 이에 따라 육계산업은 곧 눈덩이처럼 커졌다. 1954년에는 육계 2,000만 마리를 키웠으나, 1957년에는 5,600만 마리, 1959년에는 1억 4,200만 마리로 늘었다. 업계에서는 1965년까지 약 2억 마리의 육계를 생산할 것으로 예상한다. 이제 육계 사육은 여전히 존재하나 점점 규모가 작아지고 있는 거세 수탉 사업을 광범위하게 대체하고 있다.

> 미국에서 가금육 생산은 올해 20억 마리로 정점을 찍을 것으로 예상하며, 시설은 더욱 늘어나고 있다.[1] 대규모 육계 생산업자들은 영국의 수입 제한이 해제된 틈을 타 영국인들을 닭 속에 파묻고 싶어 한다. 미국 조지아에 있는 한 단체는 작년 평균 사료요구율(가축 사료의 영양가를 평가하는 방법으로 가축의 체중 1킬로그램을 늘리는 데 필요한 사료의 양을 킬로그램 단위로 나타낸 것_

옮긴이) 2.35로 육계 5,500만 마리를 생산했다고 발표했다. 이는 서독과 스위스, 홍콩, 영국 사람들까지 먹이고, 모든 미국인들의 냄비에 닭 한 마리를 넣어줄 수 있는 양이다!

10억 마리. 그야말로 엄청나게 많은 닭이다.

닭, 병아리, 거세한 수탉, 가금류, 이제는 육계(broiler)까지!

대충 급조한 용어인 '육계'는 식용으로 쓰기 위해 아주 어리고 작은 병아리를 집중적으로 비육한 닭을 말한다.(부화한 지 8~10주경의 체중 1.5~2.0킬로그램으로 자란 닭이다_옮긴이) 이 단어는 '꼬챙이에 끼워서 굽다'라는 뜻의 동사 브로일(broil)에서 유래한 것 같다. 오랫동안 많은 사람들이 육계와 보일링 파울(boiling fowls. 끊임없이 알만 낳다가 더 이상 산란할 수 없는 암탉을 도축하여 고기로 판매하는 것)을 혼동했다.

전쟁 전에는 농부가 직접 먹이를 사고, 대부분 본인의 가금류를 키워, 본인이 인증하는 시장에 팔았다. 반면 오늘날 가금류 산업은 너무 거대해져서 농부 개인이 산업의 다른 부분과 연결되지 않고서는 사업을 할 수가 없다. 부화장은 산란업자에게 달걀을 받아 부화시켜서 태어난 지 하루 된 병아리를 계약된 농장에 판다. 농장은 9주 반가량 병아리를 키워 도계장에 판다. 도계장은 대부분 슈퍼마켓과 같은 거대 소매기업에 제품이 된 닭들을 판다. 모든 것이 너무나 상호의존적이며 더 많은 이익을 위해 결합되어 있거나 필요에 따라 재정적으로 통합되어 있다. 또는 부화장·육계농장·도계장, 육계농장·사료회사·도계장, 슈퍼마켓·도계장·육계농장과 같은 조합으로 연결되어 있다. 이런 조합은 다양하지만 발상은 같다. 육계 거래로 급변하는 재정 상황을 극복할 수 있도록 거대하게 재정적으로 결합해 있는 것이다. 다음의 '기업 인수' 관련 기사를 보면 이 결합이 얼마나 복잡한지를 알 수 있다.[2]

> 로스 그룹은 최근 페어베언 청키 사(社)를 220만 파운드에 인수해 유럽에서 가장 큰 닭고기 생산업체가 됐다. 이 거대한 번식기업을 사들이기 위해 16개월간 600만 파운드 이상을 지출했다. … 이 그룹의 가금류 연간 총매출은 1,500만에서 2,000만 파운드 사이가 될 것이다. 로스 그룹은 매주 200만 마리의 병아리를 생산한다. 그렇게 되면 영국에서 소비되는 달걀의 25퍼센트가 로스 그룹의 산란계가 낳는 셈이다. 또한 매주 50만 마리의 육계를 로스 그룹 소유의 가공공장에서 처리할 것이다. 영국에서 먹는 80퍼센트의 육계가 로스 그룹이 공급하여 사육한 육계가 되는 것이다. 다음은 회사 인수에 대해 언급한 그룹 대표 로스의 말이다. '페어베언 청키 사를 인수함으로써 로스 그룹은 가금 산업에서 수준 높은 기업으로 통합되어 발전할 것이다. 연구, 사육과 배급에 필요한 수량의 중복을 피할 수 있고, 이에 따라 달걀과 닭의 가격을 내려 주부에게 도움이 될 것이다. … 이번 인수는 컴벌랜드와 스코틀랜드에 있는 페어베언 청키 사의 농장과 작년 370만 파운드에 인수한 스털링 사 가금생산농장이 더해지는 것이다. … 올해 2월 스털링 사는 50년 역사를 가진 가족 사육기업 스핑크스 오브 이징울드 사를 매입해, 스털링 그룹은 4개의 번식농장과 연구소를 갖

추었다. … 미국 시애틀의 하이스도르프 앤드 넬슨 사, 미국 메인의 니컬스 사 그리고 독일 쿡스하펜의 로만을 연결하는 국제적 연결망을 가진 청키칙스 사가 지난 2월 컴벌랜드 칼라일의 E.F. 페어베언과 합병됐다.'

〈파이낸셜 타임스〉는 경영권 인수에 대해 이렇게 보도했다.[3]

페어베언 합병사의 대표 로스는 어제 영국 육계산업의 두 번째 혁명이 완수됐다고 발표했다. 첫째, 1953년부터 1960, 1961년까지의 황금기를 점령했으며, 대규모 가공에 대한 우려가 증가함에도 불구하고 … 식탁에 바로 올릴 수 있는 닭고기의 판매는 0에서 1억 마리 이상으로 증가했다. 이 새로운 회사는 부화장부터 포장하고 상표를 붙이는 것에 이르는 모든 생산 과정을 계획적으로 통합함으로써 산업 자체를 통제할 것이다.

미국에서는 과도한 기업 통합에 대한 경고가 나왔다.[4]

같은 유행이 영국에서도 일어나고 있는 것이 확실하다. 수년 안에 많은 육계 생산업체들이 지금보다 더 국제적인 규모로 운영되는 소수 거인들의 손에 들어갈 것이다. 육계는 적은 노동력으로 저렴하게 생산할 수 있기 때문에, 이 영향으로 영국 고유의 육계산업은 깔끔하게 자멸할 것이다.

"우리는 닭을 학대하지 않습니다." 힘든 일도 척척 잘해낼 것 같은 젊은 육계 담당 매니저가 말했다. "닭들은 비바람이 없는 따뜻한 환경에서 살고 먹이도 무제한입니다. 클럽과 비슷하죠." 클럽과 비슷하다고? 이 흥미로운 비유법을 자세히 검토해보자.

부화장은 방목하거나 평사 사육장(바닥에 짚 또는 톱밥 등을 깊이 깐 사육장_옮긴이)에서 자란 닭이 낳은 달걀로 부화를 시킨다. 암탉을 배터리 케이지에서 가둬 키우는 업자는 거의 없다. 왜냐하면 병아리가 그 다음 단계인 육계 사육장이나 배터리 케이지 같은 공장식 사육환경을 극복하며 자라기 위해서는 아주 건강해야 하기 때문이다. 이렇게 공장식 사육환경으로 입식되는 1일령 병아리들 중에 약한 녀석들은 부화장에서 죽인다. 100퍼센트 건강한 병아리들만 밀집식 사육 시설로 넘겨진다. 부화장에서는 사육 시설에서 폐사되는 2퍼센트의 병아리를 대체할 병아리들을 더해 육계 사육장에 보낸다. 예컨대 육계 사육장에 1만 마리의 병아리들을 보낼 경우 추가로 2백 마리를 더 보내, 예상대로 육계로 자라지 못하는 병아리들을 대체하는 것이다. 2~6퍼센트의 폐사율은 당연한 것으로 받아들인다. 그보다 높은 폐사율은 경고 신호이다.

태어난 지 하루 된 병아리들은 8천 마리 또는 1만 마리, 가끔은 더 많은 수가 한 번에 입식된다. 사육장은 길고 창문이 없는 건물로, 지붕의 용마루를 따라 빽빽이 환기 장치 구멍만 뚫려 있고, 옆면을 따라 공기 흡입 통풍구가 있다. 규모가 큰 시설에서는 한쪽 끝에 마치 헛간들을 지키는 것처럼 서 있는 거대한 깔때기 모양의 먹이 저장고가 나란히 줄지어 서 있다. 전체적인 배열이 마치 외딴 들판 한가운데 생뚱맞게 불쑥 튀어나온 부자연스러운 공장처럼 보인다.

산업 초창기에는 헛간을 개조하거나 기존에 있던 농장 건물 중에서 쓸 만한 공간을 기괴하고 새로운 육계용 사육장으로 이용했다. 창문으로 자연광이 들어오고 자연 환기가 됐지만 사육 가능한 공간과 기를 수 있는 병아리의 수가 제한적이었다. 이런 식의 사육장은 오래가지 못했다. 비효율적이었던 것이다. 육계 사육의 목적에 더 알맞은 사육장이 만들어졌다. 인공적인 환기가 자연 환기를 대신했고, 이런 방식으로 더 많은 병아리를 들일 수 있었다. 하지만 병아리들이 많아져 서로 싸우기 시작하자 창문을 없앴다. 창문을 없애면 어두워져서 서로를 볼 수 없으니 병아리들이 싸울 수 없었다. 사육장에 최신 기술이 나올 때까지 기술은 다른 기술의 향상으로 이어졌다. 이런 현상은 모든 것이 통제되고 자동화되어 세상에서 가장 앞서가는 사육장이 될 때까지 계속됐다.

사육장 내부의 인상은 침울함 속으로 사라지는 어둡고 넓은 긴 터널 같다. 눈에 보이는 바닥 어디에나 병아리들로 뒤덮여 있다. 각 옆면의 아래쪽에는 불빛이 있고, 먹이를 주기 위해 호퍼(V형 용기로 곡물·석탄·가축 사료 등을 담아 아래로 내려보내는 데 쓰인다_옮긴이)가 기둥에 매달려 있다. 파이프에서는 계속해서 물이 공급된다. 사육장에는 병아리들의 해충 예방을 위해 정기적으로 살충제를 뿌린다. 입식 후 초기 2주간 병아리들을 어미 닭의 온도와 같은 안정적인 32도가량의 따뜻한 부화기에서 기르며 24시간 내내 밝은 불빛에 노출되어 있다. 이렇게 병아리들은 먹고 빨리 자라기를 강요당한다. 2주가 지나면 빛은 호박색으로 바뀌고 2시간 간격으로 꺼졌다 켜졌다 한다. 병아리들은 먹고 자기를 반복한다. 6주가 되면 병아리들은 과밀한 사육장에서 괴로움을 느끼게 되고, 이 기간에 빛을 너무 많이 쪼이면 병아리끼리 더 많이 싸운다. 그래서 전등은 25와트의 붉은색으로 바꾼다. 이 빛 역시 두 시간 간격으로 꺼지고 켜지기를 반복한다. 붉은빛은 사실 어두운 느낌을 주긴 하지만, 띄엄띄엄 눈에 띄는 호퍼들 사이로 병아리의 거대한 바다가 점점 눈에 들어올 때까지는 눈에 부담스럽게 느껴진다. 호퍼는 이제 바닥에서 들려 있어 더 많은 공간을 만들어주고 있었다. 우리가 문을 열고 들어오면서 느낀 혼란이 진정되고 사육장에 거대한 고요가 내려앉았다. 병아리들은 그들의 짧은 생애 중 마지막 4주를 어둠 속에서 거의 움직이지 못한 채 살고 있었다. 죽기 전까지 병아리들에게 주어진 단 하나의 임무는 살찌는 것이었다.

병아리들은 평사 사육장이라 일컫는 대팻밥이 깔린 바닥 위에서 산다. 대팻밥은 병아리들의 똥이 스며들어 축축해지면 규칙적으로 갈아 건조하게 유지해야 한다. 환기팬이 암모니아의 냄새를 끌어내기는 하지만, 사육장에는 여전히 냄새가 강하게 남아 있다. 따뜻한 환경은 암모니아 냄새를 제거하는 데 아무런 도움이 되지 않는다. 외부의 신선한 공기가 있는 곳에서 사육장으로 처음 들어올 때 냄새가 더욱 심하게 난다.

육계 사육장의 유지·관리에 관한 문제를 해결하기 위한 문헌자료가 점점 많이 쏟아지고 있다. 예상하겠지만 알기 쉽게 쓰인 자료들은 아니다. 예컨대 영국 농무부 발간한 자료집 『육계 사육장』에는 전선을 주의해서 설치해야 한다고 경고한다.

육계 사육장의 환경은 먼지가 많고 습하며, 암모니아로 꽉 차 있다. 적절하게 전선을 배선하지 않으면 절연 파괴가 발생한다. 모든 전기 배선은 습하지 않고 먼지가 없는 곳에 설치되어야 한다. 망가진 부화기 같은 장비에 접속도선을 설치할 경우, 보통 건물 외부 현장에서 볼 수 있도록 하고 고무로 겉을 싸야 한다. 모든 장비를 접지하는 것도 중요하다. 능숙한 전기 기술자가 회로를 테스트하고, 접지 시스템이 잘 됐는지 평가해야 한다. 육계 사육장 내부는 특수한 환경이기 때문에 가장 먼저 전기 설치를 계획해야 한다. 설치 후에는 전문 전기기술자가 최소 1년에 1회는 검사를 해야 한다. 사육장의 모든 전원을 차단하는 스위치를 출입구 근처, 사람의 손이 닿는 곳에 설치해야 한다. **일반적인 육계 사육장 환경에서 즉흥적으로 작업하는 것은 특히 위험하다.**

병아리로 가득 찬 사육장에서는 절연 파괴가 일어나지 않게 하는 것이 무엇보다 중요하다. 왜냐하면 전기기술자가 사육장에 들어가는 것은 병아리들에게 해롭기 때문이다. 다음 기사를 보자.[5]

전기기술자는 일을 보기 위해 육계사육장에 들어섰을 때 거의 토할 것 같은 기분이었다. 사육장 안 병아리를 밟지 않고는 지나가기가 너무 힘들었다. 농장주는 걱정하지 말고 그냥 밟으라고 했다.

보통 바닥 아래에 설치되는 육계 사육장의 난방 시스템은 잘 관리되는 편이다. 하지만 이 난방 시스템은 모든 밀집식 사육장이 그렇듯 일방향으로 온도를 높일 수만 있다. 높은 설치 비용 탓에 냉방시설을 설치하지 않은 사육장은 온도를 **내릴 수 없어 폭염 시 병아리들이 큰 타격을 받는다**. 다행스러운 것은 영국에서는 폭염이 병아리들에게 위험요소가 되지 않는다는 점이다! 병아리들은 사육장을 통과하는 파이프에서 흐르는 물을 마시고 식욕을 돋우는 배합 사료를 먹는다. '식욕을 돋우는 사료'는 오타가 아니라 육계산업에 사용되는 용어이다. 전환율과 같이 매우 적절한 비유이다. 병아리들은 원하는 만큼 사료를 먹을 수 있다. 사료는 대용량으로 사들여 사육장 밖에 있는 거대한 호퍼에 보관한다. 그리고 내부에 매달린 호퍼를 통해 사육장 안으로 공급하는데 대부분 자동이다.

육계산업이라는 게 미국에서 들여온 것이라 리더십이나 자문 역시 여전히 미국에 의존하고 있다. 에식스의 육계 사육사 로빈슨은 옥스퍼드셔 콘퍼런스에서 모든 자리를 '자기들끼리 해먹는' 산업이 육계산업이라며 이렇게 지적했다.[6]

> 오늘날 가금류 산업의 여러 분야에서 활동하는 수많은 전문가들은 18개월에서 2년 전까지만 하더라도 일자리가 없었다. 지금 그들은 기업 간부, 지도원, 지역 담당자, 가금류 농장 관리자, 부화장 관리자, 도계장 관리자와 같은 거대 산업 내 관리자로 불린다. 업계의 거물이나 자기들 재정 부담을 지우기 위해 조직된 공개기업까지는 더 말하지 않아도 알 것이다.

가금류 산업의 각 단계는 관련된 수많은 산업의 막후 참모들이 이끄는 실험 농장과 연구소 등 거대하고 헌신적인 연구 단체가 지원하고 있다. 모두들 더 큰 가금류를 가장 저렴한 방법으로 가장 빠른 시간 내 생산한다는 목표를 향해 열심히 일하고 있다. 1962년 가금 페스트(현재는 조류 독감이라 불린다_옮긴이) 관련 시설 보고서를 보면 이 과정을 잘 알 수 있다.

> 육계 상품을 생산하기 위해 가축 교배를 실시한다. 모계는 병아리 비용을 줄일 수 있도록 건강한 달걀을 낳아야 한다. 반면 부계는 다른 특성을 가져야 하는데, 특히 성장 속도가 빠르고 사체에서 고기 비율이 상대적으로 높아야 한다.

육계산업은 며칠 만에 끝나는 육계의 짧은 수명을 열렬히 환영한다. 〈데일리 메일〉이 이를 존철살인으로 보도했다.[7]

> **빨리 자라는 병아리가 저녁식사의 비용을 줄여준다.**
> 세계 가축 생산 번식의 70퍼센트를 담당하는 농장을 소유한 코네티컷의 병아리 사육업자 헨리 사글리오는 어제 영국의 식탁에 오르는 닭의 가격이 더 저렴해질 것이라고 공언했다. 런던에 새로운 육계 종이 들어왔고 이 종은 껍질과 다리가 흰색이어서 영국인의 입맛에 잘 맞을 것이라고 발표했다. 지금은 육계 종이 다 자랄 때까지 10주가 걸리는 데 비해 새로운 육계 종은 9주 안에 1.5킬로그램까지 자랄 것이다. 수명 주기의 단

축은 병아리 한 마리당 4펜스를 절약해 주고, 사료요구율을 개선해 추가로 3펜스를 더해준다. 이 모든 것이 생산자가 가금류를 더 저렴한 가격에 판매할 수 있도록 하는 것이다.

육계산업의 무대 뒤에서 벌어지는 연구가 없었다면, 오늘날의 거대한 생산량을 달성하지 못했을 것이다. 번식, 식품 전환, 성장 첨가물, 약품, 환경, 빛을 쪼이는 방식, 이 모든 것을 주제로 그 역할에 대해 셀 수 없이 많은 테스트와 실험을 진행한다. 실험실에 대한《가금 세계》(Poultry World)의 기사를 보자.[8]

시험 가능성은 무한하다. 그러나 일반적으로 실행되는 테스트의 종류는 주요 4가지 분야이다. 1. 사료 테스트, 2. 품종 테스트, 3. 약물 조제, 4. 관리. 각 분야의 예는 아래와 같다.

1. ① 한 사료와 다른 사료의 비교, 또는 다수의 사료 비교
   ② 최상의 사료 변환 시간
   ③ 사료의 형태. 으깬 사료와 알맹이 사료
2. ① 육계의 한 종과 다른 종의 비교
   ② 육계의 한 계통과 다른 계통의 비교
   ③ 어린 수탉과 어린 암탉의 상대 능력
3. ① 콕시디오스태트(콕시디안 기생체의 성장과 번식을 지연시키는 물질로 동물 기생충 구제에 많이 쓰임_옮긴이)에 대한 비교 시험
   ② 항생제 또는 다른 성장 촉진 첨가제의 비교 실험

4. ① 최적의 가금 밀도 테스트

② 어린 새끼와 좀 더 나이든 새끼의 영향 비교 실험

③ 부리 절단의 효과 테스트

④ 최적의 조명 밝기 테스트

에식스 농장에서 실시된 육계 사육 프로그램은 아래와 같이 진행됐다.[9]

… 미국에 있는 컴퓨터의 연구 결과의 지시를 따라 진행된다. 이 결과는 수만 개의 수치를 기본으로 한 프로그램으로, 대상은 상업적인 환경에서 사육되는 생체중 1.5킬로그램 정도 나가는 가금류이다. 사료요구율 2.3, 기간은 63일 이내 … 연간 병아리 7만 마리의 날개에 금속 식별표를 끼운다. 병아리들 각각의 실적은 어미 닭과 그 어미 닭까지 기록해 표로 만든다. 그 수치를 미국으로 보내 컴퓨터로 계산한다. 결과는 권고사항과 함께 돌아온다. … 수치가 빽빽하게 적힌 두꺼운 서류가 되어 돌아온다. … 권고사항과 수치를 보고 육계 사육 담당자는 프로그램의 다음 단계 가금 종류를 선택한다. 어미 닭의 다음 세대 생산을 위하여, 무자비하고 고압적인 선발 프로그램이 뒤따른다.

북스코틀랜드 대학(North of Scotland College)의 경제학자 클라크(J. Clark)는 육계 사육의 경제학에 대해 이렇게 말했다.

> 모든 요소가 중요하지만, 확실히 먹이가 가장 중요하다. 사료요구율의 아주 미미한 변화도 농부의 수입에 영향을 미칠 수 있다. 1년에 4회에 걸쳐 1만 마리를 출하하는 사육장에서 사료요구율 0.1의 변화는 90킬로그램의 차이를 가져올 수 있다. … 1주에 닭 1마리당 14그램 정도의 손실은 사료요구율 0.1퍼센트로 변환할 수 있으며, 그 손실은 이미 반영되어 있다.[10]

또한 사료에는 성장을 촉진하기 위해 소량의 페니실린(1톤당 10밀리그램)이 들어 있다. 질병이 의심되면 곧바로 양을 늘린다.

많은 육계 종사자들은 최종 단계에서 닭들이 서로 싸우거나 다른 닭의 깃털을 쪼는 행위를 막기 위해 부리를 절단한다. 부리의 윗부분을 잘라낸 모습은 마치 돼지주둥이 같다.(〈사진 7〉(본문 184쪽) 참조) 부리의 윗부분만 절단하는 게 부리의 위아래를 모두 절단하는 것보다 낫긴 하다. 이렇게 부리를 자르면 닭이 옆에 있는 닭을 쪼지는 못하지만 알맹이 사료(펠릿)를 쪼을 수는 있다. 물은 어떻게 먹는지 설명되어 있지 않다. 또 다른 방법은 일본인들이 개발한 것으로 닭에게 안경을 씌우는 것이다. 우스운 얘기를 하려는 게 아니다. 렌즈에 붉은색을 더해 색을 중화시켜 닭의 볏을 쪼지 못하게 하려는 의도이다. 영국에서는 전반적으로 사육 환경에 흐릿한 붉은빛을 사용한다. 안경 대신 부리에 눈가리개를 부착해 닭이 양쪽을 보지 못하게 한다.

가금류 산업에서 깃털 쪼기는 '악행'으로 여겨진다. 닭이 사나운 동물이어서 이런 경향이 있다는 얘기를 종종 들었다. 독일 제비젠에 있는 막스 플랑크 연구소의 저명한 동물연구가 콘라트 로렌츠(Konrad

Lorenz) 박사는 『솔로몬의 반지』(1952)에서 농장의 법칙에 대해 이렇게 설명한다.

> 동물은 자기들 무리에서 서로를 알아볼까? 그렇다. 그럼에도 많은 저명한 동물심리학자들은 그 사실을 의심하고 절대적으로 부정한다. … 이는 위계질서가 존재한다는 것으로 설득력 있게 증명할 수 있다. 위계질서는 동물심리학자들에게 쪼기 서열이라는 행동으로 알려져 있다. 모든 가금업자들은 알고 있는 사실이다. 양계장에서 약간은 멍청해 보이는 닭들 사이에도 매우 정확한 서열이 있고, 닭들은 상위 서열에 있는 닭을 두려워한다. 큰 소란까지는 아니더라도 몇 번의 싸움이 있고 나면, 닭들은 누구를 두려워해야 하는지, 누구에게 예를 갖추어야 하는지 안다. 모든 닭은 신체적 강인함은 물론, 개인적인 용기, 에너지, 자신감까지 결단력 있게 행동하여 쪼기 서열을 유지한다. 이 위계질서는 매우 보수적이어서, 열등하다고 증명된 동물은 지배자와 복속자가 서로 긴밀한 관계를 유지하고 있을 경우, 약한 동물은 섣불리 강한 동물의 영역을 가지 않는다.

이것이 농장의 질서이다. 농부들에게 듣기로는 방목으로 키우는 닭들은 심각한 문제가 거의 없다고 한다. 농부들은 문제를 금세 파악하고 신속하게 조치를 취한다. 못되게 구는 녀석들을 제거하는 것이다. 모든 삶의 계층에는 못된 것들이 존재한다. 인간도 마찬가지다. 이 악행은 주로 밀집된 사육 환경에 기인한 것이지, 닭의 본성으로 인해서 나타나는 현상이 아니다. 1962년 2월 1일자 《농업 신문》은 양계업자들에게 이렇게 경고한다.

> 깃털 쪼기와 카니발리즘(cannibalism)은 밀집식 사육 환경에서 자라는 가금류에게 심각한 악행이 되고 있다. 이로 인해 생산성이 낮아지고, 손해를 본다. … 갑갑함에 시달리는 닭들은 다른 닭의 깃털 같이 튀어나온 부분을 쪼게 된다. … 무위와 갑갑함이 이 악행을 일으키며, 답답하고 꽉 차 과열된 사육장이 이 악행의 원인이다. 어떤 전문가들은 영양 상태가 좋지 않아 카니발리즘이 일어난다고 주장한다.

《축산농가》(The Smallholder)는 이렇게 쓰고 있다.[11]

> 요 몇 해 사이 깃털 쪼기와 카니발리즘의 증가세가 무시무시할 정도이다. 그 원인은 의심할 필요도 없이 기술의 변화와 산란계와 육계를 완전히 밀집적으로 사육하는 방식 때문이다. 깃털 쪼기 행위 자체는 크게 중요하지 않다. 그러나 깃털 쪼기는 심적인 데서 기인하는 것으로 보이며 종종 카니발리즘의 전조가 되는데, 이러한 이유로 깃털 쪼기는 위험한 악행으로 보아야 한다. 깃털 쪼기가 발생하면 곧바로 원인을 찾아야 한다. **주로는 관리가 잘못된 것이다**. 더욱 심각한 카니발리즘이 자리 잡기 전에 처리해야 한다. 가장 일반적인 잘못된 관리 방법

은 갑갑하고 과밀하며 환기가 잘 되지 않는 사육장, 너무 낮은 횃대, 노출된 둥지, 깃털이 없는 병아리들, 먹이 활동 장소의 부족, 불균형한 사료, 충분하지 않은 물, 심각한 해충의 만연과 같은 것으로, 이것이 깃털 쪼기라는 악행을 일으킬 수 있다. … **가금 사육장이 잘 관리되고, 올바른 먹이를 먹이고, 지속적으로 관찰하면 이런 악행은 일어나지 않을 것이다.**

깃털 쪼기나 카니발리즘은 육계 사업자가 맞닥뜨린 다른 문제와 비교하면 사소하다. 가장 큰 문제는 질병일 것이다.《가금 세계》는 육계 사육연합 유한회사의 수의학부 수장 스미스(K.M. Smith)의 말을 인용하면서,[12] 육계 사육에서 관리의 중요성을 강조하는 한편, 좋지 않은 환경에서 닭을 키우는 것은 성공 여부를 가늠할 수 없는 위험한 행동이라고 지적했다.

스미스는 사육사들이 결과를 빨리 내기 위해 닭을 거의 사육장에서 키우면서 강제로 먹이를 먹이는 방식은 최고 수준의 관리를 하지 않으면 스트레스 발생의 요인이 된다고 지적했다. 그는 육계 사육이 시작된 이래 새로운 질병이 발생했지만, 오늘날 문제를 일으키는 미생물들은 대체로 이미 수년간 가금류와 결부됐던 것이라고 말했다. 또한 동물이 열악한 환경에서 살면 체내에서 자연스럽지 않은 스트레스가 발생하는 등 일련의 사건들이 시작되고, 이것이 오래 지속되면 동물은 질병의 임상적 징후를 보인다고 덧붙였다. '우리는 사육장에서 닭들을 서로 너무 밀집해서 키우고 있다. 이것은 그 자체로 스트레스다. 게다가 사료를 닭이 먹을 수 있는 최대치로 주고 있다. 이런 환경은 마치 팽팽한 로프 위를 걷는 것과 같다. 관리가 최상의 수준으로 유지되지 않으면 문제가 터지고, 관리가 잘되면 최상의 결과를 얻을 것이다.' 특히 스트레스 질병으로 이어지는 중요한 사례는 만성 호흡기 질환(CRD, chronic respiratory disease)이다. 이와 관련된 가장 중요한 요인은 올바른 환기이다. 스미스는 미생물에 의해 장 패혈증(coli septicaemia)이 어떻게 발생하는지 지적했는데, 이 미생물은 정상적으로 장 내에 서식하는 미생물이다. 그러나 이 미생물은 닭이 스트레스를 받으면 질병을 발생시킨다. '우리는 닭들 몸속에 먹이를 최대한 퍼붓고 있다. 만약 우리가 적절한 수분 공급과 최고 수준의 관리를 하지 않는다면 닭들이 사료에서 나오는 일반 독성 폐기물을 제거하는 데 정말 고생할 것이라는 사실을 알아야 한다.'

과도하게 밀집된 환경에서는 질병이 발생하면 사육장을 순식간에 휩쓸어 버린다. 육계 사육 관계자의 말을 들어보자. "부화장에서 2퍼센트 여분의 병아리를 보내줍니다. 폐사율을 감안한 것입니다." 우리는 문 옆에 쌓여 있는 죽은 병아리 사체 더미를 보았다. 육계 관계자가 말을 이었다. "병아리들은 보통 호흡기 질환이나 암으로 죽습니다. 병아리들은 도계장으로 가 죽음을 맞거나 심각한 병에 걸리기에는 좀 지나치게 어립니다." 병아리들은 질병 억제를 위해 사료에 소량의 항생제가 들어간 모이를 먹는다.

가금류 종사자들에게 가장 두려운 것은 가금 페스트이다. 가금 페스트는 이런 밀집식 사육 시설을 매우 빠른 속도로 휩쓸어 버릴 수 있으며, 농장의 전체 가금을 강제로 도살하게 만든다. 키우는 가금이 죽은 농부들에게는 보상금을 지급하는데, 보상금은 물론 납세자의 주머니에서 나온 것이다.

제2차 세계대전 전에는 가금 페스트가 단 두 번 발생했다. 뉴캐슬병이라고 불리기도 하는 이 질병은 뉴캐슬(Newcastle-on-Tyne)에서 최초로 발생했다. 1926년에는 한 건 발생했으나 곧 11개 국가로 퍼졌다. 이 질병에 걸리고 살아남은 가금은 한 마리도 없었다. 두 번째는 1933년 하트퍼드셔(Hertfordshire)의 농장에서 발생했다. 농장주는 가금 페스트 발생 후에 병든 가금을 모두 도축했다. 밀집식 사육이 가능해진 것은 배급이 끝난 전쟁 직후였다. 질병은 걷잡을 수가 없었다. 스코트(C.W. Scott)는 〈데일리 텔레그래프〉에 이렇게 썼다.[13]

> 거대한 밀집사육 시설에 가금류를 집약적으로 집어넣어 사육하는 것은 오늘날 손 쓸 수 없는 지경에 이르렀다. 밀집화는 가금 페스트에 두 가지 중요한 영향을 미친다. 첫 번째로, 발병 시마다 훨씬 많은 수의 가금을 죽여야 한다. 그러나 더욱 중요한 것은 질병의 확산 위험이 높아지는 것이다. 가금 페스트 바이러스는 쉽게 대기로 전염되는데, 현대의 밀집식 가금 사육장은 질병이 발생하면 곧바로 바이러스 공장이 된다. 왜냐하면 질병이 발생할 때마다 강제 환기 시스템이 굴뚝이나 시골

주변으로 바이러스를 쏟아내기 때문이다.

영국 농무부 대변인은 이런 견해를 공식화했다.

> 육계 사육시설은 질병이 확산하는 데 가장 큰 위험 요인이다. … 많은 가금들이 밀집된 곳에 있다. 육계 사육시설의 환기 장치 팬이 바이러스를 사육장 밖 대기로 끌어낸다. 이것이 주위의 모든 가금에게 큰 위험을 일으키는 것이다.[14]

1954년에서 1955년 사이에 육계 2,000만 마리, 산란계 5,200만 마리가 사육되었다. 그 사이 가금 페스트는 550건 발생했는데, 총 7,000마리의 병든 닭이 살처분되었다. 건강하지만 페스트에 노출된 32만 8,000마리도 살처분했다. 1960~1961년까지의 총 사육 두수는 어미 닭 6,300만 마리, 육계 1억 4,200만 마리였다. 그중 병든 닭 5만 7,000마리가 살처분되었고, 건강하지만 페스트에 노출된 닭 193만 7,000마리와 육계 301만 3,000마리도 살처분했다. 이것은 1954~1955년에 36만 4,000파운드였던 보상금이 1960~1961년 339만 1,000파운드로 올랐다는 뜻이다. 보상금은 **질병의 영향에 받지 않은** 가금을 도축해도 받을 수 있다. 농부가 농장의 질병을 빨리 보고할수록 질병이 퍼질 확률은 낮아지고 그에 따른 손실분도 적어진다. 왜냐하면 전체 가금이 질병으로 죽게 되면 농부는 실제로 질병에 걸리지 않은 가금까지도 손해를 보상받을 수 있기 때문이다. 보상금의 한도는 도살한 가금의 99퍼센트까지 가능하다. 실제로 1961~1962

년까지 가금 페스트는 손을 쓸 수 없는 지경이 되어서 처음 6개월간은 납세자들이 530만 파운드의 보상금을 부담했다. 노퍽(Norfolk)의 한 농부는 이렇게 보상금이 가파르게 오르는 또 다른 이유에 대해 다음과 같이 말했다.[15] 노퍽은 가장 많은 보상금을 청구한 주 가운데 하나였다.

> '한 농장에서 가금 페스트가 발생할 때마다 죽이는 닭이 지난번 페스트보다 많을 때가 있어요. 가금 페스트가 돈을 쉽게 버는 방법이라는 것은 육계 사육인이라면 누구나 알고 있는 상식이에요. … 사육자들은 시장에 내다 파는 것보다 더 많은 닭을 키워요. 과밀을 조장하고 편하게 앉아서 가금 페스트 확진을 기다리는 것이지요. 그러면 마케팅 하는 수고 없이 시장가격대로 닭 보상금을 받을 수 있어요.' … 이후 그는 감당하지 못할 많은 전화를 받았다. '너나 잘하라는 사람도 있었지만, 대다수의 농부들은 거대한 음모가 공개될 때가 왔다고 했어요.' 노퍽의 또 다른 농부는 그중 후자에 속했다. '엄청난 규모의 보상금이 부당하게 이용되어 왔어요. 납세자들이 보상금을 위해 세금을 내왔지요.' … 농무부 대변인은 어젯밤, 가금 페스트에 대해 어느 정도 우려해온 것은 사실이고, 최근 조사가 끝날 때까지 사육자들에게 보상금을 지급 보류한 사례가 있다고 발표했다.

몇몇 농부들만 불안을 느낀 것은 아니었다. 1962년 3월 20일 영국 의회에서는 보상금 문제를 놓고 활발한 토론이 벌어졌다. 몇몇 의원들은 노퍽 농부들이 갖는 우려에 대해 분명하게 의견을 밝혔다. 〈타임스〉 3월 21일자에 실린 의회 보고 발췌문을 아래에 인용한다.

> 헤이먼(Hayman) 의원(팰머스·캠본Falmouth and Camborne, 노동당)은 농무부가 과거에 하던 방식으로 거대한 자금을 계속 쏟아 부어 자신들의 행위를 정당화하려는 것 아니냐고 질문했다. 농무부는 지난 가금 페스트 발생 당시 한 농부가 백만 파운드의 3분의 1을 보상금으로 받았다고 답했다. 헤이먼 의원은 농무부가 조사를 완전히 마친 후 의회에 결과를 알려 달라고 말했다. 또한 해가 갈수록 가금 페스트에 대한 엄청난 보상금 청구가 이어져 왔는데, 매해 일어나는 이런 일은 허술한 행정의 결과인 것 같다고 덧붙였다. 이에 불러드(Bullard) 의원(킹스린King's Lynn, 보수당)은 헤이먼 의원이 사기 협의를 주장하는 것인지 물었다. 헤이먼 의원은 사기가 있을 수 있다고 생각한다며, 사기가 있다고 주장하는 것은 아니지만 의심해 볼 이유가 있다고 답했다. 불러드 의원은 많은 가금류를 모아놓고 사육하는 경우 가금 페스트가 발생하면 가금 사육자들에게 보상금을 지원받지 못할 위험이 있다고 경고해야 한다고 말했다. 또한 불러드 위원은 가금 사육자들이 과잉 밀집으로 인해 발생할 수 있는 위험 요소를 위반하는 것에 대해 왜 보상해야 하는지 모르겠다고 말했다. 케니언(Kenyon) 의원(촐리Chorley, 노동당)은 농부들이 가금을 시장에서 사다 농장에 넣으면, 시장에서 닭을 산 것보다 더 많은 보상금을 받을 수 있는 엄청난

유혹이 있다고 이야기했다. 가금 감정인들이 최선을 다하고 있지만 영리한 딜러들이 있다면서, 규제가 더 엄격해지기를 바란다고 말했다.

농무부와 스코틀랜드 장관은 1960년 아널드 플랜트 교수(Sir Arnold Plant)를 위원장으로 위원회를 꾸려 가금 페스트에 대한 문제를 조사하도록 의뢰하고 해결 방법을 모색했다. 위원회는 1962년 보고서를 발간했는데, 영국과 다른 나라의 가금 페스트 역사와 현재까지 실시된 근절 방법을 조사하고 아래와 같이 결론을 내렸다.

> **수의학 관련 서비스와 감염된 가금을 죽이고 처리하는 비용을 납세자들이 충당하는 것은 적절하다. 그러나 앞으로 보상금 비용은 가금 산업계에서 충당할 것을 제안한다.** 이렇게 조정하면 백신을 보편적으로 사용하는 데 중요한 추가 지원금을 제공할 수 있다. 또한 보상금을 제한된 금액 안에서 집행한다면, 생산자들이 스스로의 이익을 위해서라도 피해를 최소화하는 것이 중요하다는 사실을 깨닫고, 보기에도 건강한 비싼 가금류를 대량으로 죽이는 게 필요한 일인지 재고하게 될 것이다. … 결론적으로 질병의 근절보다 가금의 사육 관리가 시급한 목표가 되어야 한다. … 적절한 백신을 자발적으로 사용하면 뉴캐슬병으로 인한 손실은 줄어들 것이고, 가금 산업이 유지될 수 있을 것이다. … 질병에 걸린 가금의 지속적인 도살과 질병으로 인한 손실을 제한하기 위하여 백신이 함께 사용되어야 한다. … 그리

고 백신의 비용은 가금 생산자들이 충당해야 한다. … 납세자들은 감염된 가금의 도살과 처리 비용을 충당한다. … 보상금은 가금 산업에서 충당해야 한다.

정부가 생산자들에게 지원하는 백신 비용은 한 마리당 약 0.5페니로 추산된다. 1960년 납세자의 주머니에서 빼낸 돈으로 재무부가 집행한 보상금 비용을 모든 종류의 닭에 적용하면 4.5페니가 된다.

《가금 세계》는 달걀위원회(Egg Board)가 두 달 후에 예정된 강제 도살을 중단할 것을 고려하고 있다고 보도했다.[16] 가금 사육자들이 가금류에 백신을 주사한 비율은 채 20퍼센트가 되지 않았다. 이 보도는 생산자들에게 닭을 보호하지 않으면 중대한 위험을 감수하게 된다는 것과 심각한 재정 손실이 발생할 수 있다는 것을 강력히 알렸다. 전국농부연합(National Farmers Union)의 랭커셔 지부는 두 종류(3주령의 산란계와 산란적령기의 산란계)의 백신이 충분하지 않다고 지적하고, 9, 10주에 세 번째 백신 사용을 권장했다.

하지만 백신이 큰 인기가 없는 이유는《가금 세계》에 실린 편지[17]에서 알 수 있다.

탁상행정을 좋아하는 행정가들은 가금 페스트 백신을 닭에게 접종하는 데 소규모 가금 농장주들이 직면한 현실적인 문제와 비용에 대해서는 입을 굳게 다물고 있는 것 같습니다. 소규모 생산자들은 대부분 노동 인력을 따로 고용하지 않아 백신을 주사하기 위해서는 필수적으로 추가 인력을 고용해야 합니다. 하지만 현실적으로는 농부 혼자서 백신 접종 전날 밤에 닭을 잡아서 상자에 집어넣고 있겠지요. 낮에 닭을 포획하기란 쉽지 않아요. 무슨 말인지 이해가 되지 않는 사람은 혼자서 6개 이상의 사육장에서 손전등으로 비추면서 5백~1천 마리의 닭을 잡아서 닭장에 넣어 보면 알게 될 겁니다. 두 사람이 해도 어마어마하게 어려운 일인데다, 닭을 모두 넣을 수 있는 상자를 갖고 있는 농부는 매우 소수에 불과합니다. 또한 백신은 한 번 이상 실시해야 효과적입니다. 소규모 농장주들의 반응이 미적지근한 건 다 이유가 있는 겁니다. 백신 접종에 들어가는 노력과 비용에 비하면 백신 자체의 비용은 미미하니까요. 이러한 현실적인 어려움을 겪는 상황에서 살처분을 계속하는 것보다 더 현명한 정책이 없을까요. 산업의 보험료로 비용을 충당한다든지 다른 방법은 없는지 정말 궁금합니다.

육계 생산자 개인에게 커다란 손실을 불러일으키는 다른 위험요소들도 있다.

쥐나 부엉이가 육계 사육장으로 들어오면 질병만큼이나 많은 가금을 죽일 수 있다. 육계 사육장으로 들어온 부엉이는 놀란 나머지 사육장 앞뒤로 날아다닌다. 사육장의 병아리들은 부엉이가 두려운 나머지 서로 부딪히다 한쪽에 몰리게 된다. 이렇게 8백 마리가 질식해 죽었다. 짧은 생의 마지막에 있는 병아리, 특히 한 마리당 15~22제곱센티미터의 공간에 살고 있는 병아리에겐 위험하기 짝이 없다. 사육장 입구에서 어떤 패닉이 일어나면 입구 반대편 끝에서는 압사가 일어나는 것이다.

수익에 해를 끼치는 불행한 사고도 있다. 가금 페스트 외에도 사육에 쓰이는 기계가 오작동할 위험이 상존하는 것이다. 예컨대 환기팬이 고장 나면 한 번에 사육장의 닭들이 모두 죽을 수 있다. 한 육계 사육인은 어느 날 아침 사육장으로 들어갔는데, 사육장 안이 이상할 정도로 조용하고 적막했다. 환기팬이 작동하지 않아 닭들이 모두 죽은 것이다. 또한 온도 조절기로 사육장의 온도를 올릴 수는 있지만 내릴 수는 없는데, 이유는 냉방시설 설치에 돈이 많이 들기 때문이다. 관리자는 "폭염이 지나갈 동안은 그냥 행운을 빌 수밖에 없다"면서 "폭염이 하루나 이틀을 넘어가면 병아리들은 다 죽는다"고 말했다.

초창기에 육계 사육 생산을 한 사람들은 돈을 벌 수 있었다. 그러나 다른 직업들처럼 산업에 진입하는 사람들이 많아지면서 이윤은 더 쪼그라들었다. 〈데일리 익스프레스〉의 에드워드 트로(Edward Trow) 기자는 시장에 육계가 과잉 공급되고 있다며 이렇게 말했다.[18]

> 닭 수천 마리가 도축업자와 도매상의 창고에 쌓여 있다. 유통업자가 닭을 팔아치우지 못했기 때문이다. 가금류 매입이 줄어든 것이 아니라, 닭의 가격이 3, 4년 전보다 싸기 때문이다. … 사람들이 맛없는 육계보다 맛있는 육계를 원하기 때문인 것으로 보인다.

슈퍼마켓은 육계를 열렬히 환영했고, 육계는 곧 부유함의 새로운 기준이 됐다. 새로운 가게가 개장하면 무료로 나눠주기도 하고, 매장에서 고객을 끌어들이기 위해 특가로 판매하기도 한다. 어쩔 수 없이 벌어지는 일이다. 고객들이 싼값에 익숙해지면, 육계를 현실적인 가격에 판매하기가 어려워진다. "이곳 생산자들이 우리와 같은 방식을 따르지 않기를 조언한다. 그렇지 않으면 우리는 같은 무덤으로 들어가게 된다." 1961년 진상조사 시찰 후 미국으로 떠나면서 노먼 비스턴(Norman Beeston)은 이렇게 경고했다.

> 비스턴은 '육계는 파운드당 10센트에 고객에게 도달한다. 생산 비용은 4센트 이하이다. 사람들이 지금은 도태 기간이라고 하지만, 내가 보고 들은 것이 맞다면, 도태기가 눈에 띄게 길어지고 있다'고 말하면서, 미국식 생산 방식을 고수하는 영국의 생산자들을 괴롭히는 위험을 직접적으로 지적했다. '미국의 육계산업은 육계를 과도하게 생산해 곤란에 빠졌다. 생산이 문제가 아니다. 마케팅이 문제이다.' 비스턴은 계속해서 '육계를 특가로 판매하는 것은 자살 행위나 다름없다. 이 말은 과장이 아니다'라고 말했다. '이런 식으로 계속하면 주부들에게 싸구려 가격이 올바른 가격이라고 설득하는 것이나 마찬가지다. 결론적으로 소매인은 계속해서 감당할 수 없는 가격에 육계를 팔아야 한다.'[19]

육계 한 마리당 이익은 0.5페니 정도로 낮다. 많은 소규모 육계 생산자들은 은행의 신용 대출에 의존하고 있는데, 금융 긴축이 오고 생산이 소비를 앞지르면서, 이들은 파산에 내몰리고 있다. 많은 양을 생산하면 확실히 더 힘들고, 판매도 더 어려워지며, 가격은 계속해서 떨어진다. 이 균형을 잡기 위해 비즈니스 마인드가 있는 생산자들은 자기만의 고유한 이익 창출 방법을 진화시키고 있다. 어떤 농부는 지역 시장 한구석 의자에 앉아서, 다른 농부는 자기 집 대문에서 매주 '신선한' 가금류를 판매한다. 어떤 농부는 '버터와 셰리에 절여 구운 닭'을 주부에게 집까지 배달하는 이동식 바비큐 사업으로 번창하고 있다. 주부들에게 육계는 인기가 없기 때문에 육계라고 말하지 않는다. 1961년 영국 육계생산자협회가 단체의 이름을 영국 닭협회로 바꾸게 된 이유이다.

어마어마한 규모의 육계산업은 분투하고 있다. 육계산업은 우리가 생각하는 농업이라기보다 비즈니스에 가깝다. 닭들은 어둡고 폐쇄된 사육장에서 9, 10주 정도 자라 목표 몸무게인 1.5킬로그램이 되면 포획되어, 상자에 담겨 도계장으로 옮겨진다. 모든 노력에도 이렇게 생산된 육계들이 완전히 맛이 없는 이유를 다음 장에서 다루겠다.

03
도계장

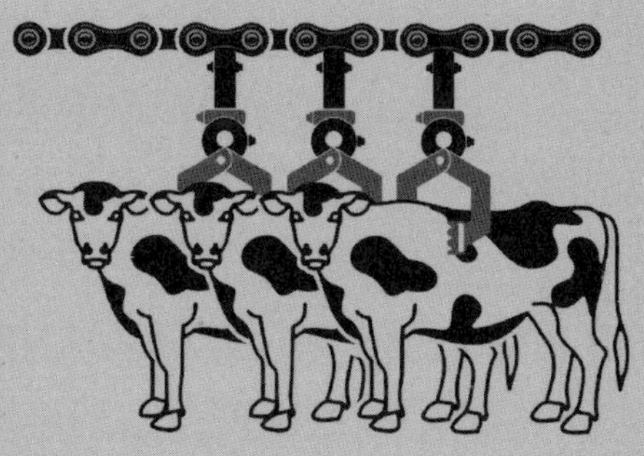

ANIMAL MACHINES

우리는 평범한 공장처럼 생긴 건물 앞에 도착했다. 큰 미닫이문이 있는 거대한 헛간 바깥쪽에는 상자 수백 개가 막 화물차에서 부려진 듯 벽에 기대어 높이 쌓여 있었다.

도계장(가금류 도축장) 안에서 피가 튀어 묻지 않도록 흰 오버올 작업복과 고무장화를 받았다. 건물 안으로 들어가자 벽 안쪽에 더 많은 상자들이 쌓여 있다. 상자 하나에 열두 마리. 상자 안의 병아리들은 도계장에서 일어나는 모든 일들을 관람석에서 보듯 볼 수 있었다. 소음과 수선스러움, 작업하는 동안 나오는 음악, 눈이 아픈 조명, 기계에서 나는 둥둥, 철컹철컹 소리. 상자 안의 생후 10주 된 병아리들은 지금까지 이상한 소음과 방해로부터 격리되어 어둡고 조용한 곳에서 보살핌을 받으며 자라왔다. 그러다 상자에 들어가 화물차에 실렸다. 태어나서 처음이자 마지막으로 신이 만든 햇살이 그들의 머리에 내렸다. 병아리들의 삶의 여행은 끝나가고 있었다.

병아리들이 여행 중에 잠시 완전한 축복을 만끽하는 이상적인 상태였다는 뜻은 아니다. 다른 도살 작업과 마찬가지로, 도계장에 도착하기 전 12~16시간 동안 병아리들을 굶기도록 권장한다. 그리고 도계장에 도착하면 도살 차례가 오기 전까지, 그들의 삶 중 최고의 날을 상자에 갇혀 보낸다. 이날은 먹이도 물도 먹지 못한다. 완전히 소화되지 않은 먹이는 도살 후에는 쓰레기이고, 지육을 급속 냉동했을 때는 품질을 유지하는 데 손상을 줄 수 있기 때문이다. 육계 사업에서 병아리 한 마리당 14그램의 먹이는 큰 비용이다. 이로 인해 수익과 손실이 엇갈릴 수도 있다.

시간이 거의 다 됐다. 상자에서 꺼낸 병아리의 다리를 컨베이어 벨트에 거꾸로 매달아 묶는다. 조심스러운 동작으로 병아리들이 놀라지 않게 한다. 그렇게 하지 않으면 깃털을 잘 뽑을 수 없기 때문이다. 도축자의 손까지 가는 데는 컨베이어 벨트의 배치 방식이나 속도에 따라 1~5분가량 시간이 걸린다. 병아리들은 컨베이어 벨트에 매달려 움직이면서 소리 없이 부리를 벌렸다 닫았다 한다. 모두 두려움에 질린 것이다. 그동안 나는 병아리들이 멍청한 동물이라서 무슨 일이 벌어지고 있는지 아무것도 모른다고 알고 있었다. 병아리들이 고개를 들면 작업자가 날개를 열고 목을 부드럽게 당겨 날개 아래로 넣어 매달린 동안 조용히 있도록 한다. 그리고 사람들은 일을 계속한다.

약 30초쯤 컨베이어 벨트가 깃털이 뽑힌 병아리를 쇠고랑에 채운 채 반대 방향으로 얼마쯤 움직이자 병아리들이 두려워하는 기색이 역력했다. 내가 잘못 생각한 걸까? 우연이었을까? 나중에 박물학자인 콘라트 로렌츠에게 무슨 일이 벌어지는지 닭이 아는 것인지 의견을 묻자 이렇게 말했다. "제 경험으로는 닭들은 다른 닭들이 도살당하거나 죽어 누워 있는 상황을 이해하지는 못합니다. 그걸 보고 고통을 더 느끼지 않는 것은 확실합니다. 반면 확실히 소들은 도축장으로 들어가면 같은 종의 피 냄새를 맡기 때문에 극도의 두려움과 고통을 느낍니다." 하지만 유명한 가금사육인은 생각이 다른 듯하다. 머리 헤일(Murray Hale)은 이렇게 말한다.[1]

> … 위험을 자각하는 것은 야생에서 생물이 살아남기 위한 유일한 방법이다. 아무리 길들인다 해도, 깊이 자리 잡은 이런 본능을 제거할 수는 없다. 이 본능은 유전적 우성이 아니라 유전적으로 가장 중요한 것이다.

레딩 주민인 프라이는 이렇게 썼다.[2]

> 소비자들은 모두 깨끗하고 오동통하게 살이 올라, 건강에 좋아 보이는 가금류를 좋아한다. 그런 가금류가 생산되지 않는 이유는 생산자보다는 도계장 때문인 것 같다. 꽤 많은 경우 닭은 바닥에 놓인 상자 안에 갇힌 채로 동료가 도살당하는 모습을 온전히 지켜본다. 닭은 도계장이 어떤 곳인지 분명히 알고 있다. 도계장은 닭을 두렵게 만들고, 겁먹은 닭들은 근육이 강직되어서 털 뽑기가 어려워진다. 내 생각으로는 깃털을 붙잡는 힘이 커지는 것 같다.

어떤 도계장에는 충격기가 있어서 닭의 목을 자르기 전에 사용한다. 어떤 곳은 충격기가 없고, 또 어떤 곳은 충격기가 있어도 사용하지 않는다. 내가 방문한 곳은 충격기가 있지만 쓰지 않는 곳이었다. 관리인은 "피가 제대로 안 나온다"고 했다. "이렇게 하는 게 훨씬 빠르고 또 더 인도적이기도 하다"고 말했다. 나는 닭들이 날개를 넓게 펼치고 목이 잘려서 방혈(防血) 터널로 사라지는 모습을 보았다. 몇 분 후에 나타난 닭들은 여전히 날개를 펴고 있었다. 관리인은 "저기로 들어가기 전에 닭은 이미 죽었다"며 안심하라는 듯 말했다.

닭이 탕적(湯摘) 탱크(닭의 털을 뽑기 전에 뜨거운 물에 담그거나 김을 쐬어 닭털을 용이하게 뽑도록 준비하는 수조_옮긴이)를 통과해 나왔을 때는 축 늘어져 죽어 있었다. 그러고 나서 깃털 제거 기계로 들어간다. 이때 컨베이어 벨트는 상자 안에서 대기 중인 살아 있는 닭들을 지나 벽에 있는 틈을 통해 내장 제거실로 이동한다. 내장 제거실에서 컨베이어 벨트는 방의 길이만큼 긴 벤치 위를 지나가는데, 벤치 아래에는 폐기물을 버리는 도랑이 있다. 벤치를 따라 흰 작업복을 입은 십여 명의 청년들이 컨베이어 벨트가 움직이면 닭을 조각내는 일을 한다. 한 사람은 닭의 무게를 재고, 다음 사람은 닭의 발을 잘라내고, 닭을 머리 쪽으로 벨트에 다시 매단다. 그 다음은 닭을 길게 잘라 여는 작업 등등을 계속한다. 닭의 겉과 속이 모두 깨끗해지면 냉각 기계와 컨베이어 벨트를 통해 세 번째 구역으로 들어가 최종 모양잡기와 폴리에틸렌 포장에 넣는 등의 작업이 이루어진다. 여기에서 멍이 들거나 외부 충격으로 손상된 닭들은 한쪽으로 치우고 흠이 있는 부위는 제거한 후 조각으로 자른다. 이후 바퀴 달린 철제 카트에 포장한 닭을 실어 판매될 때까지 보관하는 냉동 저장실로 보낸다. 그리고 냉동 포장된 닭은 슈퍼마켓에서 주부들의 관심을 끌 수 있도록 행복한 그림이 그려진 화려한 종이상자에 넣어진다.

작업자들 사이에는 공통적으로 만족스러운 분위기가 흘렀다. 여자들은 콧노래를 부르고 남자들은 수다를 떨었다. 도계실에서조차 사람들은 태평하게 돌아다니고, 닭들을 커튼 치듯 한쪽으로 밀기도 하고, 닭이 불안해하면 목을 잡아당겨 조용히 만들었다. 상자부터 냉동 저장실에 이르는 모든 공정은 라인의 속도에 따라 18분에서 길게는 1시간까지도 걸린다.

"당신은 육계를 먹나요?" 우리가 관리인에게 물었다. 곧 답이 돌아왔다. "세상에… 안 먹어요!" 나는 나중에 도계실을 찾아가 도계실 관리인에게 같은 질문을 했다. "동물들이 이렇게 죽는 걸 보고 난 다음에 고기를 먹을 수 있겠습니까?" 관리인은 이렇게 대답했다. "저는 어린 동물을 못 먹어요. 그렇지만 더 큰 동물이 도살당하는 걸 본다고 해서 영향을 받지는 않아요."

머지않아 컨베이어 벨트 위의 동물은 오리가 되고, 칠면조나 토끼처럼 한 번도 거꾸로 매달려본 적 없는 동물도 올라갈 것이다. 당시 도계장에서는 시간당 닭 1,500마리를 처리했다. 요즈음 이 정도는 작은 규모에 속한다. 도축자가 칼로 작업 중일 때, 동물의 피가 튀거나 아니면 재채기를 하거나, 콧물을 닦거나, 가려움을 느끼거나, 작업 중인 순간 집중력을 잃어버리면 어떻게 될지 궁금할 것이다. 닭들은 그 과정을 지나쳐 완전히 산 채로 탕적 탱크로 들어가게 될까? 닭들에게 찰나의 순간인 매 2초 동안 인간의 실수는 허락되지 않는다. 어떤 사람은 도축자에 대해서도 궁금할 것이다. 하루에 8시간, 시간당 1,500마리는 솜씨 있게 효과적으로 죽이기에 너무나 많다. 시간이 지나면 도축자는 닭들의 고통이 아니라 피가 흐르는 데만 신경 쓰게 될까? 관리인은 "도축자를 구하는 데 어려움은 없다"고 말했다. 영국 닭협회의 페퍼콘 회장은 다음과 같이 예견했다.[3]

> 미래의 도계장은 현재보다 더 커질 것으로 예상된다. 작업을 더 싸게 할 수 있기 때문이다. 영국에서는 아직 아무도 어떤 규모의 도축장이 가장 경제적인지 모르는 듯하다. 하루에 최소 3만 마리가 안정적인 수치로 보인다. 물론 이보다 더 많을 수도 있다.

이미 큰 도계장에서는 시간당 닭 3,000~4,500마리를 도축한다.

매년 2억 마리 이상의 닭들이 도계장에서 처리되는데, 닭의 의식이 온전한 상태에서 목을 자르는 방식으로부터 닭을 보호할 수 있는 법은 아직 없다. 그 이유는 첫째, 닭을 인도적으로 죽일 수 있는 방법을 찾기 어렵기 때문이다. 처음에는 가스가 좋은 방법이었다. 그러나 가스실로 들어갈 때 닭이 날개를 펄럭이면 한 마리당 가스 225그램 정도가 손실된다. 너무 비싼 방법이다. 인도적 도축협회(Humane Slaughter Association)는 수의사들과 함께 전기 충격으로 기절시키는 전격법이 가장 인도적인 대안이라고 결정했다.

처음 고압 전살기가 생산되었을 당시 이를 시험해본 공장 감독관은 고압 전살기가 위험하다며 사용을 막았다. 고압 전살기는 닭들 중 반은 죽여 버리고, 나머지 반은 마비만 시켰다. 심장이 펌프질해 피를 다 내보낼 때까지 닭들은 살아 있어야 했다. 전살기를 발명한 코프 앤드 코프 전자(Cope and Cope Electronics)의 코튼(John Cotton)은 어린 닭들을 죽이지는 않고 충격만 줄 수 있는 낮은 전압의 전살기를 개발하기 위해 전체적인 연구를 다시 시작했다. 또한 도축자에게 도달했을 때 방혈해야 하는 90초 동안 의식이 다시 돌아오지 않고, 의식이 없는 채로 유지되어야 했다. 타이밍과 기술이 가장 중요했다. 코튼은 드디어 모든 필요한 요소를 충족시키는 낮은 전압의 전살기를 발명했고, 인도적 도축협회의 시들리(Dorothy Sidley)와 영국 왕립 수의대학 회원이자 호턴 가금 연구소(농무부와 동물건강신탁의 공동 운영)의 라이트(R.A. Wright)는 함께 전살기의 효과를 입증하기 위해 인도적인 관점과 원활한 방혈, 지육의 가치에 대한 기준을 모두 고려하여 여러 차례 실험을 했다. 인도적 도축협회의 《연간 보고서 1959~1960》는 전살기가 효과적이라는 라이트의 결론을 인용하며 다음과 같이 항목별로 열거했다.

① 작동 시 안전성

② 닭의 완전한 의식불명

③ 수의근이 완전하게 이완하여(돌발적인 날개 펴기 제외) 도축자들이 경정맥을 절단하기 용이함

④ 효과적인 방혈

⑤ 기계 탈모 용이

⑥ 날개의 골절이 드물게 발생함

또한 보고서는 닭을 기절시키지 않고 죽이는 방식에 대해서도 이렇게 지적했다. "닭을 미리 기절시키지 않고 경정맥을 절단하는 방식은

지독하게 비인도적이라는 것을 일말의 주저함 없이 말할 수 있다. 왜냐하면 경정맥을 절단할 때 닭은 분명하고 완전히 의식이 있으며 상당한 시간 동안 크나큰 고통 속에 있기 때문이다."

작동이 확실한 저압 전살기를 사용하는 것은 닭을 인도적으로 죽이고 방혈을 용이하게 하는 데 모두 효과적이다. 농무부는 전살기 사용을 의무화하기 위해 착수했고, 전살기를 확인하고 그에 대한 의견을 듣기 위해 수의 담당 공무원들을 현대식 농장으로 보냈다.

> 인도적 도축협회의 시들리는 농무부의 회의 참석 요청을 받았다. 농무부 공무원의 소견은 닭 9마리 중 1마리가 눈에 일정량의 반사작용이 있으며, 그 반사작용이 의식과 관계가 없다는 것을 증명하는 연구 결과를 발표하기 전에는 농무부에 전살기 사용을 건의할 수 없다고 했다. 호턴 가금 연구소에서 이 연구를 진행하고 있으며, 보고서는 농무부에 최대한 빨리 제출될 것이다. 다수의 저명한 생리학자들은 공식적으로 각막의 반응은 결코 의식 유무의 기준이 되지 않는다고 말했다.

위의 1961년 보고서를 인용한 인도적 도축협회는 완전히 의식이 있는 상태로 목이 잘린 닭 5마리 중 2마리는 산 채로 탕적 탱크에 들어간다고 알려왔다. 1억 5천만 마리가 넘는 육계와 그 절반 정도 되는 배터리 케이지 닭과 밀집사육으로 키워지는 산란계가 매년 도계장을 거친다. 손에 꼽을 정도로 적은 도계장이 전살기를 사용하지 않는다고 믿는다 하더라도, 수백만 마리의 병아리가 이런 운명에 고통 받는다는 사실을 알 수 있다. 1961년 6월 1일 코튼은 내게 이런 편지를 보냈다.

> 우리가 이미 공급한 꽤 많은 고압 전살기의 수를 확인하고 있습니다. 편지를 쓸 당시에는 저압 전살기 종류가 많지 않았습니다. 하지만 저압 전살기가 해답이 될 거라는 생각이 듭니다. 고압 전살기는 쓰기 위험하고, 닭을 죽이거나 마비시킵니다. 일반적인 수준에서 저압 전살기의 사용을 고려한다면, 작은 규모의 도축장이나 평범한 도축장(시간당 최대 4백 마리) 규모가 적당하겠으나, 이미 사용하고 있다면 저압 전살기의 작동이 속도에 영향을 미칠 수 있습니다. 용량을 초과하는 대량의 닭을 처리하는 시설에서는 저압 전살기를 구매했더라도, 라인이 너무 빨리 움직이는 탓에 사용하지 않을 것입니다.

드디어 저압 전살기가 완벽해졌을 때는 도계장의 인도적인 요구 사항을 만족시킬 수 있을 것처럼 보였다. 그러나 저압 전살기는 곧 무용지물이 됐다. 왜냐하면 큰 도계장들이 그동안 컨베이어 벨트의 속도를 높여 시간당 4천 마리 이상을 처리하고 있었으며, 그런 속도에서는 저압 전살기로 닭을 도살 전에 미리 기절시키기란 불가능하기 때문이다. 많은 도계장이 이 새로운 문제를 해결하기 위해서 직원을 한 사람 이상 더 고용할 것인지, 아니면 인도적 측면은 무시하고 닭을 마비시키지도 못하는 고압 전살기를 도입해 닭이 완전히 의식이 있는 상태에서 도축 단계로 가게 할 것인지 또한 고민이 될 것이다.

당연히 도계장은 닭에서 최대한의 이익을 뽑아내려 한다. 닭을 미리 기절시키는 데 좋은 기술이 있는 사람들에게 월급이 주는 게 억울한 일일까? 물론 시장에는 다른 전살기도 있다. 예컨대 전기 칼은 자르면서 기절시키는 제품이다. 그리고 신제품으로 메이윅 기절 상자가 있다. 메이윅 기절 상자는 라인이 움직이면 전류가 흐르는 금속판이 닭을 훑고, 도축자가 구획의 한쪽 끝에서 기다리고 있다가 닭이 나오면 방혈하는 방식이다. 이 장비는 초기 비용이 높지만, 추가로 사람을 고용할 필요는 없다. 그리고 간단하다! 또한 비슷한 덴마크산 제품이 있는데, 시간당 닭 4천 마리를 처리할 수 있다.

왜 옛날 방식으로 닭의 목을 탈구시키지 않을까? 제대로 하면 고통 없이 순간적으로 처치할 수 있고, 모든 피가 목으로 모여 쏟아져 지육이 보기 좋은 흰색이 되는 방법이 아닐까? 그럴 것 같지만, 닭에게는 거친 방법이다. 그리고 피를 펌프질하는 심장이 멈추었는데, **모든 피**가 빠진다는 것은 의심스럽다. 또한 지육을 급속 냉동했을 때와 같은 품질을 유지할 수 없다. 사람들이 '봄 햇닭'을 덜 좋아하는 시기에는 지육을 수개월간 보관해야 한다.

지육 품질에 영향을 미치는 다른 요인들도 있다. 다음은 머리 헤일의 글이다.[4]

> 육계는 상자에 꽉 차서 서로 부딪히고 쫓기고 멍들면서 육즙을 잃게 된다. 그래서 보통 육계가 선별됐을 때보다 등급이 떨어진다. 정육업자가 낮은 등급표를 매겼다면, 농장에서 닭을 포획할 때, 화물트럭에서 또 도살 라인에서 닭을 어떻게 다루는지 봐야 한다. 노동력을 아끼기 위해 불필요하게 너무 많이

> 서두르면, 눈에 보이지 않는 생산성이라는 가치가 크게 하락한다. 나는 농부가 자신의 가축을 다루는 방법을 이해하기만 하면, 낫 놓고 기역자도 몰라도 상관없다고 생각한다.

도계업은 축산 분야의 다른 산업과 마찬가지로 지속적으로 연구 지원이 이뤄지고 있다. 탈모기, 냉장기, 냉동기, 탕적기, 내장적출기 들은 계속해서 더욱 자동화되고 있고 점점 더 완벽해지고 있다. 닭을 더 부드럽게 다루고 닭 1만 마리를 상자에 넣을 때(쉽지 않은 일이다!) 일반적으로 발생하는 깃털 날림과 히스테리를 피하기 위해 닭을 포획하기 전에 닭이 먹는 물통에 안정제를 넣기에 이르렀다. 로빈 클래펌(Robin Clapham)은 과학자들이 연구하고 있는 도계장 폐기물 활용방법에 대해 이야기해줬다.

> 나는 즉시 현재 육계 도축장에서 일어나고 있는 닭의 피, 깃털, 내장을 다시 닭에게 먹이는 행위에 대해 조사했다. 이 얼마나 야만적인 행태인가? 놀랍게도 닭은 이런 것들을 매우 잘 먹는다. 그러나 이 사실을 제외하고 기자의 조사에 따르면 이런 먹이를 공급했을 때 5~7.5퍼센트 정도 사료 섭취량이 줄어드는 단점이 있는 것으로 보인다. … 육계 사료로 쓸 가수분해된 가금류 분뇨의 영양적 가치에 대한 연구가 현재 진지하게 진행 중이다. 화학적 분석에 기초한 이 단백질 연구에 쓰인 닭 분뇨의 2분의 1과 육계 분뇨의 3분의 1의 조단백질에는 실제로 단백질이 존재한다.[5]

《농부와 목축업자》는 이렇게 보도했다.[6]

> 닭이 볏이 없다면 좀 우스꽝스러울 것이다. 날개조차 없다면 어떨까? 지난 주 포크스턴(Folkestone)에서 열린 병아리생산자협회 콘퍼런스에서 육계생산자협회의 총지배인 데릭 켈리가 발언했다. … 도계장의 이윤은 닭의 신체구조와 먹을 수 있는 고기와 내장 비율에 민감하다. 물론 총 생체중이 중요하지만, 내장 1그램을 만드는 비용으로 얻는 고기 1그램은 공짜 보너스 같은 것이다. … 도살 이전의 닭에서 시작해서 오븐에 넣기만 하면 되는 제품을 만드는 공정에서 나오는 폐기물을 줄이는 수단과 방법을 생각하면 엄청난 상상력이 솟아난다. 고기 대 내장의 비율, 정강이의 비율, 목의 길이는 현재 모두가 주목하는 이슈이다. … 캘리포니아 대학의 애버트 박사는 '새로운 환경'에서 닭을 실험하고 있다. 이 닭은 깃털이 없다. 지금은 깃털이 없는 닭이 기이하게 들리지만, 켈리는 10년 후에 도계처리 공장의 한 단계를 없애는 것이 합리적인 접근이 될 수 있다고 말했다.

1961년 5월《수의학 기록》에는 도계장의 검사에 대한 법률이 부족하다는 사실과 가금류 간에 또는 사람에게 질병이 퍼질 수 있다는 글이 실렸다.

> 영국에서 사람이 소비하는 가금류는 '판매되는 모든 고기 등

을 관리하는 일반 규정'의 대상이다. 그러나 이 모든 규정과 허가 통제는 다른 동물의 도축과는 달리 가금류의 도축에는 해당되지 않는다. 사람이 소비하기 전에 붉은 고기의 상당한 비율은 검사를 거치는 데 비해, 대부분의 가금류는 어느 정도 규모가 있는 큰 도시의 규정과 지역 법을 제외하고는 어떤 정기 검사에도 빠져 있다. 1936년 스미스필드 마켓에 들어온 가금류 지육에 대한 정기 검사에서 60퍼센트 이상이 어떻게든 질병에 감염됐다고 밝혔다. 저 수치는 오해의 소지가 있을 수도 있다. 현재는 어린 닭들의 검사가 강조되는 데 비해, 당시에는 검사 실시 대상에서 늙은 가금류 지육의 비율이 훨씬 높았다. 그럼에도 불구하고 검사 기준이 다른 처리 공장 수준으로 떨어지는 것을 허용한다면, 질병으로 죽은 닭의 사체 상당량이 사람들에게 전달될 것이라는 데 의심의 여지가 없다. 가금류 소비자와 생산자 들은 엄격한 위생 환경에서 처리된 깨끗하고 몸에 좋은 가금류에 대한 권리와 자격이 있다. 그러나 질병이 없는 가금류를 생산하고 마케팅 하려고 시도하지 않는다면, 소비자에게 발생할 진짜 위험은 무엇일까? 일반적으로 이루어지는 가금류 고기 검사는 가금류 지육의 외형이나 기호성이 기준에 맞지 않으면 불합격시키는 것이다. 실제로 존재하는 질병을 진단하는 것 자체는 불가능한 게 아니라 어려울 뿐이다. 현재 검사에서 인간에게 전염되거나 해를 끼칠 것인가는 두 번째 고려 사항이다. 이러한 접근이 옳은가에 대해 질문하지는 않을 것이다. 병으로 죽은 가금류의 고기는 질기고 풍미가 없기 때문에 요리를 해도 만족스럽지 않다. 실제로 썩은 고기가 아니라도 말이다. 더욱이 살아 있는 가금류나 죽은 고기를 다룰 때 엄격한 기준을 권장하는 이유는 사실 인간이 해당 제품을 소비하는 것과 관련이 있기 때문이다. 도계 과정에서 가금류나 그 고기를 다루는 건 위험할 수 있다. 감염된 가금류 사체의 창자에서 나오는 분비물과 더러운 상자를 사용하는 것 자체로도 질병이 확산될 위험이 있다.

이후에도 도계장 환경은 많이 개선되지 않은 것으로 보인다. 다음은 1962년 가금 페스트에 대한 농장위원회 보고서의 내용이다.

우리가 방문한 도계장 중 어떤 곳은 위생 기준이 너무 낮아 충격을 받았다. 또 비슷한 환경이 어디나 존재할 수 있다는 것을 알고 다시 한 번 놀랐다. 지방 당국은 위생에 어느 정도 책임이 있다. 영국의 많은 도축장이 높은 기준을 갖고 있다. 그러나 종종 도축장의 유형과 구조가 기준 요인을 극도로 제한한다는 것을 알게 됐다. 위생 기준을 만족시키는 좋은 도계 시설이 유지되려면 중앙 집중화가 장려되어야 한다고 생각한다. 네덜란드, 미국, 캐나다와 같은 나라에서는 당국이 책임을 지고 도계장을 중요하게 관리하고 있다는 사실을 생각해 볼 만하다. 우리는 보건부와 지방 당국이 영국에서도 비슷한 조건을 유지하도록 노력하는 그날이 오기를 학수고대한다. 가금류의 손질과 도살에 대한 작업 규약이 최근 발간됐다고 알려져 있으나, 미국 대부분의 도계장에 적용되는 것처럼, 현재 공식적인 가금류 고기 조사 계획은 없다는 연락을 받았다. 영국에서 뉴캐슬병이 지속되는 이유는 질병의 초기 잠복기에 도살된 가금류의 지육에서 감염이 퍼지는 게 원인일지 모른다. 그런 가금류들은 도계장의 고기 검사관이 자주 발견하는 것 같다. 우리는 이것이 일반 호흡기 감염 발생의 지표를 제공할 수 있다고 보지만, 그렇다고 뉴캐슬병의 관리 기준으로 삼기를 요구하고 싶지는 않다.

도축장 등록

맨체스터 기업은 맨체스터 기업법(1954)에 근거해 시내에 도계장을 등록할 수 있다. 기업들은 이런 기회를 이용하고 있고, 우리는 기업이 그 기회를 가치 있게 여기는 것을 알고 있다. 지방 당국은 도계장이 어디에 있는지 알아야 하며, 지방 당국이 동물질병법 산하 규제를 집행할 수 있는 지위에 있다면, 시내에 위치한 도축장에 대해 책임감을 가져야 한다고 생각한다. **우리는 지역 당국이 맨체스터의 도축장과 유사한 모든 시설을 승인하는 것이 바람직한지 당국의 검사를 받기를 제안한다.**

이 책을 인쇄하려는 시점에 농무부에서 인간 소비의 적합성을 측정하는 가금류 지육 안전성 검사를 엄격하게 실시해야 하는 도계장 등록법은 아직 없다고 알려왔다.

04

배터리 산란계

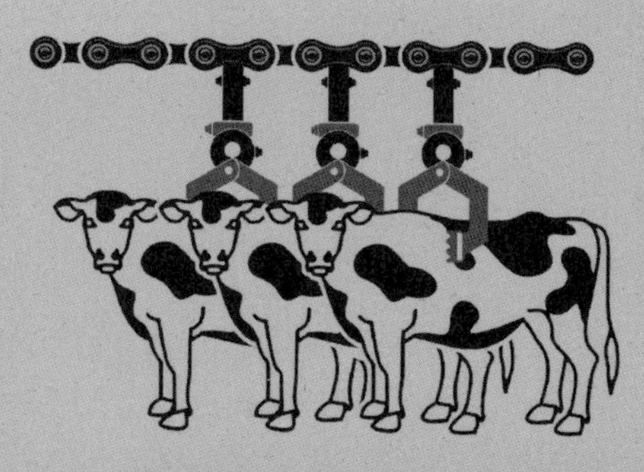

ANIMAL MACHINES

많은 농장에 가금류가 있다. 가금류의 대부분은 주로 산란계인데 약 5백 마리 이하로 구성된 크지 않은 규모이다. 최근 산란계 분야에 전문화가 일어나고 있으며, 가금을 보유한 규모도 커지고 있다. 지금 잉글랜드와 웨일스에서 나오는 달걀의 3분의 1이 500마리 이상의 산란계를 키우는 농장에서 생산하고 있으며, 6분의 1은 거대한 산란계 사육시설에서 생산하는 것으로 추정된다. 일부 거대 달걀 기업이 수십만 마리의 가금의 보유하고 있는 것이다!

다른 동물처럼 닭도 농장 풍경에서 빠르게 사라졌다. 20퍼센트만이 방목으로 키워지고 나머지 80퍼센트는 실내로 들어갔다. 무엇이 이런 유행을 만들었을까? 아마도 가장 중요한 요인은 닭이 추위를 느끼면 알을 덜 낳기 때문일 것이다. 닭은 추위를 느끼면 몸을 따뜻하게 하고, 먹이를 찾는 데 에너지를 쓴다. 이렇게 소모되는 에너지를 보존하고 싶은 농부는 이 모든 에너지를 산란이라는 하나의 기능으로 돌린다. 그리고 닭이 누릴 수 있는 자연스러운 즐거움을 빼앗아버리는 것이다.

방목해 키우는 닭들은 언제든 보금자리로 갈 수 있다. 닭의 보금자리는 외부 사육장, 헛간, 목장 구석에 닭의 보금자리로 만들어진 곳이면 어디든 가능하다. 밀집사육 방식으로 경영하는 농부가 경멸적으로 말하는 '진흙탕 주위를 파헤치고 돌아다니고, 비바람이 부는 날씨에 노출되는 것'은 닭들이 밖에 있고 싶다는 의미는 아닐까? 산란 실험에서 주요한 상을 받은 30년 경력의 한 가금업 농부의 글에서 다음 사실을 확인할 수 있었다.[1]

> 닭들은 실내 환경의 포근한 톱밥 속 또는 신선한 공기가 있는 풀이 난 농장 중 하나를 선택한다. 하지만 닭들은 겨울에 험한 바깥 생활을 더 좋아하기도 한다. 눈이 쏟아져도 농장 마당으로 나가고자 하는 닭의 결심을 꺾을 수 없다. 지난달 눈이 내리는 기간 동안 생식률은 90퍼센트를 훌쩍 넘었다. 이것은 겨울에 가금류를 야외에서 키우는 것은 경제적이지 않다는 이론을 깨는 것이다.

최근까지 거의 모든 가금류를 산란에 최적한 상태가 될 때까지 야외에서 키웠다. 지금도 높은 비율로 가금류를 그렇게 키우고 있다. 병아리를 키우는 암탉도 마찬가지이다. 야외에서 닭을 키우면 더 건강하고 튼튼한 닭이 된다. 깃털도 빽빽하고 질병에 걸리지 않는다. 스트레스가 많은 밀집사육 환경의 삶에 비해 산란에 최적한 상태의 닭이 된다.

《가금 세계》에서는 병아리를 키우는 사육장 두 종류를 놓고 진행한 실험을 다루었다.[2] 하나는 무창계사(無窓鷄舍)로 모든 환경을 통제할 수 있다. 두 번째는 조금 큰 보금자리로 건물의 양쪽 끝이 비바람에 노출되어 있다.

첫 번째인 무창계사 사육장에서 자란 산란 최적기의 닭은 "활기가 없어 보이고, 몸 크기는 다른 사육장에서 자란 닭보다 현저하게 작다. 산란장에서의 산란 실적 또한 부정적인 영향을 받는 것 같다. 닭들의 최고 생산량이 다른 곳보다 10퍼센트 낮았다. 다만 고무적인 것은 닭들이 낳은 달걀의 크기가 다른 닭들보다 크다는 것이다. 성체의 폐사율이 더 나쁘지는 않았다." 두 번째 사육장의 결과도 언급되어 있다. "신선한 공기가 있는 야외에서 자란 닭들은 특출하게 건강했으며, 깃털이 빽빽하고 추운 계절에도 빨리 자랐다. 실험 기간 동안 건강상의 문제는 전혀 없었다." 많은 농부들은 야외 방목이 닭을 키우는 최고의 방법이라고 믿고 있다. 아래는 다른 농장의 보고서이다.[3]

> 산란계는 달걀을 낳을 수 있는 시기 동안 바닥이 철망이나 슬랫으로 된 초과밀화된 환경에서 삶을 살 운명이다. 닭들이 유전적으로 온전히 부여받은 연 250개의 알을 짜내기 위해서는 충분한 에너지가 있어야 하고 건강해야 한다. 리드(J.A. Reid)는 닭을 키우는 동안 신선한 공기, 깨끗한 바닥, 햇빛과 풀이 중요하다고 말한다. 이것은 과거에도 중요했고 요즘은 더 중요하다는 게 그의 생각이다. … 그가 닭 사육장을 팔아 버리고 커다란 밀집식 사육장을 구입한다면 노동력을 대폭 줄일 수 있다. 하지만 그렇게 하지 않을 것이다. 그는 밀집사육 달걀생산 방법이 늘어날수록, 닭이 필수 성장 기간에 신선한 공기 속에서

몸과 에너지를 단련할 필요성이 더 늘어날 것이라고 믿는다.

한 독자는 이렇게 질문했다. "병아리를 케이지에서 산란계로 키울 수 있을까요?"[4] 답변은 "권하지 않겠다"였다. "방목이 필수는 아니지만, 신선한 공기와 햇빛에 접근할 수 있도록 사육하는 방식을 고려할 것을 제안한다"는 것이었다. 다음은 옥스퍼드셔에 사는 어느 농부의 말이다.[5] "배터리 케이지 안에서 닭을 몇 세대씩 계속해서 번식시키는 사람은 미국 사람들이 지금 미국에서 하는 것들도 해야 합니다. 즉 다시 야외 시스템을 사용하는 방식으로 돌아가는 것이죠. 수많은 세대를 배터리 케이지에서 번식시키는 것 때문에 많은 문제가 있다고 들었습니다."

닭이 여름만큼 겨울에 알을 많이 낳지 않는다면, 그것은 사료 값을 하지 못한다는 뜻이 아니라 농부가 이익을 보지 못한다는 뜻이다. 결과적으로 경제적인 제안이 되지 못하므로, 좋든 싫든 실내로 들어간다는 것은 농장을 사업적으로 운영하는 것을 뜻한다.

가축을 기르던 옛날 농장을 개조해 산란계 사육장을 만든 경우도 물론 있다. 어떤 건물은 창문이 커서 조명을 조절하지 못하는 단점이 있기도 하지만, 온도나 햇빛이나 신선한 공기가 충분히 들어오는 장점이 있다. 산란계의 밀집사육 형태 중에서도 배터리 케이지 시스템은 닭을 가장 빽빽하게 감금하는 방식이다.

나는 이 장에서 배터리 케이지 시스템에 대해 다루고자 한다. 방목에서 배터리 케이지로 전환하는 밀집식 사육 환경은 여러 단계를 거친다. 그중 4가지 주요한 밀집사육장 형태는 ① 평사 ② 철망 바닥 ③

슬랫(slat) 바닥 ④ 배터리 케이지이다. 이 중에서 닭을 완전히 감금하는 형태는 물론 배터리 케이지이지만, 다른 용어들이 무슨 의미인지 알아볼 필요가 있다.

최근에 지어진 밀집사육장은 대부분 기본 디자인이 동일하다. 길고 넓은 무창계사로 옆면 하단에는 환기 시설이 있고 지붕 꼭대기에 흡입기 팬이 있어, 육계 사육장과 매우 비슷하다. 내부는 바닥이 콘크리트로 되어 있고, 약 22센티미터 두께의 톱밥으로 덮여 있거나 바닥이 철망 또는 슬랫으로 된 우리가 떠 있으며, 배설물이 아래쪽 슬래브로 떨어진다. 이것도 여러 방식으로 변형된 디자인들이 있다. 바닥 일부분은 철망으로 된 것, 일부분은 슬랫으로 된 것 아니면 일부는 철망으로 다른 부분은 톱밥으로 된 것 등이 있다. 모든 사육장에는 먹이를 담는 먹이통과 호퍼가 있고, 물은 파이프로 공급한다. 모두 한쪽 옆면에 둥지 상자가 있어 닭을 귀찮게 하지 않고 밖에서 달걀을 수거할 수 있다. 알을 낳을 수 있는 보금자리와 오를 수 있는 횃대가 있을 것이다. 이런 환경에서 닭은 마음대로 돌아다닐 수 있다.

권장하는 닭장 밀집도는 한 마리당 약 30~120제곱센티미터로 다양하다. 그러나 중요한 것은 과다하게 밀집하여 사육하면 문제가 생긴다는 것이다. 농장 마당에는 사회적 서열이 낮은 닭이 쪼기 서열에서 높은 닭의 눈에 띄지 않고 평화롭게 살 만한 곳이 있을 것이다. 쪼기 서열은 가금의 모든 행동에서 엄격하게 유지되는데, 시설이 적절하지 않으면, 이를테면 먹이통이 모자라면, 쪼기 서열이 높은 닭들이 서열이 낮은 닭들이 먹이통에 가까이 오지 못하도록 지킨다. 약한 닭들이 영양실조에 걸릴 수 있다는 위험을 제외하더라도, 극도로 과도하게 밀집된 환경은 깃털 쪼기와 카니발리즘이라는 악행을 발생시키는 데 이바지한다. 또한 약한 개체들은 비참하게 살게 되어 그 존재마저 약화된다. 쪼기 서열을 세우는 행위는 약 10주령이 되면 시작하는데, 이 쪼는 악행을 막기 위해 일반적으로 쪼는 행위를 시작하는 나이가 되기 전에 부리를 잘라준다.

닭을 우리에 가두는 게 새로운 발상은 아니다. 암탉을 배터리 케이지에 가둔 것은 50년 전으로 거슬러 올라간다. 그러나 배터리 케이지가 오늘날 이렇게 인기가 많아진 건 지난 10년 전부터이다. 1911년 미국 위스콘신 대학의 핼핀(J. Halpin) 교수는 가느다란 나무로 된 닭장을 만들었다. 닭장의 앞면과 꼭대기, 앞면 패널에 있는 문은 철망으로 되어 있었고, 총 3층이었다. 산란계 케이지가 미국에서 받아들여진 것은 1924년 이후였는데, 1930~1931년에야 상업적으로 제조되기 시작했다.

영국에서는 1925년 랭커셔의 농부 윈워드가 배터리 케이지를 처음 제작했다. 그가 만든 케이지는 골조가 나무로 되어 있었고, 바닥과 칸막이는 철망으로 되어 있었다. 나무로 된 개별 먹이통이 있고, 케이지 두 개마다 한 개의 잼 병이 달려 있었다. 윈워드는 2년간 배터리 케이지를 약 2천 개 만들었는데, 이는 1940년까지만 사용되었다. 1930년대에 들어 영국에서도 배터리 케이지를 상업적으로 제조하기 시작했다. 그때부터 산업도 안정적으로 성장했다. 전쟁과 식품 배급이 마무리된 10년 전까지 발전이 멈추었다가 지금은 눈덩이처럼 불어나 거대한 산업이 됐다. 사료제조 회사 BOCM(British Oil and Cake Mills)의 블런트(W.P. Blount) 박사는 배터리 케이지 판매 수치를 보고 1951

년에 300만 개의 배터리 케이지가 사용되었다고 추산했다. 오늘날 밀집사육 산란계의 절반이 배터리 케이지에 있는 것으로 추산되는데, 이것은 모든 산란계의 40퍼센트에 이른다. 1961년 가난했던 그해 산란계 7천만 마리가 영국에 있었는데, 그중 2,800만 마리가 배터리 케이지에 갇혀 있었다.

닭들이 겨울에 알을 조금 더 낳는다는 사실 말고, 배터리 케이지가 농부들의 관심을 끄는 이유는 무엇일까? 배터리 케이지와는 달리 다른 밀집사육 시설은 닭을 덜 제한하는 것일까?

배터리 케이지가 농부에게 가장 유용한 점은 바로 경제적이라는 것이다. 이론적으로는 먹이를 주어도 알을 낳지 못하는 닭을 도태시키거나 죽이거나 교체할 수 있다. 여기서 '이론적으로'라고 말한 이유는 이렇다. 닭이 만약 케이지 하나에 한 마리만 들어 있다면 케이지 위에 낳은 달걀의 수를 기입하는 차트를 붙여놓고 확인하면서 이런 상황을 쉽게 파악할 수 있을 것이다. 그러나 케이지 하나에 3마리, 4마리 또는 그 이상의 닭들을 꽉 채워 놓은 상황에서 무임승차한 닭을 발견하기란 쉬운 일이 아니다. 나는 경력이 많은 가금사육자에게서 닭이 알을 낳는지, 낳지 않는지 검사하는 방법을 들었다. 케이지당 닭의 수가 많아질수록 기준에 미달하는 산란계를 골라내는 것은 전략적으로 더욱 복잡해진다. 이것은 케이지당 닭의 수가 면밀하게 계산되어 있는 배터리 케이지의 고유한 장점을 해칠 것이다.

농부들이 배터리 케이지를 찾는 또 다른 이유는 밀집사육 시설과 마찬가지로 다른 방법을 사용하는 것보다 훨씬 많은 수의 닭을 좁은 공간에서 키울 수 있다는 것이다. 농부는 배터리 케이지 사육장을 지을 만한 대지를 사서 주위 환경에 상관없이 그 시설만 운영할 수 있다. 이론상으로는 기후도 상관없다. 그러나 1962~1963년에 겪은 혹독한 겨울과 같은 기후에서 이 이론은 뒤집힌다. 다음은 〈이브닝 스탠더드〉가 그해 겨울의 눈보라를 보도한 내용이다.

> 데번(Devon) 주의 호니턴에서는 지역 농부들이 5미터 가까이 쌓인 눈 더미를 헤치고 양계 담당자 에드릭 베리에게 가기 위해 길을 뚫었지만 던크스웰에서 중단됐다. 에드릭 베리는 산란계 3만 마리를 소유하고 있다. 베리 씨는 이렇게 말했다. '닭들은 오늘 아침에 마지막 먹이를 먹었다. 하루에 먹이 3.5톤이 필요하다. 지금 상황은 절망적이고 우리는 지난 금요일 이후로 고립됐다. 그런데 닭들은 미친 듯이 알을 낳고 있다. 달걀 약 10만 개가 사방에 쌓여 있다. 이것은 악몽이다.'

배터리 케이지 시설에서는 자동화가 첨단을 달리고 있다. 〈사진 20〉(본문 197쪽)은 현대식 케이지를 연결하여 큰 시설로 만든 것으로 마치 엄청난 기계처럼 보인다. 기계처럼 보이는 것뿐 아니라 실제로 기계이다. 케이지 위로 하나씩 더 올리는 방식으로 3단, 4단, 5단까지 쌓여 있다. 시설은 한쪽 끝에서 다른 한쪽 끝까지 가능한 공간에 다닥다닥 꽉 차 있다. 쌓여 있는 케이지 단 사이로 난 통로는 한 사람이 일할 수 있을 정도의 공간이다.

먹이통은 케이지의 길이 정도 되는데, 한쪽 끝에 있는 호퍼에서 컨베이어 벨트를 통해 먹이가 끊임없이 나온다. 호퍼는 하루 한 번이나 그에 좀 못 미치는 빈도로 먹이를 채운다. 물은 두 번째 먹이통이나 각 케이지에 설치된 방출 밸브가 있는 파이프로 공급된다. 설치에 얼마나 많은 기술력이 필요한지 감탄하게 된다. 닭들은 철망으로 된 격자무늬 바닥에 서 있는데, 뒤에서 앞으로 20퍼센트 정도 기울어져 있어 달걀을 낳으면 케이지 앞에 설치된 다른 선반으로 굴러 들어간다. 달걀 선반은 배설물로 더럽혀지지 않으며, 닭들이 먹지 못할 정도의 거리에 정확히 계산되어 설치되어 있다.

설계자는 이보다 더 심도 있게 설계할 수도 있다. 달걀을 중앙 수집소까지 움직이게 할 수도 있다. 이렇게 배터리 케이지 사육장에서는 달걀 수거라는 하나 남은 지루한 작업도 할 필요가 없어진다. 그러나 이런 개선된 설비를 반대하는 이유는 알을 낳자마자 바로 중앙 수집소로 운반되어 사라지므로, 알을 낳지 못하는 산란계를 확인할 수 없기 때문이다. 달걀이 각 케이지에서 떨어질 때 그 개수를 기계적으로 세는 장치를 고안할 수도 있다. 그러나 간혹 나오는 연란이나 껍질이 없는 달걀을 제거하는 것이 극도로 어렵기 때문에 보통 이런 특별 기능은 아직 많이 사용되지 않는다.

케이지의 각 단 아래 설치된 선반으로 떨어진 배설물은 자동으로 짜부라져 일정한 간격으로 구덩이나 용기로 들어간다. 고정된 선반 대신 움직이는 벨트가 사용될 수도 있다. 대규모 시설에서는 가로로 움직이는 벨트가 배설물을 실어 중앙 수집소까지 전달한다. 이곳에서는 각 농장이 개별적인 계약을 통해 배설물을 처리할 수 있다. 어떤 농부들은 오폐수를 지역 하수관에 바로 흘려버리고, 일반 농장을 소유한 농부들은 자기 농장에 버린다. 어떤 농부들은 시장에서 정원사에게 팔기도 한다. 이렇게 오폐수를 처리하는 경우 도시 지역을 제외하면 노동력이 소요되지는 않는다.

무창계사에는 최대한 많은 달걀을 생산하기 위해 닭에게 필요한 조명을 정확하게 비출 수 있는 스위치가 있는데, 농부에게 이런 행복한 상황을 만들어주기 위한 복잡한 조명 가이드도 있다.

오랫동안 케이지 하나에 닭 한 마리만 넣어서 키웠다. 그러다 두 마리를 키워 보았다. 폐사율은 크지 않았고, 닭들은 함께 있어도 괜찮은 것 같았다. 자본지출을 아낄 수 있었기 때문에 이익이 조금 늘었다. 케이지 하나에 세 마리를 넣어 보았다. 어떤 사람은 35~38센티미터짜리 일반 케이지에 네 마리를 키웠다. 결과는 이익을 기준으로 보면 꽤 성공적으로 보였다. 다음은《가금 세계》에 실린 기사이다.[6]

> 처음 병아리 두 마리를 34센티미터 정도 되는 케이지에 넣었을 때 두 마리가 나눠 쓸 충분한 공간이 있어 보였는데, 이 경우와 한 케이지에 세 마리를 키울 경우의 성과를 비교하는 실험을 실시했다. 달걀 생산에서는 사료요구율과 폐사가 큰 의미가 있기 때문에 이제는 모든 케이지에 세 마리를 키웠다. 이렇게 밀집해 키우면(닭 한 마리당 약 20제곱센티미터) 사육장에 효과적인 환기 시스템이 필요하다. …《농부와 목축업자》 1962년 5월 1일자를 보면 산란계에서 더 많은 이익을 뽑아내고 싶다면 앞으로는 케이지당 세 마리를 키워야 한다고 지적한다. '투자한 자본을 회수하는 데는 38센티미터짜리 케이지에 세 마리를 키우는 게 저밀도로 키우는 것보다 훨씬 낫다.'

> 케이지 하나당 닭 세 마리를 사육하는 데 추가 폐사가 있었다는 점은 중요한 사실이 아니다. 폐사율은 100마리당 두 마리에 지나지 않는다. 이는 쪼기가 아니라 주로 카니발리즘에 따른 것으로 시기적으로는 산란 초기인 두세 번째 달에 발생한다.

다음은 《주간 농부》(Farmer's Weekly)에 보도된 농장에 관한 내용이다.[7]

> 4단으로 올려진 44센티미터짜리 케이지 세 블록이 있고 … 닭 1,728마리를 키우는데, 한 마리당 대략 19제곱센티미터의 공간이 허락된다. 이렇게 하면 완전히 설비된 닭장에서 키우는 닭 한 마리당 자본비용을 1파운드까지 절감할 수 있다. … 비슷한 규모의 더욱 개선된 배터리 케이지는 그 구조를 높여 2,304마리를 키울 수 있다. 케이지 하나당 네 마리가 들어간다. 이러면 케이지 안에서 닭 한 마리가 차지하는 공간은 대략 14제곱센티미터 정도밖에 안 된다.

어떤 기업은 생산성을 비교하는 실험 후 이렇게 보고했다. "24센티미터짜리 케이지에 닭 한 마리, 30센티미터짜리 케이지에 두 마리, 40.5센티미터짜리 케이지에 세 마리 또는 네 마리를 조합할 수도 있다." 《축산농가》는 이렇게 조언했다.[8]

드디어 배터리 케이지에 닭을 키우는 사람들은 케이지 하나에 닭 몇 마리를 키워야 하는지, 닭 한 마리당 얼마의 공간이 필요한지 결정할 때가 왔다. 배터리 케이지 사육장에 단을 쌓을수록 경제성은 높아진다. 그러나 이 경제성은 닭 한 마리당 생산율이 떨어지면 쉽게 무효화된다. 미국과 영국 두 나라 모두 닭 한 마리의 생산율은 케이지 하나에 들어가는 닭의 두수와는 상관이 없었다. 그러나 폐사율은 케이지를 두 개 이상을 함께 붙였을 때 상당히 높아졌다. 그러므로 케이지 두 개를 나란히 붙인 쌍둥이 케이지가 생산에 가장 경제적인 것으로 보인다. 어떤 생산자들은 작은 혼합형 케이지 두 개가 23센티미터짜리 케이지 안에 잘 설치된다는 것을 알고 있다. 그렇지만 27~30센티미터, 33~35센티미터짜리 안에 설치하는 것이 살찐 병아리 두 마리를 키우는 데는 더욱 유용하다. 영국 내 산란계 케이지 기술이 앞서가는 곳에서는 배터리 케이지 운영자가 드물게 하나의 케이지 안에 한두 마리 또는 세 마리의 병아리를 넣기도 한다.[9] 그러나 미국 내 배터리 케이지의 영향이 점점 높아지고 있는 곳은 그렇게 시시하지 않다. 산란계 열 마리를 넣을 수 있는 최소 크기 케이지는 대략 50×76센티미터이다. 더 일반적인 크기인 91×121센티미터 또는 91×152센티미터짜리에는 산란계 15~25마리를 넣을 수 있다.

하지만 한 특별대표는 이렇게 경고했다.[10]

서열 순위가 사회적인 행동이라는 것을 많은 가금 사육자들은 간과하고 있다. 닭 여러 마리를 넣은 케이지를 비롯해 철망으로 된 케이지, 톱밥이 가득한 평사 사육장 안에서도 서열 순위로 인한 문제는 심각하다. 이것 때문에 최대 생산량이 적어도 10퍼센트 하락할 수 있다.

닭 여러 마리를 넣은 케이지에서 깃털 쪼기와 카니발리즘에 대처하는 방법은 부리를 자르거나 빛의 세기를 낮추는 것 둘 중 하나이다. 특별대표는 손버스 사의 존스(Ron Jones) 박사의 말을 인용해 말을 이어나갔다.

'우리는 통제된 환경 안에서 조도를 낮추는 것이 동일한 효과가 있음을 발견했다. 30제곱센티미터당 1.75루멘을 사용했다.' 조명은 붉은색이었는데, 조명의 색이나 강도가 쪼기 악행을 통제하는 것과 연관이 있는지는 아직 모른다.

배터리 케이지 사육 시설이 완전히 자동화되어 있다면, 성인 한 사람과 소년 한 사람이 닭을 1만 5천 마리까지 돌볼 수 있다. 그러나 작은 규모의 시설처럼 닭 한 마리 한 마리에게 주의와 관심을 주지는 못한다. 에릭 베어드(Eric Baird)는 이것을 '플러스 요인'이 아니라 가장 중요한 점으로 받아들여야 한다고 썼다.[11]

최근 규모가 작은 시설들이 사육상의 세세한 부분에 관심을 갖고 돌봄으로써 성과를 올리고 있다. 이를 부정하지는 않겠다. 그러나 닭은 수많은 생산라인 중 하나라는 사실을 인지하는 게 중요하다. 이런 관심이 효과적이라는 것을 과신하면 때때로 이는 불확실한 이익으로 돌아온다. 요즘에는 대규모 시설을 흉내라도 내는 게 나을지 모른다. 가금관리인 복장을 갖추면 실패하지 않을 것이다. 닭을 키우는 가축관리자의 마음가짐은 덤이다. 이것이 이윤을 합리적으로 확보하는 방법이다. 여기에 이윤이 나는 시설을 두 배로 만드는 절차가 따라준다면 좋은 정책이 될 수 있다.

반면 한 작가는 기계화가 가축관리자의 마음가짐을 대체할 수는 없다고 썼다.[12]

일반적으로 기계화된 노동력 절감 장치는 농장 잡일을 담당하는 직원이 적거나 가축 사육에 전혀 관심이 없는 시설에서 가장 큰 수익을 낼 것이다. 이런 일이 요즈음에는 너무 비일비재하다. 애석하게도 산란계 사육장에서 가축관리인은 쉽게 찾아보기 힘들다. 가축관리인이 있는 곳에서도 기계적인 도움을 받는다. 우리는 산란계 사육관리인이 눈에 띄게 수가 줄어들고 있음을 인정해야 한다. 농장 일을 보조할 수 있는 혁신적인 기계에 점점 더 많이 의존하는 상황을 깎아내리는 게 아니다. 그보다는 기계가 양계업의 기본적인 노하우를 대신할 수 있다는 잘못된 판단을 하고 있다는 것이다. 자동 먹이 공급과 급수가 그 예이다. 기계를 조작하는 사람이 한두 가지 이유로 닭들이 섭취하는 사료와 물의 양이 정상보다 떨어진 사실을 알아채지 못한다면 도움이 된다고 할 수 없다. 가축을 키우는 사람이라면 바로 알아차리고 그가 담당하는 가축들이 뭔가 잘못됐다는 것을 가능한 빨리 알릴 것이다. 질병이 발생했다는 확실한 증거가 발견되기 전에, 가축관리인은 주의 깊게 살펴 미리 알 수 있다. 기계화를 도입한 사육장이나 공장식 사육장은 다 그렇다, 또는 큰 규모의 생산자들이 방어적으로 합리화하여 그래도 이렇게 생산하면 달걀과 식용 닭이 소규모 농장보다 싸지 않느냐고 주장하는 것도 핑계가 되지 않는다. 그런 작은 농장은 가족들이 함께 일하고, 생계를 위해서 정직하게, 양심적으로, 열심히 일한다.

앤서니 펠프스(Anthony Phelps)는 생산자들이 왜 밀집사육이 비용을 줄이는 가장 좋은 방법이라고 느끼는지에 대해 이렇게 썼다.[13]

경제성을 창출해야 할 때, 왜 언제나 사육 시설이 가장 먼저 검토 대상이 되는지 이해하기 어렵다. 사육 시설은 달걀 생산에 드는 총 비용에서 비교적 적은 부분일 뿐이다. 아래의 도표가 산란계를 키우는 데 드는 일반적인 실제 비용이다.
〈표 1〉을 보면 사육과 먹이 비용이 절약할 수 있는 가장 큰 여지가 있는 요인이고 검토 대상인 첫 번째 요인이다. 평균적인 가금류 농장이고, 산란계를 밖에 풀어 키우는 게 아니라면 먹

표1 닭 한 마리당 드는 생산 비용

항목	비용		총 비율 (퍼센트)
사육	13실링	11페니	28
먹이	27실링		54
가격 하락: 사육 시설 및 장비	4실링	2페니	8
노동력	2실링	10페니	6
전기·물	1실링	1페니	2
간접비	1실링		2
	50실링		100

이 낭비와 '대량화'를 정리하는 것이 다른 방법보다 훨씬 많이 절약할 수 있다. 사육시설 비용에 대한 이런 불균형적인 관심은 아마도 양계업자가 자본지출을 아끼는 게 아니라 매해 한 마리당 사육시설 비용을 염두에 두기 때문인 것 같다. 3천 마리가 들어가도록 설계된 시설에 4천 마리를 넣으면 최초 자본지출에서는 몇 백 파운드를 아낄 수도 있다. 그러나 건물의 수명을 생각하면 매해 닭 한 마리당 겨우 몇 실링을 줄이는 데 불과하다. 이러한 절약이 무가치하다는 뜻이 아니다. 그러나 애석하게도 밀도가 높은 사육장에서는 복잡성을 고려해야 한다. 산란계 사육장의 밀집도가 높아지면 닭들의 성과가 낮아진다는 믿을 만한 증거들이 쌓이고 있다. 다른 말로 하자면 사육 시설의 비용을 줄이는 것은 잘못된 절약 방법이라는 것이다. … 아직 영국에서는 다양한 밀집 비율에 따른 산란계의 성

과에 대한 진지한 연구가 없다. 그러나 미국의 몇몇 센터에서는 이에 대해 매우 철저하게 연구했다. 이들 연구는 겨우 90제곱센티미터 정도 되는 바닥에서 산란계 무리와 그 절반가량의 무리의 성과를 비교했는데, 모든 경우에서 더 많은 무리의 닭들이 알을 덜 낳았고 폐사율이 높았으며, 폐기 시 무게도 덜 나갔다. 또한 달걀 12개를 낳는 데 더 많은 먹이가 필요했다. 미주리 대학의 조사에 따르면 90제곱센티미터에서 사는 병아리들은 전반적으로 산란율은 67.2퍼센트였고, 더 밀집도가 높으면 61.5퍼센트의 산란율을 보였다. 부화에서 폐기에 이르는 500일의 사이클 동안 닭 한 마리당 달걀 20개의 차이가 난다. 이는 영국의 평균적인 가격으로 5실링 5페니이다. 네브래스카 대학에서는 90제곱센티미터에 사는 닭보다 더 밀집도가 높은 닭들이 달걀 12개를 낳는 데 사료가 180그램 정도 더 필요하다는 결론을 얻었다. 결론의 차이는 미주리 대학의 연구와 비슷했다. 12개 묶음 달걀 18판을 기준으로 했을 때 90제곱센티미터짜리 케이지에 있는 닭들은 다른 닭들에 비해서 사료 소비가 약 3.2킬로그램 정도 적었다. 이렇게 되면 현금 2실링의 이익이 있다. 밀집된 곳에서 키워진 닭이 연간 221개의 달걀을 낳는 데 비해, 공간이 넉넉한 곳에서 키워진 닭은 같은 사료를 소비하면서 연간 241개의 달걀을 낳는다. 또한 네브래스카 대학에서는 밀집도가 두 배가 되면 폐사율이 5퍼센트 정도 증가한다는 사실을 알아냈다. 비콘 제분 기업 연구소에서는 밀집사육된 닭들이 폐사할 때 약 110그램 정도 덜 나간다

> 고 지적했다. 많은 센터가 연구를 진행하고 있는데 연구 결과에 따르면 이러한 수치가 전형적이라는 것을 확인할 수 있다. … 경제적으로 최적의 밀집도는 분명히 있을 것이다. 이 주제에 관해서는 더 많은 연구가 필요하고 특히 영국에서 그렇다. 그때까지는 생산자들이 닭 한 마리당 바닥 면적을 아주 조금이라도 줄이려 한다면 조심스럽게 실행해야 할 것이다.

사육과 사료에 관련된 자본비용이 덜 중요하다는 통념은 톱밥을 깐 평사 사육장과 배터리 케이지 사육장 모두 동일하게 적용된다. 이런 집중은 달걀 생산의 경제성에 미미한 영향을 끼치는 것을 정확하게 보여준다. 영국 농무부의 가금 부문 수석고문 루퍼트 콜스(Rupert Coles) 박사는 현 상황을 이렇게 비판했다.[14]

> 우리는 고생산성을 맨 앞에 내세워 이익을 창출하는 데 이르렀다. 생산량 증가가 가장 중요해진 듯한 지금, 개인은 이를 위해 무엇을 할 수 있을까? 새끼를 많이 낳는 가축을 키우는 게 정답임은 분명하다. 그러나 오늘날 표준화된 사육 환경에서 대다수 가금의 다양한 성과 수준이 편차가 적은 이유는 무엇일까? '공장식' 가금류 공장이 급증하면서 우리는 닭이 개별적이고 살아 있는 독립체임을 잊은 건 아닐까? '새로운 세계'에서 가금류 관리 방법을 다른 전통과 함께 잊어버렸기 때문은 아닐까? 우리가 따라 하기 좋아하는 미국인들은 관리의 정의를 재발견하고 있다. 닭 한 마리당 바닥 면적은 넓히고 각각의

> 닭 한 마리에 더 관심을 기울인다. 전통적인 사육 방법으로 가능한 생산 제한을 달성할 수 있다고 믿는 사람들도 있고, 미래의 발전은 환경을 제어하는 것에 초점을 맞춘 비정통적인 방법이 될 것이라고 믿는 사람들도 있다.

최근에 조명 자극법(stimulighting)이라는 것이 미국에서 도입됐다. 조명 자극법은 빛을 쪼이는 시간을 늘려 병아리들을 자극해 더욱 활발히 움직이게 하고 더 많은 알을 낳도록 하는 방법이다. 산란 최적기의 닭들은 이른 아침에 빛을 쪼이기 시작해 늦은 밤까지 하루에 약 20시간 이상 계속해서 빛에 노출된다. 하지만 영국 양계업자들 사이에서 의문이 제기되고 있다. 산란계들을 과도하게 자극하면 신경이 과민해지고, 닭들 간에 일종의 불미스러운 일이 발생하지 않을까 하는 의문이다. 무엇보다도 과도한 자극은 그리 좋지 않을 것이다. 그래서 사람들은 '산란과 번식을 위한 밀집사육 관리법 사상 가장 중요한 발전'을 도입하게 된다. 황혼 조명법(twilighting) 또는 사육장의 조명을 어둡게 하는 방법으로, 전에는 30제곱센티미터당 3루멘으로 권장했던 조명을 희미한 수준으로 겨우 유지한다. 닭들은 평생을 어슴푸레한 어둠 속에서 보내게 된다. 그러나 이것도 문제가 있다. 닭들은 어둠 속에서 계속 달걀을 낳을 수 있어도 일하는 사람들은 사육장의 어둠 속에서 일하기가 어렵다. 그래서 사육장에서 일하는 많은 생산자들이 닭들을 '괴롭히지 않는' 약간 밝은 붉은빛을 택했다. 여기서도 우리는 경제적인 요인을 잊어서는 안 된다. 바로 엄청난 전기 절약 말이다.

산란계는 1년 동안만 유지하면 되고 또 병아리의 건강을 고려해 신선한 공기와 자유 방목을 하지 않고 줄곧 배터리 케이지에서 키워도 별다른 문제가 없다고 생각하는 몇몇 양계 전문가들도 있었다. 하지만 1961년 이상한 일들이 발생하기 시작했다. 다음은《농업 신문》에 실린 기사의 일부이다.[15]

> 배터리 케이지에서 건강한 병아리들이 급사하자 연구소 직원들은 고민에 빠졌다. '병아리들은 심부전으로 죽은 것이다. 원인과 치료제 모두 아직 발견되지 않았다.'

에든버러에 있는 가금류 연구 센터의 실러(W.G. Siller) 박사는 닭들이 케이지 산란계 피로증으로 고통받는다며, 이 때문에 급사하는 식으로 "닭들이 갑자기 죽어버린다"고 말했다.[16] 극단적인 형태로 "탈진이 발생했을 때 이를 무시하면 닭은 죽는다. 그러나 손으로 먹이를 주고 간호하면 몇 주 또는 한 달 후에 회복할 수도 있다." 기사가 지적하고 있는 또 다른 사실은 "물론 이건 공장식 축산 규모의 농장에는 비경제적인 일"이라는 것이다.

피로증에 취약한 닭은 백색레그혼이다. 사후 검시 결과로는 닭들의 뼈가 가늘고 말랑한 것을 제외하면 정상이었고 달걀도 연관 없이 정상이었다. 유전학자는 이것이 칼슘 부족 때문은 아니라고 생각하는 모양이다.《농업 신문》은 실러 박사의 말을 인용해 다음과 같이 썼다.

> '오직 케이지에 감금해 사육하는 병아리들만 피로증이 발생한다. 우리 안에서 비슷하게 키우고 먹인 병아리는 저항력이 있

다. 달걀 생산이 가능하기 전에 일부 혈통의 병아리들을 일정 기간 케이지에 가두어 키우면, 운동 부족이 약간의 골위축을 유발한다고 생각한다. 따라서 뼈에 있는 칼슘 저장고가 우리 안에서 키운 닭들보다 작다. 산란이 시작되면 이 칼슘 저장고는 한계에 가까워진다.' 기자는 실러 박사에게 그런데도 왜 닭들은 산란을 멈추지 않는 것인지 또 최소한 껍질이 불량한 달걀을 생산하지 않는지 물었지만, 이에 대해 설명하지 않았다.

《농부와 목축업자》의 고문 케네디(H.R.C. Kennedy)는 이렇게 말했다.[17]

피로증은 고갈과 같은 의미로, 해당 가금류에게 얼마나 많은 손상이 발생했는가를 설명하는 상태이다. 달걀 생산을 개별적으로 기록하는 배터리 케이지에서 갑자기 건강한 산란계들이 산란 다음 날 죽은 채로 발견된다. 전조 증상이나 질병의 조짐도 없이. 당연히 차후 이루어지는 검시에서 질병이나 생식 장애도 발견되지 않는다. 이렇게 죽는 것은 완전히 고갈되어 죽는 것이다. 이러한 손실은 산란계의 배터리 케이지 중에서 닭들이 톱밥이 깔린 평사로 이동할 수 있는 사육 시설보다 바닥이 모두 철망이나 슬랫으로 되어 있는 곳에서 더 자주 일어나는 것으로 보인다. 또는 영양적인 요소가 관련되어 있음을 가리키는 것일 수도 있다. 오늘날 산란계는 생명이 아니라 효율적인 변환 기계에 불과하다. 원자재(먹이)를 완제품(달걀)으로 만드는 기계 말이다. 물론 유지비가 덜 들면 더 좋을 것이다.

백색레그혼은 긴장을 잘하고 쉽게 흥분하는 종인데, 오늘날 백색레그혼이 상업 가금류의 근간을 이루고 있다.

> 폐쇄군 육종은 근친교배의 성질을 띠고 있다. 좋은 특성을 강화하기도 하지만, 바람직하지 못한 면을 강화하기도 한다. 후자의 어떤 점은 사라지지 않고, 어떤 점은 궁극적으로는 사라질 것이다.

특별한 목적을 위해 한 무리로 밀집식으로 근친교배 하는 것은 또 다른 위험을 발생시킨다는 의견도 있다.[18]

> **개인적인 생각으로 인간이 닭에게 필요한 모든 것(좋은 땅은 제외하고)을 준다한들 밀집식 사육이 왜 성공하지 못하는가에 대한 물음에는 답변할 수가 없다. 이런 번식 방법이 위험한 이유는 우리가 밀집식 환경에서 잘 자랄 수 있는 닭만을 번식시키기 때문이다. 이런 닭의 새끼들을 밀집식 사육에서만 키운다면 문제가 없을 것이다.**
> 산란계용 배터리 케이지와 톱밥이 많이 쌓인 평사 또는 '무리' 환경 사이에도 차이점이 있다. 여기서 말하는 배터리는 한 케이지에 두 마리 이하를 말한다. 모든 다른 밀집식 사육 시스템은 '무리' 환경이라고 부를 수 있다.
> **무리 환경에서 제대로 성과를 내지 못하는 닭들도 배터리 케이지 환경에서는 성과가 좋을 수도 있다는 것이 일반상식이다. 이런 요인은 유전되는 것 같다. 밀집식 무리 환경에서 잘 적응하는 닭을 선택하려**

> **면, 그와 같은 환경에서 잘 사는 혈통을 키우면 된다. 하지만 이렇게 하려면 몇 세대를 번식해야 하는데, 단 몇 년 만에 나쁜 결론이 날 수도 있다.**

케네디는 먹이가 산란계에게 스트레스를 주는 요인은 아닌지 의심한다.

> 직접 만든 양질의 먹이를 먹이지 않으면서 닭이 부화가 잘된 알에서 튼튼한 병아리를 생산할 거라고 기대하는 사육자는 없을 것이다. 그러나 상업 산란계에게는 생산성이 낮은 가축에 맞는 사료를 먹이면서 생산 수준은 턱없이 높게 유지하기를 바란다. 이런 사료는 아미노산 단백질류를 함유하지 않거나 사육자가 만든 품질 좋은 사료에 들어 있는 비타민B군이 들어 있지 않다. 비타민B군은 달걀이 부화하는 데 필요하고, 배아가 자라는 데 필요한 영양을 공급한다.

농무부에서 나온 소책자 『포란과 부화 실행』에서도 산란계에 적절한 먹이는 종계에는 상당히 부적절해 부화하지 못하는 달걀을 생산할 수 있음을 지적했다.

> 상업 산란계들이 다양한 먹이를 먹고도 생산을 잘한다고 해서, 같은 먹이가 종계에게도 적합할 것이라는 인상을 주어서는 안 된다. 절대 그러면 안 된다. 그런 먹이를 계속해서 공급

하면 금방 문제가 생길 것이다. 그뿐 아니라 종계가 달걀을 낳아도 그 달걀이 생식력이 있는지 확신할 수 없고, 만일 부화한다면 병아리가 제대로 자랄지 보장하지 못한다. 일반적인 한계 요인은 달걀 안의 비타민과 미네랄 결핍인데, 충분히 부화가 가능한 정도와 닭의 생산성과 건강에 악영향을 주지 않는 정도를 추측할 수 있어야 한다.

농무부는 산란계의 알에서 부화한 병아리들의 결핍과 관련해 다음과 같은 나름의 결론을 내린다.

동물성 단백질 결핍은 기본적으로 비타민B_{12}의 부족이 원인이다. 부화율이 떨어지고 부화해 태어난 병아리들의 생존율도 낮다. 리보플래빈의 결핍으로 부화율이 낮아지고, 보기에는 정상인 배아가 포란기 안에서 마지막 2, 3일을 남겨 두고 죽는 비율이 높아진다. 비오틴·콜린·망간은 배아의 정상적인 발달에 필요하며, 비절 확대·건의 붕괴·발육 부전과 같은 질환을 예방한다. 극심한 비오틴 결핍은 포란기 안에서 72~96시간 내 배아에 높은 폐사를 일으킨다. 콜린만 부족한 경우는 영국식 사료를 먹는 닭에게는 발생할 것 같지 않다. 닭들이 스스로 필요한 성분을 합성할 수 있기 때문이다.

무어(A.C. Moore)는 왜 병아리들이 분명한 이유 없이 생산성이 갑자기 70퍼센트에서 20퍼센트로 떨어졌는지에 대해 자문하면서 이렇

게 말했다.[19]

> **병아리들은 … 거의 한계치까지 속도를 내고 있다. 스트레스의 희생물인 셈이다. 많은 병아리들을 검사할수록 생산성이 생명력을 앞지르고 있다는 생각을 하게 된다.** 요즘은 달걀의 크기는 더 키우면서도 생산량을 유지하려는 시도가 이루어지고 있다. 이상한 문제들은 더욱 많아질 것이다. 최근 밀집식으로 사육되는 병아리들이 무선 스피커에서 나오는 커다란 소리에 시달리는 농장을 방문했다. 스피커는 음악이 달걀 생산을 촉진할 것이라는 생각이 아니라, 끊임없는 소음을 내기 위해 설치된 것이었다. 급이와 급수는 자동이고, 대청소는 매년 사육장이 비었을 때 한다. 하루에 아주 잠깐을 제외하고 닭들은 완전히 고립됐다. 밖에서 나는 어떤 목소리나 사육장으로 갑자기 들어오는 소리도 닭을 긴장하게 해 생산성에 영향을 줄 수 있다. **오늘날 가금류들은 인간이 닭을 알을 낳는 기계로 바꾸려고 하기 때문에 신경 긴장증으로 고통 받고 있다고 본다.**

자동 급이는 닭에게 또 다른 위험 요소이다. 블런트 박사는 자신의 책 『산란계 배터리』(Hen Batteries, 1951)에서 자동 급이 시설을 사용한다 하더라도 작동이 제대로 되어 모이통을 채우는지 꾸준히 살펴봐야 한다고 경고했다. **닭이 모이통에 머리를 내리지 못하면 불안 콤플렉스가 발생하고, 아무 먹이도 먹지 못하면 반공황 상태에 이를 수 있다**고 언급했다. 닭은 케이지 앞면을 발로 긁거나 먹이로 머리를 숙이는 대신 머리를 높이 더 높이 든다!

사육장 소유주들이 걱정하는 질병이 산란계 피로증만 있는 것은 아니다. 가금 페스트를 제외하고도 지난 10년간 많은 질병들이 놀랄 만큼 증가했다. 배터리 케이지 사육장의 폐사율은 12퍼센트에서 15퍼센트로 증가했고, 실제로 닭이 죽기 전에 사육 시설에서 미리 제거한 닭들을 포함하면 20퍼센트를 훌쩍 넘을 수도 있다. 100마리 중 20마리는 정말 많은 닭들이 죽는다는 것이다! 소화 관련 질병으로 15퍼센트가 죽는데 그중 절반은 간 질환으로 죽는다. 지방 변질은 배터리 케이지에서 급이된 사료를 너무 많이 먹고 비만이 된 가금에게 전형적인 질병이다. 6마리 중 1마리는 생식기 문제로 죽는다. 배설계의 질병은 엄청나게 증가했고 신장염은 유행병처럼 번져 병아리병이라고 부른다. 모든 종류의 암은 폐사 원인의 많은 부분을 차지하고 있다. 블런트 박사가 실험 시설에서 1년 동안 기록한 암의 종류를 보면 '심장암·폐암·난소암·난관암·신장암·다리근육암·간암·복부암'이 있었다. 박사는 달걀 생산성 향상과 조류 백혈병 콤플렉스의 몇몇 측면 그리고 생식기관 질병이 연관성이 있다고 생각한다. 또한 닭들이 야간에 과도한 조명을 받는 현상과 달걀 복막염 증가가 연관이 있다는 것을 발견했다.

오늘날 질병 관리는 근본적인 원인을 제거하는 데 초점을 맞추지 않고 증상을 해결할 뿐이다. 이것은 아마도 현재 닭들을 1년 동안 줄곧 달걀을 낳게 하고 도태시킨 후, 새로운 닭으로 교체하기 때문일 것이다. 전에는 닭들을 2년, 3년까지 키우기도 했다. 산란하는 해 마지막에는 6주간의 털갈이(환우) 기간이 있는데, 닭이 달걀을 낳지 않는 이 기간도 키워야 하므로 비경제적이다.

미국 코넬 대학의 이학 박사이자 가금류 사육 부문 동물유전학 교수 허트(F.B. Hutt) 박사는 가금류 폐사율에 대한 강연에서 인상적인 얘기를 했다.

> 가금류를 키우는 미국적 방식은 대체로 백신과 약품 접종으로 구성되어 있다. 이 문제에 대하여 허트 박사는 이런 방식은 관리 기법의 퇴보로 결론날 수 있음을 지적했다. 박사는 건강한 관리법과 올바른 실행이 제대로 되지 않아 질병을 물리치기 위해 약물에만 의지하게 된다는 의견을 피력했다.[20]

아직 언급하지 않은 밀집식 가금 사육의 특징 중 하나는 파리와 기생충을 억제하기 위해 살충제를 사용한다는 점이다. 살충제와 약품에 관해서는 할 말이 많지만, 다음 장으로 미루고 여기서는 합성 살충제의 효과를 실험한 연구를 인용하는 것으로 충분할 듯하다.

> 살충제를 닭에게 계속해서 먹이면 어떻게 될지 생각해 봤는지 묻고 싶다. 몇 달 전 정확히 이런 실험이 실시됐다. 딱히 놀랍지 않지만 폐사율, 낮은 달걀 생산성, 성장 저하, 저체중과 같은 증상으로 유독성이 나타났다. 닭에게 이런 살충제를 29일간 먹인다. 이상하게도 몇몇은 살아남았는데 이것이 중요한 의미가 있다.[21]

달걀의 생산성이 높아짐에 따라 달걀의 품질도 고려해야 하기 때문에 문젯거리가 된다. 품질이 낮은 껍질, 얇은 껍질, 색깔이 흐린 노른자, 너무 묽은 흰자, 이 모든 것이 문제이다. 품질이 낮거나 얇은 껍질의 경우는 사료에 첨가제를 추가하면 나아질 수 있다. 방목 생산 달걀을 황금빛으로 만들려면 닭에게 건초를 먹이면 가능한데, 건초가 너무 비싸다면 노란 색소를 먹일 수도 있다. 호주의 생산자들은 황금빛 노른자로 최고 대우를 받고 있다. 이것이 일부 영국의 도축장에서도 시작되고 있다. 호기심이 많은 주부들은 전에 먹던 달걀이 노른자가 흐린 요즘의 달걀보다 더 품질이 좋았다고 생각한다. 이 문제에 주부들이 과도한 관심을 가진 나머지, 노른자가 선명하지 않은 달걀이라고 여겨지면 반대하고 본다. 그래서 방목 달걀에 기꺼이 많은 비용을 지출하는데, 방목 달걀은 가능한 수준에서 조작되고 있을 것이다. 닭은 할 수 있는 만큼 이 조작에 협조한다. "가혹한 부리 자르기는 닭이 칼슘 조각을 먹는 것을 방해해 껍질이 불량한 달걀을 생산할 수 있다."[22] 《가금 세계》의 무어 기자는 이렇게 썼다.[23]

> 양계 산업의 이익과 주부들에게 판매하는 달걀에 관심이 있다면 이제 달걀흰자의 양은 증가하고 달걀노른자 크기는 감소하고 있음에 주목할 때다. 나는 종종 아내가 달걀 프라이에 있는 노른자가 작다며 보라고 하거나, 삶은 달걀을 들이밀며 먹어보라고 할 때 자괴감이 든다. 몇 년 전만 해도 삶은 달걀을 먹을 때 달걀노른자를 건드리지 않고는 위쪽을 자를 수 없었다. 그러나 이제는 달걀의 4분의 1 정도는 내려가야 노른자에 닿을 수 있다. 몇 주 전 저녁으로 샐러드를 준비하면서 달걀 몇

> 판을 삶았다. 달걀을 잘라 보니 노른자 크기가 호두보다 작았다. 내가 영국 달걀마케팅위원회(No.3 British Egg Marketing Board)의 지역위원회 회원이었을 때 이사회의 기술 고문에게 달걀노른자 크기가 감소하고 있음을 지적하고 다양한 크기의 달걀과 노른자의 정확한 무게의 관계에 대한 조사가 이루어지고 있는지 물었다. 그와 같은 조사 보고서를 본 적이 없었기 때문이다. 아내는 전에는 달걀노른자 두 개면 충분했을 것이 요즘에는 세 개가 필요하다고 말한다. … 나는 오늘날 닭의 생산성이 높아져 노른자가 다 성장하기도 전에 달걀이 난소에서 나오는 것이라는 생각이 든다. 또한 난소에서 내려오는 속도나 난관이 이를 돕는지 여부가 노른자 크기의 향상에 도움이 되지 않는다고 생각한다.

하지만《가금 세계》는 '달걀 품질 무엇이 문제인가'라고 의문을 제기한다.[24]

> 달걀 내용물의 품질을 주제로 너무 많은 홍보가 진행되고 있어 매우 놀랐다. 시릴 손버(Cyril Thornber)는 지난 주 베어스테드에서 열린 켄트 달걀생산자협회에서 언급했다. '영국인은 이 주제에서 미국인처럼 미치지 않기를 바란다.' 그는 이어서 미국인들은 이 주제에 대해 오랫동안 연구해왔지만 달걀 생산성의 다른 분야에서는 진전이 적었다고 말했다. 달걀 생산자에게는 혹독한 어려움이 있고 최고 품질의 흰자를 가진 달

걀은 부화 가능성이 낮다는 것이다. '미국인들이 뛰어난 품질의 달걀을 만들어냈을지는 몰라도 병아리 가격은 약 15퍼센트 상승했다.' 손버의 관점에서는 영국 달걀의 품질은 꽤 만족스럽고 품질을 더욱 향상시키는 방법은 달걀을 상점으로 빨리 배달하는 것이었다.

미국의 과학자 허트 박사는 제아무리 품질이 특등급이라도 값을 더 지불할 가치가 있다고는 생각하지 않는다.[25]

영국에서 가진 두 번의 대담 중 첫 번째 대담(에든버러)에서 미국 코넬 대학의 허트 박사는 생산자 입장에서 달걀 품질 문제를 논의했다. 허트 박사는 생산자가 달걀 품질을 높이기 위해 무엇을 할 수 있는지 물었다. 그리고 그의 답변은 '할 수 있다. 그런데 그렇게 함으로써 무엇이 돌아오는지 다시 묻게 된다'였다. 이어서 그는 달걀 품질은 생산자의 문제가 아니라고 말했다. 최고 품질의 달걀이더라도 제대로 저장하지 않으면 알부민 품질이 떨어진다. 최고 품질의 달걀이라도 천천히 떨어지는 것 뿐이지 품질이 떨어지는 것은 매한가지라는 말이다. 산란율과 달걀 품질 사이에는 어떤 상관관계가 있다. 첫 번째 문제는 달걀 마케팅 전문가들이 알부민의 품질 문제를 너무 많이 강조한다는 것이다. '주부들이 알부민 품질이 낮아도 만족하는데 왜 주부들을 설득하려 하면서 문제를 만드는지 모르겠다'라고 물으면서 이렇게 말했다. 달걀노른자의 색깔은 사육사가 아니라 먹이가 결정한다. 사료에 어떤 물질을 넣으면 달걀의 화학적 조합을 바꿀 수 있다. 그렇지만 돈을 들여 그럴 필요가 없다. 예컨대 비타민A와 비타민D 함량이 높은 달걀을 생산하기 위해 먹이를 줄 수 있다. 그러나 생산자는 슈퍼비타민 달걀로 돈을 더 받지는 못할 것이다.

한 생산자는 이렇게 고백했다.[26]

'나는 내가 만들 수 있는 것을 만드는 사업을 하고 있다. 이런 저런 일을 하려면 돈이 드는데, 거기에 대해서는 할 말이 좀 있다. 만일 내가 생산한 달걀이 보기 좋지 않아도 그건 내가 걱정할 바는 아니다. 달걀을 판매하기 위해 달걀위원회에 회비를 내고 있는 마당에 걱정할 이유가 없다. 나는 달걀의 모양이나 품질 모두 걱정하지 않는다. 내가 걱정하는 건 달걀이 선별기를 통과할 수 있느냐이다.' … 자리를 벗어나자 한적한 모퉁이에 로즈그라스 울타리가 있는 것이 보였다. 자기(생산자) 집에서 먹는 달걀을 생산하는 닭을 따로 방목해서 키우고 있었던 것이다!

이 글의 마지막 단락은 자기들이 먹을 육계를 집 뒷마당에서 방목해서 키우는 육계 사육자들을 연상케 한다. 또한 이는 주부들이 질 좋은 달걀을 찾아 멀리까지 다니는 헛수고를 하는 이유일 것이다.

달걀의 소비는 안정적으로 증가하고 있다. 공급도 이에 대응해 증가하고 있다. 사료 배급 제도가 해제된 1953년에는 인구 1명당 연간 200개의 달걀을 먹은 것으로 추정된다. 1957년에는 222개, 1959년에는 240개, 1960년에는 250개. 광고 전략은 여전히 우리에게 더 많은 달걀을 소비하라고 부추긴다. '달걀 먹고 일하세요', '달걀로 하루를 시작하세요'와 같은 친숙한 슬로건을 사용한다. 허름한 옷을 입고 강한 억양을 쓰는 전통적인 시골 농부가 등장하는 유명한 티브이 광고 시리즈는 상업적인 달걀 생산의 시대 현실과는 너무 달라보인다. 이 광고 시리즈의 초기에는 농부가 생울타리 아래에서 달걀을 모으는 모습을 보여 주었다. 정확히 도시의 주부들을 겨냥한 것이었다. 아마 주부들은 처음 생각했던 것처럼 쉽게 속지는 않았던 듯하다. 이 허구적인 광고는 얼마 되지 않아 사라졌고, 햇볕이 내리쬐는 농장의 야외 풍경을 보여 주는 것으로 바뀌었다. 아마도 이런 소박한 속임수로 품질과 영양에 대한 인상을 심어주려 했던 모양이다.

아이러니하게도 《농부와 목축업자》는 농장의 대문 앞에서 소규모로 달걀을 판매하는 농부들에게 이렇게 조언한다.[27]

> 철망과 슬랫 바닥으로 된 배터리 케이지로 전환한 소규모 농장들이 전국에 퍼지고 있다. 앞으로 펼쳐질 다양한 인수·합병 전쟁을 닭 수백 마리가 의기양양하게 지켜볼 것이다. 이는 농부들에게 현대의 잔혹한 생존 경쟁이 아니다. 대신 대문에 '달걀 판매 중'이라는 간판을 붙여 효과적으로 사용하라. 달걀 등급은 생각 말고 농장에서 직접 키운 닭이 낳은 달걀이라고 하면 높은 가격에 팔릴 것이다. … 이런 직접 판매 방식을 사용할

때는 너무 게으르면 안 된다. 지금 이 순간은 예쁜 간판을 걸어 놓고 편안하게 앉아서 당신이 키우는 닭들은 방목이라고만 얘기해도 괜찮다. 볏짚 몇 줄기와 깃털 두 개쯤 있는 큰 바구니에 달걀을 놓고 고객이 직접 보고 고르게 하면, 당장 6펜스라는 프리미엄을 붙일 수 있다. 이 방법은 오래가지 않을 수도 있다. 많은 사람들이 비슷한 판매 전략을 사용할 가능성이 있다. 그러나 바구니 대신 다른 매력적인 용기에 달걀을 넣어 판매한다면, 당신이 승자이다.

하지만 더럼 대학교 농업경제학과의 위크스 교수는 생산량을 늘리려면 미국식 전략에 대응할 필요가 있다고 지적했다.[28]

건강을 위한 달걀의 가치는 십대 청소년에게 소비될 때는 '소녀에게는 아름다움을, 소년에게는 근육을'과 같은 테마가 사용된다. 또한 미국에서는 어린이들에게 어필하기 위해 달걀 포장에 동요나 만화 캐릭터를 넣는 방법을 이미 쓰고 있다. 이런 방법들은 매우 성공적이어서, 업자들이 젊은 세대들에게 판매할 작은 달걀을 찾는 데 어려움을 겪을 정도이다. 아침 식사 제조업체에서 플라스틱 장난감 시리즈를 달걀 포장 안에 넣는 방법 같은 아이디어를 빌려올 수도 있다.

아울러 위크스 교수는《주간 농부》에 이런 글을 쓰기도 했다.[29]

미국 가금과달걀전국위원회에서는 주부들을 끌어들이기 위해 효과적인 방법을 사용한다. 주요 홍보 방법은 '이 모든 것이 77칼로리!'와 같은 슬로건과 멋들어진 수란 두 개, 베이컨 한 줄이 있는 시각자료이다. '달걀, 아기와 어린이의 영양을 위한 놀라운 가치!'라는 슬로건에 아름다운 어머니와 쾌활한 어린이가 각각 삶은 달걀을 입에 집어넣고 있다. '당신이 먹은 것이 곧 당신입니다.' 이 마지막 슬로건과 함께 늘씬한 요정 같은 주부가 달걀 세 개로 만든 오믈렛을 즐기고 있다.

이윤을 뽑길 바라는 가금 종사자를 기쁘게 하는 연구는 조명자극법과 황혼조명법이 전부가 아니다. 《농업 신문》에 실린 "볏 없는 닭이 더 많은 달걀을 그리고 더 많은 이익을"이라는 제목의 기사[30]는 "볏을 제거한 병아리들이 자라서 달걀을 더 많이 낳는다. 먹이를 덜 먹으므로 이익이 더 커진다"고 언급하고 있다.

여기에는 두 가지 다른 요인이 있다. 가장 큰 장점은 닭의 볏을 자르면 겨울에 닭을 관리하기 쉽다는 것이다. 다른 하나는 추운 겨울에는 취수설비 관리가 어렵다는 점이다.
이 두 요인은 서로 관련이 있는데, 닭들은 추운 겨울에 육수(칠면조·닭 등의 목 부분에 늘어져 있는 붉은 피부_옮긴이)가 차가운 물에 닿는 것을 싫어하기 때문에, 겨울에는 취수설비를 줄인다. 하지만 다른 한편으로는 볏과 육수를 제거하면 열 손실 메커니즘의 한 부분을 제거하게 되어 26도 이상의 온도에서 닭이

> 큰 고통을 받는다. 볏을 자르는 것의 또 다른 이점은 닭들이 더 유순해지는 것인데, 볏을 제거하면 시야를 가리지 않고 더 잘 볼 수 있다. 볏을 자른 닭들은 쉽게 다치지 않는데, 특히 철망 케이지에 가둔 닭들이 그렇다. 미국에 있는 큰 규모의 몇몇 부화장들은 추가 비용을 더 받고 태어난 지 며칠 된 병아리들의 볏을 자른다. 볏을 자르는 수술은 약간 굽은 손톱용 가위를 사용한다. 이런 최고 수준의 관리에도 불구하고 어떤 닭들은 '둘이 한 침대'에 정착하지 못한다. 이는 닭 두 마리에게 안경을 씌우는 것으로 해결할 수 있다. 안경을 벗을 때쯤이면 닭들은 자기 자리를 잡을 것이다.[31]

우리는 밀집식으로 사육하는 사람들의 주요 목적이 닭을 주어진 시간 안에 최대로 달걀을 낳는 초고성능 기계로 만드는 것임을 알게 됐다. 누가 신경이나 쓸지 모르겠지만, 우리가 알고 있듯이 닭은 병아리와 약간 상관이 있다. 《농부와 목축업자》에는 "무서운 일이 벌어지고 있다"는 제목의 기사가 실렸다.[32]

> 닭을 일본 메추리와 교배해 달걀 생산량을 높이려는 시도가 영국에서 일어나고 있다고 농무부 가금 부문 수석고문 콜스 박사가 런던에서 열린 BOCM 회의에서 폭로했다. 메추리는 사료를 매우 적게 먹으면서도 알을 많이 생산하는데, 이런 특징을 큰 알을 낳는 닭과 조합하려는 것이다. 콜스 박사는 이 조합을 만드는 데 일부 문제들이 해결되어야 한다고 말했다. 여

기에는 첫 교배로 태어난 잡종의 불임과 같은 문제가 있다. 박사는 그럴 가능성이 있다고 말했다. 콜스 박사는 시드니에서 열린 세계 가금류 회의에서 예견됐던, 가금류 번식의 '놀라운 발전'이라고 표현한 것에 대해서도 언급했다. 태어난 지 하루 된 병아리들에게 빛을 쪼이면 병아리들의 성격이 완전히 바뀐다고 한다. 특별한 광선을 쪼이는 기술로 병아리의 혈통과 상관없이 모든 산란계가 달걀을 생산할 수 있을지도 모른다. 또 다른 가능성으로 성적 행위 없이 번식하는 단위생식이 심도 있는 발전을 보이고 있다. 말하자면 수탉이 필요 없어지는 것이다. 암탉에게 호르몬을 주입하면 6시간마다 달걀을 낳는데, 6개월이면 총 355개가량의 달걀을 생산하게 된다. 콜스 박사는 '이것들은 판타지가 아니다. 많은 과학자들이 모두 진행하고 있는 프로젝트'라고 말했다.

1962년 9월에는 주부들에게 달걀의 신선함을 보여 주기 위해 플라스틱 용기에 든 달걀을 출시했다. 판매용기에 직접 달걀을 조리할 수도 있었다. '파손 방지'가 또 다른 판매 촉진 요소였다.

달걀위원회가 이렇게 판매홍보에 안간힘을 쓰는 것은 왜일까? 혹시 달걀을 과잉생산하고 있는 건 아닐까? 다음의 《농업 신문》 기사를 보자.[33]

달걀위원회는 냉장고에 수백만 파운드어치의 액란(껍질을 제외하고 내용물만 모아놓은 달걀을 말하며, 가공식품을 만드는 데 주로 사

> 용됨_옮긴이)을 보유하고 있다. 이는 12개 묶음으로 된 1,500만~2,000만 판의 팔리지 않은 달걀이 있다는 뜻이다. 그리고 재고량은 증가하고 있다. 작년 영국은 폴란드에서 12개 묶음 달걀 1,666만 2천 판을 수입했다. 위원회는 수개월간 매주 수천 판의 달걀을 깨뜨리기 위해 달걀을 시장에서 철수시켰다. 전체 시장의 신선란 요구는 가정 생산이 충분히 충족시키고 있다. 과잉으로 인한 가격 급락을 막기 위해 위원회는 멀쩡한 달걀을 깨서 냉동시키는 방법으로 달걀 시장을 강화하고 있다. 작년 4월 위원회는 2백만 파운드 상당의 냉동 달걀을 저장했다. 올해 위원회의 공식 발표에 따르면 저장량은 평균보다 높다.

《농부와 목축업자》 1962년 11월 6일자의 기사는 다음과 같이 경고했다.

> 극적인 상승세를 타던 달걀 공급 상태가 과잉 생산이라는 심각한 암초에 부딪혀 양계 업계는 긴장하고 있다. 처리량은 작년에 비해 13퍼센트 높아졌으나, 달걀의 판매는 6.5퍼센트만 증가했고 나머지들은 가공 처리되고 있다. 1959년 당시 영국달걀마케팅위원회 웰퍼드 회장이 생산자들에게 생산량을 줄여 달라는 내용의 개인적 서신을 보냈던 상황과 대체로 비슷하다. 많은 비판을 받았던 이 행동은 조만간 되풀이될 것으로 보인다. … 수입 냉동 달걀로 인한 심각한 경쟁이 가격에 영향을 미친다 하더라도, 수치는 가공 달걀 저장량이 3월 말이 되

면 1961년과 비슷하다는 사실을 보여 준다. 그럼에도 이사회의 직원이 현재 저장량에 대해 언급하지 않는 것은 그 수준이 창피할 만큼 높기 때문일 것이다.

최근 높은 효율성 덕분에 밀집사육 가금 생산자들 사이에 의기양양한 분위기가 흐르고 있지만, 달걀 보조금은 여전히 납세자가 지불하고 있다. 보조금의 고정 비율은 그 해의 물가를 검토한 후 결정된 달걀 12개 묶음 하나당 보증 가격에서 달걀위원회가 생각하는 달걀 판매 가능 가격을 뺀 나머지이다. 1961~1962년 보증 가격은 3실링 8.63페니, 추정 판매 가격은 3실링 3.2페니 그리고 보조금은 5.43페니였다. 1962년 3월에는 양계 관련 제품 가격이 상승했음에도 보조금 8.09페니를 지급했다. 6월에는 다시 달걀 한 판당 7.49페니로 떨어졌고, 1962년 3월 31일까지 연간 보조금은 2,090만 파운드에 달한다. 1958년 생산자들은 크기가 큰 달걀 한 판당 4실링 6페니, 작은 달걀의 경우에는 2실링 8페니의 보조금을 받았다. 1961년에는 큰 달걀은 3실링 9페니, 작은 달걀은 1실링 7페니의 보조금을 받았다. 이게 바로 과잉 생산의 또 다른 위험이다.

이렇게 힘들게 달걀을 생산하고 나면 산란계는 어떻게 될까? 활동량이 적은 산란계는 살이 통통하고 육질이 부드러워 식용 닭으로 판매될 수 있을 것이다. 농장위원회에 따르면 무게가 가벼운 전문 산란계는 식용 닭으로는 가치가 낮고, 이런 닭들은 대부분 가금류 고기 제품을 만드는 식품 제조업체로 간다고 한다. 산란기가 끝날 무렵 무게가 많이 나가지 않는 잡종 산란계 처리는 생산자들의 골칫거리였다.

많은 생산자들이 산란계를 고기로 판매하기에는 너무 작아서 이들을 묻거나 태워서 처리했다. 구이용으로 팔기에는 너무 작고, 육계 농장에서 키우기에는 너무 컸다. 그러나 1962년 여름부터 도계장 두 곳에서 산란계를 육계처럼 취급하며 '아기 육계'라고 불렀다. 또 다른 방법은 반려동물 사료로 이용하는 것이다. 1962년 8월에 보도된 바로는 생산자에게 돌아오는 이익은 파운드당 6실링에 불과했다. 생산자들에게 돌아오는 이익이 낮아 스트레스가 되고 있다며 그 심각성을 전하는 기사도 있었다.[34]

> 전쟁 전에는 산란계를 교체하는 대가를 대부분 받을 수 있었지만, 오늘날은 약 10페니밖에 차이가 나지 않는다. 수년간 조금씩 악화되어 눈치 채지 못했던 상황의 심각성을 강조하자면, 달걀 생산자는 산란계 1천 마리로 주당 10파운드의 소득을 번다. 그러나 산란계를 교체하려면 주당 10파운드가 추가로 든다고 발표했다. 이 말은 곧 산란계 1천 마리를 보유한 사람이 주당 20파운드를 벌지 못하면 생존을 위해서 자본 잠식을 해야 한다는 말이다.

우리에게는 다음과 같은 질문이 필요하다. 이런 극심한 생존 경쟁이 가치가 있을까? 더 많고, 더 싸고, 더 작고, 질이 낮은 달걀 마케팅이 홍수같이 쏟아져 효과를 내고 있다. 이것이 대중이 원하는 것일까? 과연 이것이 공동체의 최선을 위해 기여하는 일일까?

05

식육용 송아지

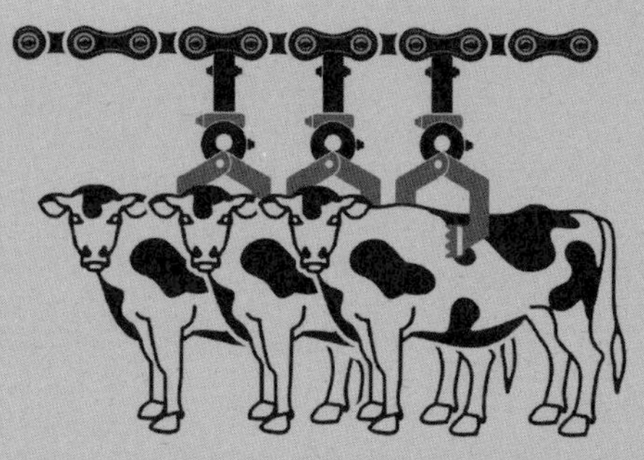

ANIMAL MACHINES

동물을 키울 때 피할 수 없는 일은 암컷과 수컷 새끼들이 거의 비슷한 비율로 태어나는 것이다. 우유를 생산하기 위해 소를 키우는 곳에서는 수송아지 처리가 문제다. 이 수송아지들은 대부분 식육용으로 키우기에는 적합하지 않다. 우유 생산을 위해 개발된 종이기 때문이다. 원치 않게 태어난 수송아지들을 '보비'(bobby) 송아지라고 부르는데, 이들은 대략 영국에서만 매년 80만 마리에서 100만 마리 정도 된다.

이들은 앞으로 어떻게 될까?

첫째, 폐사율이 높다.

> 매년 송아지 수백 수천 마리가 태어난 지 1주도 안 되어 죽는다.[1] 이들을 죽이지 않고 사육한다면, 소고기 수입량을 매년 5천만 파운드까지 줄일 수 있다. 어린 송아지들에게 저항할 수 없는 엄청난 학대를 겪게 하는 우리의 마케팅 방식은 이런 손실과 낭비에 대해 책임을 져야 한다.

손실이 생기는 이유는 보비 송아지가 경제 자산에 큰 부담이 되기 때문이다. 운송 중 또는 우시장에서 송아지가 처한 혹독한 환경은 송아지를 키우기 위해 구입하는 경우도 위험하다는 것을 보여준다. 많은 농부들이 송아지가 중간에 죽는 것을, 또 먹이도 주지 않고 시장에 내놓는 것을 당연시한다. 시장에서 송아지를 구입해 도살하는 것 외에 다른 목적으로 팔릴 수 있는 가능성을 없애버리는 것이다. 한 수의사는 이렇게 썼다.[2]

> 시장에 팔려 나온 어린 송아지들은 너무도 약하다. 송아지를 보는 사람들은 이렇게 작은 송아지가 팔려 나오기 전에 초유나 먹을 수 있었을까 하고 궁금해 한다.

태어난 지 며칠 되지 않은 보비 송아지를 어미 소와 격리해, 먹이도 없이 트럭 뒤쪽에 집어넣는 일이 다반사로 일어난다. 추위에 또 잔인한 몰이꾼들의 징 박힌 부츠와 막대기에 송아지들은 우시장에서 고초를 겪는다. 몰이꾼도 그들을 돕는 아이도 작고 어린 동물들이 겪는 고통에 주의를 기울이지는 않는 것 같다. 아이들은 송아지들이 그간의 고생을 잠시 잊기 위해 조용히 앉아 있을 때조차 어른들이 울타리 옆면을 내려치는 행동을 따라 하고, 송아지들이 다시 두려움에 떨면 그 광경을 보면서 웃는다.

우시장에서 고초를 겪고 나면 송아지들은 추위 속에 송아지로 꽉 찬 대형 트럭을 타고 수백 킬로미터를 이동한다. 그리고 그 끝에는 도축장이 기다리고 있다. 도축장은 12시간 이상 송아지들을 데리고 있지 않을 경우 먹이를 줄 의무가 없다. 이 작고 연약한 생명들은 태어난 지 단 며칠 만에, 인간의 손에서 배고픔과 두려움만을 느끼다가 생을 마감한다. 사체는 450~900그램의 크기로 식육용 송아지고기 제조업체에 내다 팔린다. 파이·통조림·커틀릿·페이스트 같은 식품 산업으로, 고급 장갑·신발을 만들기 위해 부드러운 송아지 가죽을 찾는 가죽 산업으로 각각 팔려 나간다.

어떤 농부들은 송아지를 개인적으로 사서 키우는데, 이렇게 하면 혹독한 추위와 시장 환경에서 보호할 수 있어서 송아지가 약하지 않다. 여러 지역에서 '송아지 은행'이 시작되고 있다. 송아지 은행은 농부가 송아지를 농장에서 직접 구매함으로써 송아지들이 우시장에서 고초를 겪는 상황을 피하고, 노출과 두려움으로 인해 저항력이 떨어져 감염될 위험을 낮출 수 있다.

다른 종의 송아지도 사정은 비슷하지만 대우가 더 낫다. 무게가 가벼운 유제품종 송아지인 프리지아 종, 에어셔 종, 채널아일랜드 종 같은 등급이 있는 송아지는 도살 전 3개월간 휴식기를 가진다. 축산업에 속한 모든 밀집식 사육 농장과 마찬가지로 생산자는 사육비용을 절약하기 위해 보비 송아지를 선택하는데, 그중에서도 눈을 크게 뜨고, 건강하고 활기찬, 생명력 넘치는 송아지를 선택해야 한다. 약한 송아지들은 공장식 축산에 맞서 살아남지 못할 것이다.

수백 년간 영국에서 생산하는 식육용 송아지고기의 양은 한정적이었다. 한 세대쯤 전에는 송아지를 도살하기 전에 약 6주 동안은 젖을 먹게 했다. 그때도 흰 송아지고기에 대한 수요는 있었다. 그래서 송아지가 사는 동안 2주에 한 번씩 목에 있는 혈관을 칼로 베어 피를 빼냈다.

> 영국 고유종인 에식스 송아지의 사육사는 송아지에게 더 많은 우유를 먹이기 위해 후추를 먹이고 육질을 희게 유지하기 위해 2주에 한 번씩 피를 뺐다. 그리 오래된 일이 아니다.[3]

사람들이 흰 고기를 원한다고 생각하는 농부들은 이 요구를 만족시키기 위해 아무짝에서도 쓸데없는 피 뽑기를 하는 것이다. 최근 모든 식육용 송아지 산업의 발전은 점점 더 흰 고기를 공급하기 위한 시도와 비슷한 방식으로 이루어졌다. 얼마나 큰 규모인지, 이것이 바람직한 목표인지에 대해서는 다른 장에서 논의하고, 여기서는 육질이 매우 흰 고기를 생산하는 기술에 대해 다루려고 한다.

유럽 대륙 특히 네덜란드에서는 수백 년간 특수한 방법으로 흰 식육용 송아지고기를 생산하고 있다. 송아지에게 전유 또는 반탈지유만 먹여 매년 수천 마리를 생산했다. 생산에서 손실이 컸던 이유는 송아지 관리에 대한 충분한 이해 없이 영양이 충분치 못한 먹이를 주었기 때문이었다. 우유 대용품이 네덜란드에서 특허를 받으면서, 지난 10년간 전유를 사용해 송아지를 키울 때보다 비용이 3분의 1로 줄었다. 아울러 비타민과 미네랄 등을 첨가하여 도살 전 사망률도 감소했다. 이는 처음으로 송아지 사육을 경제적인 문제로 만들었으며, 오늘날 우리가 알고 있는 식육용 송아지고기 산업을 창조했다고 할 수 있다. 과거 네덜란드의 식육용 송아지고기 산업은 영국과 마찬가지로 기이하고 별난 방법으로 송아지를 괴롭혔다. 식육용 송아지의 사육 환경은 끔찍했다.

송아지는 대개 짚으로 두른 매우 작은 우리 안에 갇혀 있다. 주로 상자 같은 것인데, 내부는 짚으로 거의 꽉 채운다. 우리는 항상 어두운 구석에 있는데, 더 어둡게 하기 위해 뚜껑을 덮고 송아지가 안에서 숨을 쉴 수 있도록 작은 구멍을 몇 개 뚫어 놓았다. 이렇게 키우는 이유는 송아지를 움직이지 못하게 하면 더 커질 수 있고, 어둡게 하면 흰 송아지고기를 얻는 데 유리하다는 생각 때문이다. 아마도 어두운 곳에서 키운 식물들의 색이 옅다는 생각에서 기인한 것으로 보인다.[4]

조금 더 조직적인 사육환경 사례도 하나 이야기해보자.

전에는 네덜란드의 모든 송아지 사육 시설은 어두웠고, 먹이를 줄 때만 잠깐 불을 켰다. 여전히 몇 곳은 어둡다. 그리고 다음의 광경은 더욱 처연하다. 불을 켜면 송아지 수백 마리가 발버둥을 치며 일어나서 (앉아 있을 수 있는 송아지만 일어난다. 앉을 수도 없는 채로 사육되는 송아지는 제대로 움직이지도 못한다.) 먹이가 담긴 양동이가 있는 구멍으로 머리를 내미는데, 송아지들은 숨 쉬는 것 말고 할 수 있는 행동이 이것밖에 없다.[5]

영국의 피 뽑기, 네덜란드의 어둠 속 사육. 두 가지 모두 무지의 산물이자 쉽게 속는 대중을 만족시키려는 시도에서 나온 산물이다. 네덜란드는 끊임없는 시행착오 끝에 송아지 산업을 거대하게 키웠다. 네덜란드에서는 현재 연간 송아지 40만 마리를 키운다. 그중 일부는 네덜란드 시장에서 소비하고, 주로 프랑스·이탈리아·독일·영국에 매주 6백~7백 마리의 송아지 지육을 수출하고 있다. 영국 내 송아지 산업은 완전히 네덜란드 방식을 따라 이루어지고 있는데, 여기에는 장단점이 있다.

영국의 송아지 업자들은 처음에는 네덜란드의 우유 대용품을 수입했다. 그러나 영국에서도 비슷한 상품이 개발되었고, 네덜란드와 마찬가지로 도축되는 3개월까지 단일 사료로 먹일 수 있다. 앞서 이야기했듯 영국에서 생산되는 고기는 태생적으로 고기가 적은 보비 송아지와 관련이 있기 때문에 네덜란드에서 하는 것처럼 마케팅 활동을 벌인다. 현재 영국은 다양한 기업들이 소유한 40여 개의 농장에서 연간 2만 마리의 식육용 송아지고기를 생산하고 있다.

영국은 네덜란드와 마찬가지로 아는 게 거의 없는 또 다른 형태의 동물 산업화의 길로 빠져들고 있는 것이다.

> 식육용 송아지 사육은 축산업에서 마지막으로 산업화되는 분야가 될 것으로 보인다.[6] 최근까지 식육용 송아지 사육은 대부분 집안일이거나 소치는 사람이 남는 시간이 하는 일에 불과했다. 그러나 지금은 젖소·돼지·닭처럼 식육용 송아지를 공장 같은 곳에서 키우려고 한다. 조만간 구이용 송아지를 위한 송아지고기 또는 영계와 같이 어린 소들이 나올 것이다. 그러나 현재의 움직임은 우리가 송아지에 대해 아는 것이 별로 없다는 사실을 드러낸다. 송아지의 비교 생장률은 얼마인가? 어떤 먹이가 똥이 되고, 어떤 먹이가 가치 있는 고기가 되는가? 어

떤 온도에서 구이용 송아지에게 우유를 먹여야 하는가? 초기 반추 시기는 언제인가? 잡종 강세가 이익 창출에 기여할 수 있을까? 질문이 꼬리에 꼬리를 문다. 어떤 질문은 답할 수 있고, 어떤 것은 아직 답하기 어렵다.

영국의 축산업자들은 오직 보비 송아지만으로 12~14주 내에 생체중 99~127킬로그램, 자체 중량 63~77킬로그램이 나가는 흰 살코기의 송아지를 생산하는 것을 목표로 한다. 모든 노력은 이 목표를 향해 이루어진다. 네덜란드 사람들은 붉고 흰 무늬의 프리지아종 송아지 또는 검고 흰 무늬의 프리지아종 송아지를 선택했다. 초기에는 비용이 많이 들어서 15파운드까지 든다. 그러나 매우 빨리 자라고, 영국 사람들이 생산하는 식육용 송아지보다 훨씬 무게가 나간다.

> 나는 송아지 '제조업체'라는 단어를 의도적으로 쓰고 있다. 왜냐하면 이건 가공 공장이기 때문이다. 이 사업을 하기 위해서는 땅이 전혀 필요하지 않다. 어떤 네덜란드 송아지 식품 제조업자가 말한 것처럼 부엌방에서도 시작할 수 있는 일이다.[7]

어떤 면에서 이는 내가 송아지고기 산업 조사를 시작하면서 처음 받은 인상이기도 했다. 송아지 사육을 위한 시설은 과학적으로 짓고, 단열 처리해 환경이 제어되는 건물부터, 커다란 텅 빈 헛간, 골함석으로 지은 작은 별채까지 매우 다양하다. 이런 시설들 안에는 주인이 생각하기에 좋은 송아지고기를 생산하기 위한 아이디어로 가득 차 있다.

내가 방문한 곳 중 가장 끔찍한 곳에서는 송아지를 겨우 가로 0.56미터에 세로 1.52미터가 되어 보이는 단단한 상자에 넣어두었다. 이 크기는 송아지가 겨우 서 있을 만한 정도로, 매우 힘든 자세가 아니면 전혀 앉을 수가 없다. 게다가 바닥이 널빤지로 된 사육 시설은 좁고 사방이 막힌 공간이어서 움직이기가 더욱 힘들다. 낮에 두 번 먹이를 먹이기 위해 앞쪽의 덧문을 내리는 짧은 시간을 제외하고 송아지는 어둠 속에 내내 갇혀 있다. 건물로 들어갈 때 농부가 불을 켰는데 사육 상자 안에서 엄청난 혼란이 일어났다. 농부는 상자의 덧문을 내리기 전에 잠시 송아지를 달래야만 했다. 그리고 어김없이 송아지의 비참한 얼굴이 드러났다. 송아지의 큰 눈이 우리를 바라보았다. 농부도 그 모습을 보는 게 당황스럽고 기분이 좋지 않아 보였다. 그러나 그는 최고 품질의 송아지고기를 생산하기 위한 것이라고 우리를 안심시켰다. 〈사진 1〉(본문 178쪽)은 내가 직접 찍은 사진으로 불이 켜지고 얼마간 지나 송아지가 진정된 모습이다. 이런 것이 네덜란드 방식을 시험해 보기 위한 시설이라고 보면 될 것이다. 이 농장은 송아지 사육 방식을 제외하면 여러모로 가축을 보살피고 따뜻함이 있는 곳처럼 보였다.

영국에 이와 같은 극단적인 사육 환경의 송아지 사육시설은 많지 않다고 본다. 식육용 송아지고기 생산에 관한 팸플릿에는 다음과 같은 단호한 문구도 있다. '송아지를 사육 상자 안처럼 완전히 깜깜한 곳에서 키워야만 한다는 생각은 완전히 잘못된 것이다.' 다른 농장에서는 송아지들을 슬랫 바닥에 일렬로 나란히 세우고, 머리를 세로로 설치된 나무 막대기 두 개 사이에 넣었다. 따라서 머리를 아래위로 움직일 수 있을 뿐 다른 행동은 전혀 할 수 없다. 송아지들은 미끄러져 앉은 자세를 할 수 있지만, 머리가 고정되어 있기 때문에 남은 생애 동안 한 자세밖에 취할 수 없다. 나는 생명이 아닌 상품들이 줄지어 있는 모습을 떠올릴 수밖에 없었다. 그리고 송아지들은 말로 표현하기 어려울 만큼 지저분했는데, 분명히 주위에 파리 떼가 들끓어 고통 받았을 것이다. 송아지들이 뒷다리를 들어 휘두르기는 하지만, 괴로움을 덜어내기에는 역부족이다.

송아지들은 '축사가 더러우면 심한 불편을 느낀다.'[8] 건강한 송아지는 꼬리를 흔들어 더러워지는 것을 막을 수 있다. 그러나 어떤 송아지들은 너무 힘이 없어 보였고, 어떤 송아지들은 지저분해져도 스스로 깨끗하게 할 수가 없었다.

다른 사례로 어떤 시범 농장의 송아지들은 완벽한 환경에서 키워지는 것 같았다. 약 1.8제곱미터 크기의 우리에 푹신한 짚더미가 있고, 헛간에는 큰 창문이 있어서 햇빛이 쏟아져 들어왔다. 한 마리나 두 마리를 사육하는데, 두 마리의 사육 공간은 대략 3.7제곱미터는 되어 보였다. 이 사육 환경은 앞의 식육용 송아지의 환경과 분명히 다르다. 이 농장에서는 신선한 짚을 깔고 송아지들이 짚을 뒤적이지 못하도록 소독제를 뿌려두었다. 그래도 슬랫 바닥 위에서 옴짝달싹 못 하는 송아지들보다는 편안해 보였다. 불행히도 이렇게 키워지는 송아지는 매우 적은 듯하다. 그런데 이 농장의 소책자에는 이상한 말이 적혀 있었다. "식육용 송아지는 짚이나 건초에 직접 닿아서는 안 된다. 반추 작용이 지육 수득률을 낮추게 할 것이다." 그리고 "태양광 직접 노출은 반드시 피해야 한다. 이는 송아지를 불안하게 할 것이다." 이런 경고에도 불구하고 이 농장의 송아지는 송아지고기 경진 대회에서 다수 수상했다.

이것이 내가 본 최악의 그리고 최고의 사육 환경이었다. 그렇다면 생산자들에게 권장되는 사육환경의 기준은 무엇일까?

1. 공용 우리는 모든 송아지들이 동시에 모두 앉을 수 있는 크기여야 한다. 때로 송아지를 우리 가장자리를 따라 묶어 놓는다.
2. 슬랫 바닥에 전면을 따라 세로로 된 막대들이 있어서 송아지를 가까이 묶을 수 있어야 한다.
3. 단독 우리는 바닥이 슬랫으로 되어 있는 가로 약 0.56미터 세로 약 1.2~1.5미터가량의 크기이다. 멍에는 송아지의 앞쪽으로 씌운다.

세 경우 모두 슬랫 바닥을 사용한 이유는 청소하기에 가장 편리하다고 생각되기 때문이다. 그러나 내가 만나 본 농부 가운데 송아지의 잠자리를 위해 짚을 깔아준 두 사람은 송아지를 일괄 출하할 때가 아니면 따로 청소하지 않았다. 오래된 짚 위에 새 짚을 더하기만 했다. 농부들은 송아지 출하시기에 따로 인력을 구하지 않았는데, 이는 바닥을 슬랫으로 할 때보다 더 많은 노동력이 필요하지 않기 때문이었다. 송아지가 태어난 지 2주 정도 되면 어떤 경우든 따뜻하고 편안하게 지내기 위해 짚을 사용한다. 이 시기가 지나면 송아지가 짚을 씹어버리기 때문에 치워야 한다. 그 이유는 나중에 설명하겠다.

송아지를 사육할 때는 조명을 낮추고 온도는 15~18도로 유지하도록 권장한다. 습도는 70~75퍼센트를 넘지 않아야 한다. 가장 쉽게 관리할 수 있고, 결과적으로 가장 널리 사용되는 사육장의 종류는 약

0.56제곱미터의 우리에, 옆면에 널판을 대 옆에 있는 우리의 다른 송아지를 볼 수 있으며, 시설의 뒤쪽을 열어 청소할 수 있는 형태이다. 우리 앞쪽에는 우유 양동이가 달려 있다. 송아지에게는 목줄을 거는데, 고리로 사육장 앞쪽에 가까이 묶여 있어서 서 있거나 미끄러져 앉을 수는 있지만, 몸을 돌리거나 핥을 수는 없다. 어떤 농부는 송아지들을 묶은 첫날은 송아지들이 거의 미친 듯이 굴었지만 곧 체념하고 받아들이는 것 같았다고 말했다. 작은 시설에서는 송아지의 기질 차이를 고려할 여유가 없다. 규모가 큰 혼합 농장에서는 좁은 밀집사육 시설에서 해소할 수 없는 송아지의 기질을 발산할 수 있는 기회가 더 많다. 한 농부는 "식육용 송아지를 (일반 송아지고기용) 송아지 우리에 넣었다"고 말하며 송아지들이 자유롭게 노니는 짚이 덮인 마당을 가리켰다. 이 농장의 목적과는 다른 대우를 받는 식육용 송아지들은 운이 좋은 녀석들임이 분명했다.

영국의 일부 송아지고기 생산자들은 네덜란드 방식의 나쁜 점을 없앤 방법을 소개하기 시작했다. 환기와 온도에 대한 최신 지식은 받아들이면서도, 우리 안에 두 마리 또는 그 이상의 송아지들을 두고, 우리의 크기는 송아지 한 마리당 약 0.9~1.1제곱미터를 허용하고, 송아지들을 묶어 키우지 않는다. 일반적인 사육 조건을 전부 바꾸지는 않더라도 송아지에게 보통 주어지는 공간보다 2배 이상을 할당하고, 슬랫 바닥 대신 짚을 공급해 따뜻하고 편안하게 지낼 수 있도록 한다. 사람들은 좋은 의도로 시작했지만, 내가 방문한 농장 한 군데를 제외하고는 실현되지 못했다. 왜냐하면 송아지들이 빨고, 오줌을 핥아먹는 행동을 고칠 수 없었기 때문이다. 영국 수의사협회의 소책자 『송아지 사육과 질병』(The Husbandry and Diseases of Calves)은 다음과 같이 언급하고 있다.

> 섬유질 사료를 먹이지 않고 액상 사료로 사육한 거의 모든 송아지들은 씹기와 핥기 같은 행위가 발달되지 않는다. 이런 행동은 특히 후에 이[虱]와 같은 해충이 발생하는 것과 관련이 있다. 또한 송아지의 소화기관에서 지름 1~5센티미터까지 다양한 크기의 헤어볼이 흔히 발견된다.

도축 담당자가 식육용 송아지의 지육에서 발견한 야구공만 한 헤어볼을 보여준 적도 있다. "헤어볼 예방법은 송아지에게 적합한 먹이를 공급하는 것인데, 사료에 고형 먹이를 넣어 배급하면 됩니다. 또한 규칙적인 털 손질도 도움이 됩니다." 이 개선 방법은 송아지 산업계에는 알려져 있으나, 송아지를 키우는 농부들은 아직 잘 모르고 있다. 빨거나 핥는 송아지의 자연스러운 욕구가 너무나 크기 때문에 농부들이 알고 있는 유일한 해결책은 사료를 먹인 후에 한 시간가량 송아지를 묶어두는 것인데, 이 방법도 신통치 않았다. 그래서 농부들은 그들이 하지 않으려고 했던 방법으로 다시 돌아가게 된 것이다. 우리에 한 마리만 키우고, 목줄을 짧게 해 계속 매놓는 방법으로 말이다.

식육용 송아지고기 생산은 두 가지 목표가 있다. 첫째, 가장 짧은 시간 안에 가장 많은 고기를 생산하는 것이다. 둘째, 소비자가 진실로 원하는 것, 혹은 이른바 소비자 요구라는 것을 만족시키기 위해 고기에서 최대한 핏기를 빼고 희게 유지하는 것이다.

무게를 빨리 늘리려면 송아지를 움직이지 못하게 하면 된다. 사료의 모든 에너지가 체중을 늘리는 데 쓰이고, 뛰어놀거나 운동하는 데는 조금도 쓰이지 않는다. 식육용 송아지에게는 우유를 많이 먹이는데, 12주가 되면 하루 평균 15리터의 우유를 먹인다. 반면에 다른 송아지들에는 절반 정도인 7.5리터를 먹인다. 식육용 송아지들이 먹는 우유 대용품은 일반 우유보다 단백질의 함량이 훨씬 더 높고, 지방 함량은 18~20퍼센트 정도이다. 우리도 알다시피 다른 우유 대용품은 지방을 1~2퍼센트 정도 함유하고 있다. 사료로서 우유의 전환비는 다른 고형물과는 반대로 훨씬 높은데, 살이 찌는 것은 우리가 알지 못하는 송아지의 성장과 비육(肥育)이 관련이 있다. 영국 유제품 연구협회의 로이(J.H.B. Roy) 박사는 이렇게 말했다.

> 어린 축우의 체중을 증가시키는 에너지를 추정할 때, 높은 증체량(增體量)은 비육과 연관이 있는데, 성장과 비육의 경계가 명확하지 않은 것이 바로 문제이다. 성장은 단백질, 회분, 물, 소량의 지방의 결합과 관련이 있고, 비육은 지방과 소량의 단백질이 결합하는 것과 관련이 있다. 이 두 가지는 어린 동물이 성장할 때 동시에 발생한다.[9]

고품질 우유를 먹이는 것은 특정한 문제를 야기한다. 가루로 된 우유 대용품은 모조 우유에 물을 많이 넣어 기호성을 높인 것이다. 송아지가 최대한 우유 대용품을 많이 먹도록 유도하기 위해서 송아지가 묶여 움직일 수 없는 상태에서 필요한 양보다 액체를 더 많이 먹이는 방법을 사용한다.

이런 방법은 교묘한 방식으로 행해진다.

송아지에게 우유 대용품 외에는 물을 전혀 주지 않는 것이다. 송아지는 18도, 혹은 폭염 시에는 그 이상의 온도에서 사육된다. 땀을 흘리고 수분이 손실되면 송아지는 갈증을 느낀다. 그러면 다음 우유 대체 사료를 먹을 때 송아지는 과도하게 우유를 마시게 되고, 또 땀을 흘려 갈증을 느끼는 과정이 계속 반복된다. 아래 인용문은 이것을 설명하고 있다.[10]

> 네덜란드 사람들은 송아지가 땀을 흘리는 것을 보기 좋아하는데, 외부 온도가 높아서 땀을 흘리는 모습이 아니라 점심시간 후의 간부들처럼 너무 많이 너무 자주 먹어서 땀 흘리는 것을 보기 좋아한다.

같은 문제에 대해 로이 박사는 이렇게 썼다.

> 지금도 네덜란드에서는 식육용 송아지들이 땀을 흘려야 한다고 보고, 그렇지 않은 송아지들은 발육 부전으로 자주 거부당한다는 데 분명히 모두 같은 의견을 보이고 있다. 주어진 용량의 우유를 먹이고 사육 환경의 온도를 높이면, 송아지가 더 많이 땀을 흘린다고 알려져 있다. 하지만 어떤 온도에서라도 우유를 많이 먹이면, 땀을 많이 흘릴 것이다. 네덜란드 사람들이 쓰는 땀 흘리게 하는 방법을 사용하면 송아지가 먹을 수 있는

최대치를 먹일 수 있을 것이다. 송아지들이 먹이를 잘 먹고, 땀을 흘리는 온도에서만 자라면 송아지가 목표 무게까지 도달하는 최상의 결과를 얻을 수 있다. 온도를 올리는 것도 갈증을 증가시키는 데 직접적인 영향을 줄 수 있다. 갈증이 나면 송아지들은 우유를 더 잘 먹게 된다.

영국 농무부의 소책자 『송아지 키우기』(Calf Rearing)에서 로윗 연구소의 프레스턴 박사는 "송아지가 12주령 정도 되면 도축을 한다. 이때는 하루에 우유 15~19리터를 먹는다. 송아지가 이렇게 우유를 많이 먹게 하려면 물을 주지 말아야 한다"고 썼다. 이런 사육법이 성공하려면 이 나이의 송아지가 모든 수분을 포함하여 오직 11리터가량의 수분을 섭취한다고 생각하면 쉽다.

비육 자체는 복잡하지만, 고기 색을 희게 유지하는 것보다는 훨씬 쉬운 일이다. 고기 색을 희게 유지하는 것은 매우 복잡하며, 자세한 과정과 각 부분에 관해서는 과학적인 논의가 필요하다. 고기의 색을 희게 만드는 것은 두 가지 과정이 서로 밀접하게 연관되어 있는데, 첫째는 동물의 살과 근육에 있는 색소인 미오글로빈의 발달을 막는 것이다. 둘째는 송아지에게 빈혈을 유발하는 사료를 먹이는 것이다. 모든 어린 동물들은 살이 희게 태어나지만, 운동·음식·나이에 따라서 살색이 빠르게 짙어진다.

앞에서 보았듯이 식육용 송아지는 철저히 감금해 키우는데, 일반 식육용 송아지 농장에서 할 수 있는 동작은 서 있기와 앉기뿐이다. 그것도 줄에 묶인 채 말이다. 움직이는 게 허용되지 않는 이유는 다양한

것 같다. 한 수의사는 식육용 송아지 생산에 관해 이렇게 썼다.[11]

> 가능한 짧은 시간 안에 모든 액상 사료의 마지막 한 방울까지 고기의 무게로 변환하는 것을 목표로 관리가 이루어져야 한다. 빠른 사료전환율과 **고기 속 근육 색소의 발현을 막기 위해** 송아지를 철저히 감금하여 절대 움직이지 못하게 해야 한다.

또한 묶어 두는 것은 빨기와 오줌 핥기라는 두 '악행'을 예방한다. 어미로부터 이유(離乳)가 너무 빠른 송아지는 모두 빨기 욕구를 갖고 있다. 다른 송아지들은 우유를 먹인 후에 짚을 씹을 수 있도록 넣어 준다. 아니면 약 한 시간 정도 묶어 두면 대부분 문제가 해결된다. 그러나 식육용 송아지들은 섬유소를 공급받지 못하고, 단독으로 사육장에 갇혀 다른 송아지들과 접촉할 수 없으므로 빠는 것이 불가능하다. 오줌 핥기는 사료 부족에서 오는 습관으로, 우유 대용품으로 만든 사료에 철분이 없기 때문이다. 송아지는 돼지처럼 선천적으로 깨끗함을 아는 동물이다. 정상적인 상황이라면 자신의 오줌이 있는 곳에 가지도 않는다. 로런스 이스터브룩(Laurence Easterbrook)은 《뉴스 크로니클》에 이렇게 썼다.[12]

> 송아지 사료 안에 든 미량의 철분은 고기를 변색시킨다. 짚에는 약간의 철분이 들어 있기 때문에 송아지가 철분을 강하게 원하면 바닥의 짚을 제거하고 슬랫 바닥으로 바꾸어야 한다. 그렇게 해도 송아지가 철분을 원하면 오줌이 스민 판자를 핥

아서 약간의 철분을 섭취하려고 할 것이다. 그래서 농부들은 송아지의 머리를 쇠사슬로 기둥에 짧게 묶어 바닥에 닿지 않게 한다.

송아지를 키우는 농부들은 이 습관을 고쳐 보려고 노력했지만 철분을 더 공급하는 방법밖에 없었다. 우리가 앞에서 보았듯이 오직 묶어 두는 것 말고는 아무것도 할 수가 없다. 짚을 씹는 것은 반추를 발달시키는데 이 역시 금지되어 있다. 이에 대해서는 나중에 더 이야기하겠다. 또한 농부들은 송아지를 슬랫 바닥 위에서 키우는 게 청소하기가 더 쉽다고 주장한다. 슬랫 바닥은 하루에 한 번 쓸어주면 되고, 송아지도 깨끗하게 유지할 수 있다. 슬랫 바닥 아래에는 콘크리트 경사면이 있어서 배설물을 탱크로 씻어 내려 쉽게 버릴 수 있다. 짚을 사용하는 농부들은 짚이 송아지를 따뜻하게 해주어 병에 걸릴 위험이 낮고, 청소도 송아지 출하와 입식 사이에 전체적으로 할 수 있어서 슬랫 바닥으로 된 사육장을 청소하는 것보다 쉽다고 한다.

나는 한 농부가 청소를 더 쉽게 하기 위해 슬랫 바닥의 나무판자를 금속 그물망으로 바꾸는 걸 보았다. 하지만 금속 그물망을 따라 설치하도록 권장할 만큼 금속 그물망이 송아지에게 미치는 영향은 아직 충분히 연구되지 않았다. 한 수의사는《농부와 목축업자》에서 슬랫 바닥이 가축에게 나쁘다는 의견을 피력했는데, 나도 송아지가 슬랫 바닥 위에서 긴장하고 불편해 보이는 인상을 받았다.

혈액 결핍, 빈혈

이제 식육용 송아지를 키우는 현대식 방법이 빈혈을 일으킨다는 것을 증명하려고 한다. 이 주제를 놓고 수년간 끊임없이 격렬한 논쟁이 있었다. 나는 이 문제가 송아지 사육이라는 주제의 근본까지 뻗어 있다고 생각한다. 그렇기 때문에 송아지고기 완제품을 음식의 가치로만 볼 것인가를 생각하게 된다. 만약 음식의 가치로만 볼 수 없다면 축산업은 이 문제를 풀어야 할 의무가 있다. 이 논쟁은 어쩔 수 없이 기술적이고 복잡하고 또 꽤 지난하기도 하다. 독자들은 나와 함께 인내심을 가져 주기를 바란다. 앞에서 설명한 바와 같이 동물을 키우는 것이 영양학적으로 어떤 이익이 있기 때문에 정당화된다고 가정하자. 그렇다면 영양학적인 이익이 없다면 이런 사육 방법을 합리화할 수 있을까?

빈혈이란 무엇인가? 『옥스퍼드 사전』은 피가 부족한 것, 건강하지 못한 창백함이라고 정의하고 있다. 의학적으로는 핏속에 들어 있는 헤모글로빈의 수치로 정의하는데, 수치가 낮을수록 빈혈에 가까운 상태가 된다. 일반적으로 철분을 함유한 헤모글로빈은 산소를 모아 몸 구석구석으로 운반하여 신진대사가 필요한 곳에 전달한다. 식육용 송아지는 철분 부족으로 키워지기 때문에 제대로 산화작용을 할 수 없다. 이런 산화작용 부족은 호흡 곤란, 탈진을 일으키는데, 움직이지 않는 상태에서는 이런 증상이 드러나지 않는다. 극단적인 빈혈 상태에서는 송아지가 죽기도 하는데, 송아지의 '급사'를 포함하여 이런 일이 발생하는 근본 원인을 없애는 것은 절대 어렵지 않다. 다른 원인이 아니라 빈혈로 죽는 것은 지난 송아지 사육의 역사에서 특별한 일이 아니었다. 나는 육질이 가장 흰 고기를 생산하기 위한 노력이, 곧 죽음이라는 가장 끔찍한 결론을 피하면서, 송아지를 최대한 빈혈 상태에서 키우는 것과 동일하다는 것을 증명할 증거를 찾을 수 있었다.

어두침침하고 햇빛이 없는 감금 상태에서 키워지기 때문에 송아지에게 빈혈은 당연히 어느 정도 발생할 수 있다. 그러나 송아지의 빈혈은 주로 공급되는 먹이에 의해 발생한다. 자연 상태에서 갓 태어난 송아지의 먹이는 물론 우유이다. 우유에는 송아지가 풀을 씹을 수 있기 전까지 송아지에게 필요한 모든 영양소가 들어 있다. 우유가 필요한 시기는 10일에서 2주 정도이다. 그 시기가 지나면 들판의 풀과 잡초에서 송아지를 건강하게 하는 미네랄을 추가로 섭취할 수 있다. 태양과 풀에서 비타민D도 얻는다. 초기 3개월간 실내에서 키우는 일반적인 송아지도 농후 사료, 물, 즉석으로 건초를 급이하여 우유를 보충한다.

식육용 송아지를 정상적인 방법으로 키우면 선천적으로 육질이 흰 고기 완제품이 될 수 없다. 그렇다면 우리는 육질이 흰 고기는 **송아지가 빈혈에 걸리도록 키워** 만들어진 음식임을 알 수 있다. 빈혈은 철분 부족과 동시에 비타민B_{12}의 부족이 주요 원인이다.

송아지의 우유 대용품 분석 연구를 진행한 생화학자는 "비타민B 그룹은 일반적으로 동물 체내에서 미생물학적인 활동으로 생산된다. … 비타민B_{12}의 절대적인 결핍과 낮은 철분의 섭취는 반드시 빈혈을 발생시킨다"고 썼다.

우유 대용품은 곧바로 송아지의 네 번째 위로 간다. 한 수의사는 "액상 섭취물이 송아지 목구멍의 표면에 닿으면 열구(groove)의 가장자리가 반사적으로 닫히는데, 그러면 섭취물은 식도에서 곧바로 네 번째 위로 가고, 그러면 제1위, 제2위, 제3위 같은 다른 위는 건너뛰게 된다"고 설명했다.[13]

비타민B_{12}가 합성되는 곳은 제1위이다. 빈혈을 유도할 때 가장 필수적인 방법이 송아지가 반추하지 못하게 하는 것이다. "정상적인 송아지는 가장 빠르면 첫째 주쯤, 약간의 반추와 약간의 고형 여물을 먹고자 하는 강한 욕구가 시작된다." 수의사는 설명을 이어갔다. "**송아지가 자연적으로 고형 여물을 먹으려는 본능이 있는데도** 지속적으로 고형 여물과 조사료(목초, 건초, 사일리지, 옥수수, 파, 씨 있는 과일의 껍데기 등 섬유질로, 에너지 함량이 적은 사료를 말한다. 가축 특히 초식동물의 사료로 쓰인다. 반추위를 갖는 가축에게는 생리적으로 어느 정도의 양은 유지되어야 한다_옮긴이)를 배제하면, 송아지 연령에 따른 위의 구획이 비정상적이 되는 결과에 이를 수 있다."

'되새김질'은 송아지에게 일종의 본능이다. 되새김질처럼 자연스럽고 당연히 즐거운 행동을 하지 않는 송아지는 상상조차 할 수 없다. 농업학교 한 곳에서 온 편지를 보면 식육용 송아지의 사료와 일반 송아지의 사료의 차이점을 알 수 있다.

> 식육용 송아지고기를 생산하기 위해 키우는 송아지에게 우유 생산을 위해 키우는 송아지와 같은 사료를 준다면 ① 식육용 송아지들은 12주령에 요구되는 생체중인 127~137킬로그램에 빨리 도달하지 못한다.(12주령 후에는 둘 중 어떤 사료를 먹이든 고기의 색이 짙어진다) ② 대체 가축으로 키우는 송아지처럼 건

초, 농후 사료와 같은 고형 사료를 먹이는 것은 송아지고기의 품질을 저하시키며, 12주가 되기 전에 고기의 색이 짙어진다.

영국 수의학협회 전 회장 시드니 제닝스(Sydney Jennings)는 다음과 같이 썼다.

육질을 희게 하기 위해 사료에 철분을 빼고 공급할 필요가 있다는 주장을 뒷받침할 문서로 된 참고자료를 찾았다. 다음은 참고자료의 내용이다.

① 《농장과 전원》(Farm and Country) 1959년 9월 2일자의 식육용 송아지고기 생산에 관한 기사이다. 전 왕립 네덜란드 외교부 농업부문 담당관이자 현재 도싯(Dorset) 주의 풀(Poole)에 위치한 크리스토퍼 힐 사의 고문 바커 박사는 '육질이 흰 고기를 얻기 위해서는 경증의 빈혈 상태를 유지해야 한다'(80쪽)고 썼다.

② 이른바 '송아지를 위한 덴카비트 사료'를 제조하는 송아지 우유 대용품 제조업체인 크리스토퍼 힐 사의 1959년 9월 23일자 팸플릿에는 덴카비트가 철분 부족 사료라고 언급하고 있다.

③ 네덜란드의 송아지 우유 대용품 제조업자 트로 사는 〈송아지 비육과 사육〉(Fattening and Raising of Calves)이라는 팸플릿을 만들었는데 '철을 함유한 물을 피하라'(8쪽)고 쓰여 있다.

④ 《농부와 목축업자》 1960년 10월 25일자 64쪽에 메리 체리가 쓴 "안락한 송아지"라는 기사에서는 '철분 섭취는 엄격

하게 통제되어야 한다. 철분이 포함된 물도, 외부의 철분 원천도 제거해야 한다. 이를테면 모든 철제 부품에는 아연 도금을 해야 한다. 송아지에게 지금 당장 필요한 철분은 제공하지만, 체내에서 저장되어 과잉되는 것을 막고, 흰 육질을 망가뜨리지 않기 위한 목적'이라고 쓰고 있다.

앞에서 언급한 것에 비춰볼 때 이상한 점은 사료 회사, 송아지 농장주, 농무부의 공무원까지 3개월 동안 송아지에게 대체 우유만 먹이는 것이 송아지의 '자연스러운 식사'라고 장담하는 데만 급급하다는 것이다. 식육용 송아지가 자연스러운 식사를 하는 유일한 시기는 태어난 후 4일간 어미에게서 초유를 먹을 때뿐이다. 농부가 식육용 송아지고기로 키우기 위해 **구매하기 전까지의 기간이다.** 농부들은 송아지를 구입하는 단계에서도 잠재적으로 빈혈이 있는 송아지를 선택한다. 사료 회사는 생산자에게 송아지 고르는 방법에 대해 다음과 같이 조언한다.

> 송아지의 잇몸이나 입천장이 붉은 빛이면 안 된다. 눈 안쪽이 붉은 빛이어도 안 된다. 붉은 송아지로 시작해서는 육질이 흰 식육용 송아지고기를 키우기가 어렵다. 또한 꼬리 아래 부분도 확인해 봐야 한다. 붉은 것보다는 분홍빛이 좋다.

이것은 구식 네덜란드 방식이 아닌가? 〈타임스〉의 농업 담당 특파원은 이렇게 말했다.[14]

> 과거에 식육용 송아지 생산은 주로 토양 속의 철분과 목초가 부족하여 어미가 송아지에게 철분을 조금밖에 줄 수 없는 지역에서 번창했다.

우유 대용품 제조업체들이 '우유 대용품은 대부분 분유에 지방, 비타민, 미량의 영양소로 구성되어 있으며, 그 조합 공식을 뒷받침하는 원칙은 우유의 조합'이라고 주장하자 영국 농무부는 이렇게 논평했다.

> 제대로 제조된 우유 대용품의 비타민B 성분은 전유의 비타민B와 매우 다르다. 대부분의 제조업체는 비타민A, D, E와 같은 지용성 비타민을 유지방과 함께 제조 과정에서 제거하고 대부분 대체한다.

하지만 영국 수의학협회의 전 회장 제닝스의 말은 다르다.

> 송아지에게 학대일 수 있다는 논란이 시작된 후, 빈혈에 대한 논쟁이 약간 누그러지고 있다. 유명인사를 포함한 많은 사람들이 최근의 발언에 속고 있다. 송아지 우유 대용품 제조업자들은 이제 상품에 철분을 첨가해서 실제 우유보다 더 많은 철분을 포함한다고 말한다. 그 말은 맞다. **그러나 있는 그대로의 사실은 아니다. 우유의 철분 함량은 매우 낮아서 송아지들이 계속해서 우유를 먹으면 심각한 빈혈이 일어난다고 알려져 있다. 송아지에게 완전히 우유만 먹이는 것은 자연스럽지 않다. 아주 어렸을 때부터 송**

아지는 풀을 씹을 수 있다. 풀을 씹어야 충분한 철분을 섭취하고 빈혈을 예방할 수 있다. 네덜란드 사람들이 송아지에게 우유만 먹여 육질이 흰 송아지고기를 생산했을 때부터, 송아지를 감금해서 키우던 작은 상자에서 꺼내면 급사하는 일이 자주 있었다. 물론 송아지들이 상자에서 밖으로 나올 때는 바로 도축하러 갈 때를 말한다.

동물 사료 분석화학자들조차도 일반 분유보다 송아지 우유 대용품에 더 많은 철분이 들어 있다고 말하고, 사용 목적에 적절하다고 한다. 물론 사용 목적에는 적절하다. 송아지를 건강하게 하려는 목적이 아니라 빈혈을 일으키는 목적 말이다.

영국 의회에서도 똑같이 안이한 논평이 나왔다.[15]

> 개먼스(Gammans) 의원이 농무부 장관에게 몇몇 지역의 물에 철분이 부족하다는 것을 알고, 우유 대용품을 만드는 회사들에게 미네랄 영양 성분을 준수하도록 하는 규정을 입법할 것인지 물었다.
> 헤어(Hare) 장관: 하지 않을 것입니다. 송아지고기를 생산하기 위해 사용되는 상표 등록된 우유 대용품은 대부분 건조 탈지 우유가 기본입니다. 그러므로 기본적인 미네랄 성분은 자연의 전유와 매우 비슷합니다. 기타 미네랄은 첨가된다고 알고 있습니다.

일부 수의사들 또한 송아지의 온전한 영양식으로서 우유 대용품이 왜 부적절한지 깨닫지 못하는 것 같다. 다음은 영국 수의사 협회 신문과《수의학 기록》1960년 8월 27일자의 내용이다.

> 영국에서는 사료에 포함되는 우유 대용품에 의도적으로 미네랄을 제거했을 가능성에 대하여 우려가 계속되고 있다. 상세한 연구에 따르면 사실 여러 가지 이유에서 우유 대용품을 먹인 송아지가 전유를 먹여 키운 송아지보다 철분을 더 공급받는 것으로 보인다. 우유 대용품을 먹여 키운 동물의 전반적인 건강 상태를 보면 전유를 먹여 키운 동물보다 확실히 살이 더 찐다. 장애나 빈혈도 같은 수준을 보이지 않았고, 급사해서 손실되는 송아지의 수도 줄었다. 그러나 물에 낮은 철분이 함유된 지역에서는 우유의 철분 비율도 낮았는데, 철분 첨가제를 추가해 균형을 잡는 것이 동물 복지와 농부의 경제적 이익을 위해서도 바람직하다.

빈혈이 없어진 것이 아니라 덜 발생하는 것이고, 급사해서 죽는 송아지의 수도 완전히 없는 것이 아니라 줄었다고 주장하는 것을 우리는 알 수 있다. 바커 박사는 네덜란드의 우유 대용품인 덴카비트의 최종 생성물에 대해 흥미로운 언급을 했다. "우리는 **약간 빈혈에 걸린 건강한 송아지**를 키울 수 있고, 소비자가 원하는 고품질의 육질이 흰 식육용 송아지고기를 생산하고 있다." 크리스토퍼 힐 사에서는 덴카비트를 고기용 송아지가 태어난 지 8주가 될 때까지 먹이도록 설계된 우유 대용품이라고 소책자에서 설명한다. 이는 식육용 송아지에게 주는 것과 완전히 다른 제조법으로 만들어졌다.

> 덴카비트 사료는 송아지용 전지 사료로 최고급 성분을 처리·혼합했다. 가축에 필요한 모든 비타민과 특수 미네랄 복합체가 들어 있다. 다른 사료와 마찬가지로 '식육용 송아지에는 적합하지 않다.' 가축 사육과 식육용 송아지고기 생산은 전혀 비슷하지 않기 때문에 일반 사료를 사용할 경우 실패할 수 있다.

업체는 우유 대용품이 송아지가 건강하게 자라는 데 필요한 모든 것이라고 장담했지만, 우리가 분석 성분에 대한 자료를 요청했을 때 제조업체들은 하나같이 답을 하지 않았다. 업체들은 제조법은 기밀 사항이고 다른 업체가 알면 안 되기 때문이라고 설명했다. 그러나 알고 보니 그쪽 분야에서는 제조법을 모두 알고 있었다. 농무부조차도 시장에 판매되는 다양한 제품에 관한 자세한 정보는 관련 기업에서 받을 수 있다고 표기했다. 그러나 사실상 기업들은 성분 분석을 단호하게 거절했다. 결국 우유 대용품을 직접 수집해 뛰어난 네덜란드·영국 기업을 통해 분석 작업을 실시했는데, 표본들은 본질적으로 차이가 없었다.

나는 사육장에서 (태어난 지 약 나흘 된 송아지에게 먹이는) 60일 분량의 네덜란드산 사료를 가져왔다. 이 표본에 따르면 송아지는 하루에 7리터가 넘는 우유 대용품을 먹게 된다. 이것을 농축하면 우유 가루 1파운드와 물 6파인트인데, 즉 우유 가루를 1킬로그램 먹는 셈이다. 영국식으로 하면 생후 8주에서 9주 사이에 먹는 양이다. 가령 태어난

지 4일에 몸무게가 36~40킬로그램인 송아지라고 가정하면 사료요구율이 1.4:1이라고 할 때 송아지는 약 63~68킬로그램이 될 것이다.(이 수치는 물론 평균치이다. 생후 송아지의 무게는 각기 다르고 살찌는 속도 또한 다르다.) 다음은 송아지가 하루에 1킬로그램을 섭취했을 경우의 사료를 분석한 내용이다.

표 2 네덜란드 및 영국산 우유 대용품의 구성 성분

구성 성분	네덜란드산 우유 대용품	영국산 우유 대용품	150파운드(약 68kg) 송아지의 일반적인 요구량*
수분	111g	116g	
단백질	175g	250g	280g
지방	164g	118g	1~2퍼센트
탄수화물·섬유소	550g	457g	
광물질	60.5g	59g	
칼슘	10g	7.7g	11.0g
마그네슘	1.1g	1.3g	3.0g
나트륨	3.2g	5.4g	2.25g
칼륨	9.3g	12.4g	
인산염	17.8g	3.4g	9.0g
염화물(Cl)	10g	3.8g	5g 미만
유황(SO_4)	6.0g	극미량	
구리	0.6mg	27.0mg	18mg
니켈	0.2mg	9.0mg	
철분	34.0mg	30.0mg	225mg 또는 100lb당 56mg 손실 84mg
코발트	0.01mg	2.0mg	0.0
아연	8.0mg	35.0mg	
몰리브덴		1.0mg	

망간		11.0mg	37.0mg
비타민A	200IU	1,300IU	5,000IU
비타민B_1	0.2mg	0.8mg	
비타민B_2	0.4mg	3.0mg	100lb당 1.2~2.1
니코틴산	0.9mg	9.0mg	
비타민E (총 토코페롤)	2.5mg	5.0mg	22.5~225mg 불포화 지방량에 따라 달라짐
비타민B_{12}	60μg	20μg	34~67μg150lb 송아지에 매일 물 25lb를 주었을 경우

표 3 소 사육과 비육을 위한 하루 영양소 제안

몸무게	건조물	물	유지 에너지 +2lb	가소화 단백질 유지 +2lb				
					칼슘	인	망간	나트륨
100lb	1.5~3lb	10~20lb	4,500	0.55	10g	8g	2g	1.5g
200lb	6lb	20lb	5,250	0.70	12g	10g	4g	
300lb	8lb	30lb	6,250	0.85	13g	12g	6g	
400lb	11lb	40lb	7,250	0.95	14g	13g	8g	

* 출처: J.H.B. 로이, 사육 동물 사료의 과학적 원칙에 관한 콘퍼런스(1958)

* 참고로 체중 100lb당 미량 원소와 비타민은 다음과 같다. 구리 12mg, 철 150mg, 망간 2mg, 코발트 150mg, 카로틴 15mg,(비타민A 3mg), 비타민D 450IU, 비타민E 15~150mg(불포화 지방량에 따라 다름)

움직이지 못하는 송아지가 활발한 송아지보다 영양소가 덜 필요하다는 것을 감안하더라도, 분석된 자료를 보면 우유 대용품이 단백질·마그네슘·망간·비타민A·비타민E가 부족함을 알 수 있다. 네덜란드산 우유 대용품은 구리·비타민B_2가 부족하고, 영국산 우유 대용품은 칼슘·인·염화물·비타민B_{12}가 부족하다.

로이 박사는 이는 필요조건을 보여 주는 정확한 표가 아니라, 동물 건강을 위한 안전선을 제시하는 것이라고 강조했다.

사료에 든 미네랄에 대해 그는 다음과 같이 언급했다.

> 미네랄 허용량을 측정할 때 고려해야 하는 안전선은 최소 요구량보다 약간 많은 정도가 되어야 하는데, 그 이유는 소화기관에서 발생하는 미네랄들의 작용 때문이다. 한 미네랄이 다른 미네랄을 용해되지 않는 형태로 만들 수 있다. 이를테면 과도한 칼슘은 철분과 요오드의 흡수를 저해한다. … 구리·철분·망간·코발트·아연·요오드를 포함한 미량 무기물은 소에게 꼭 필요하다.

J.O.L. 킹은 자신의 책 『수의학적 영양학』(Veterinary Dietetics)에서 이렇게 말했다.

> 송아지에게 섬유질을 많이 먹이지 않고 우유만 주로 먹여 키우면, 철분과 구리 부족으로 빈혈이 빠르게 진행될 수 있다. 이 성분들을 (로이 박사가) 명시한 대로 소량 급이하면 빈혈을 예방할 수 있다.

우유 대용품에 깜짝 놀랄 만큼 적은 미량 무기물이 바로 철분이다. 로이 박사는 송아지에게 필요한 1일 철분량을 측정하는 것을 놓고 이렇게 말했다.

> 전유는 갤런당 2밀리그램의 철분을 포함하고 있는데, 송아지가 그렇게 섭취하지 못하면 빈혈이 진행된다. 블랙스터·셔먼·맥도널드[16]는 정상 헤모글로빈 값을 유지하고 충분한 간 축적을 달성하기 위한 철분의 순용량을 하루에 몸무게가 각각 450그램과 900그램 늘어날 때 약 25~50밀리그램으로 추산했다. 매트론[17]은 226킬로그램 정도 나가는 송아지가 혈액 100밀리리터에 10그램의 헤모글로빈 혈액 값을 유지하기 위해서는 하루에 1.2그램의 철분이 필요하며, 하루에 900그램 체중이 증가한다고 하면 추가로 16밀리그램의 철분이 필요하다고 계산했다. 이들이 계산한 총 요구량은 일반적으로 저장되는 철분의 허용량까지는 포함하지 않았다. 그중 30퍼센트가 이용된다고 가정하면, 송아지가 하루에 체중 900그램이 늘어날 때, 하루 약 56밀리그램이 되는데[18] 이는 블랙스터·셔먼·맥도널드(1957)가 계산한 하루 166밀리그램과 비교해볼 수 있다. 그러므로 하루 150밀리그램의 철분 섭취는 송아지가 최대로 몸무게가 늘어날 경우에도 충분히 요구량을 달성할 수 있다. 또한 토머스·오카모토·제이컵슨·무어[19]는 하루에 철분 100밀리그램은 중간 정도의 빈혈이 있는 송아지의 적혈구와 헤모글로빈 수치를 높여준다는 사실을 발견했다.

한때 F.S.M. 사(社)에 재직했던 윌슨(J. Wilson)은 식육용 송아지의 빈혈 관련 논쟁에서 의견 표명의 책임을 느꼈다. 윌슨은 《수의학 기록》 기사에서 언론에 분개하며 회사 입장을 설명했다.

> 전유는 갤런당 2밀리그램의 철분밖에 없다. 그래서 전유를 먹여 키운 송아지들이 철분 부족, 즉 빈혈로 죽는다. 태어났을 때 체내에 저장된 철분은 꽤 높다. 그러나 이는 어미의 식단에서 받은 영향이다. 우유 부산물을 건조하는 공정에서 적정량의 철분과 우유 대용품을 보강한다. 우리의 경우에는 30밀리그램의 건조 철분을 첨가한다. 송아지의 철분 요구량에 관해서는 알려진 바가 많지는 않으나, 하루에 체중 900그램이 늘어난다면 150밀리그램을 제안한다.[20] 150밀리그램이라는 수치는 체내에서 30퍼센트를 이용하고, 정상 헤모글로빈 수치를 유지하며 간에도 축적할 만큼 충분히 공급하는 것이다. 허용값이 없는 일반적인 총 소요요구량은 하루에 약 56밀리그램이다.[21] 설사 심각한 철분 부족 빈혈이 바람직하다 하더라도(사실 그렇지 않다) 어떻게 1킬로그램당 30밀리그램의 건조 철분이 든 우유 대용품을 먹여 12주 안에 그런 상태를 만드는지 알아내기란 어렵다. 금속 우리에서 키운 식육용 송아지 그리고 비슷한 사료를 주면서 나무 우리에서 키운 송아지는 지육에서 큰 차이가 없다.

식육용 송아지를 어릴 때 도축하기 때문에 간에 철분을 저장할 필요가 없다는 사실은 이미 알고 있다. 물론 어미 소의 식단에 따라 다르지만, 태어났을 때 간에 충분히 저장된 철분은 생후 6주까지 지속된다. 6주가 지나면 무엇을 먹는지에 따라 완전히 결정된다. 입맛을 잃고 무기력한 모습은 그 나이대의 송아지들에서 종종 발견되어 보고되는데, 이것은 철분 결핍과 관련이 있다. 아마도 그 나이에 처음으로 빈혈이 시작되는 것으로 추측된다. 앞의 인용문과 같이 철분을 저장하지 않으면 몸무게 45킬로그램당 하루 56밀리그램의 철분이 필요하다. 몸무게가 68킬로그램이라면 하루 84밀리그램이 필요하다. 분석을 의뢰한 두 기관에서는 34밀리그램 그리고 30밀리그램이라고 밝혔다. 윌슨이 재직했던 회사는 하루 권장량 84밀리그램 대신 30밀리그램이라는 수치를 내놓았다. 어떻게 이런 사실을 합리화할 수 있을까? 영국 농무부가 실험에 착수하고, 국립낙농조사연구소가 진행한 결과에 대해 농무부에 책임을 묻자 처음에는 빈혈이 있다는 사실과 혈액검사의 필요성을 부인했다.

> 농무부의 실험에서 사용된 송아지들의 혈액 검사는 실시하지 않았다. 또한 송아지들 외형 그리고 무엇보다도 생체중 상승을 가까이에서 지속적으로 관찰한바 빈혈에 걸렸다는 의심을 할 이유가 없었다.

이때가 1960년이었다. 그러나 1961년 농무부는 한 하원의원에게 편지를 썼다.

> 식육용 송아지 생산 실험을 국립낙농조사연구소와 왕립 수의

> 대학이 함께 수행하고 있다. 오로지 전유와 여러 우유 대용품을 먹여서 키운 송아지는 비육 기간 동안 약한 빈혈이 발생했다.

하지만 아무런 말이 없다가 1962년 12월 20일이 되어서야 내 친구에게 이렇게 털어놓았다.

> 송아지의 출생부터 도축까지, 생체중이 대략 113킬로그램 정도가 될 때까지 규칙적으로 혈액 검사를 실시했다. 혈액 내 헤모글로빈을 기준으로 보면, 보편적으로 빈혈이라고 할 만한 수치는 나오지 않았다. 이 실험은 국립낙농조사연구소와 왕립수의대학이 함께 수행하고 있다. 최소 수치는 도축 시 헤모글로빈 값 100밀리리터당 7밀리그램부터 100밀리리터당 5그램 사이로 다양하다. 이 결과는 물론 요청된 동물의 문제 수준을 고려하여 평가되어야 한다.

1963년 3월 15일에는 빈혈의 종류에 대해 더 자세히 설명했다.

> 고품질 액상 사료를 먹인 송아지의 혈액 내 헤모글로빈 수준은 일반적으로 초기 100밀리리터당 약 12그램 수준에서 떨어진다. 도축 시 헤모글로빈 수준은 사료에 따라 100밀리리터당 5~7그램이다. 사료로 인해 발생한 빈혈은 철분 보충제에 반응하는 간단한 영양성 빈혈이다.

이학사이자 박사, 왕립 화학회 회원, 생물학회 회원이며, 생화학자인 레지널드 밀턴(Reginald Milton) 박사는 두 가지 분석을 실행했는데, '네덜란드식'의 분석을 마치고 다음과 같이 썼다.

> 사료에 골격 형성 미네랄이 풍부하고, 대부분의 미량 영양소들이 충분히 함유되어 있더라도, 확실히 철분은 부족하다. 또한 모든 비타민B군과 비타민A도 부족하다. 일반적으로 송아지는 태어날 때 비타민B군을 몸속에 지니고 있는데, 이는 후에 우유와 풀, 건초 등으로 보충할 때까지 존재한다. 위의 활동이 바뀌면 이들 비타민은 미생물학적인 활동으로 체내에서 생성된다. 만약 이런 성분들이 사료에서 배제되면(육계를 키우는 방식) 결국에는 비타민B의 부족과 그 결과가 뒤따르게 된다. 비타민B_{12}의 뚜렷한 결핍과 그에 결부된 철분의 결핍은 반드시 빈혈이라는 결과로 돌아온다. … 이 제품에 관한 내 의견은 권장 사육 환경에서의 사료 급이는 송아지에게 만성적인 빈혈과 다른 비타민 결핍 증상을 발생시킨다는 것이다.

한 유명 수의사는 네덜란드에서 식육용 송아지들을 도살하기 위해 우리에서 꺼낼 때 빈혈로 급사하는 일이 종종 있다고 언급했다.

> 송아지 사료 제조업체는 우유 대용품에 철분을 더해야 한다. 심각한 빈혈로 송아지들이 급사하는 것을 예방할 수 있도록 충분한 양을 첨가해야 한다.

그러면서 송아지 사료회사에 소속된 동물 영양학자들이 수의사 회의에서 언급한 말을 덧붙였다. "우리는 이 빈혈을 통제해야 한다." 이 말은 과도한 빈혈을 억제해야 하는 것은 물론이고, 과도한 철분 섭취도 조절해야 한다는 뜻이다. 철분을 사료로 충분히 공급할 수 있으며, 몸이 원하지 않는 것은 장을 통해 배출되어 버린다는 사실은 널리 알려져 있다. 송아지 사료회사는 영국 남부의 모든 지역 물을 실험하는데 오랜 시간이 걸렸다고 공식적으로 언급했다. 이와 같은 실험은 최소 철분 함량을 찾기 위해서는 당연히 필요하지 않다. 왜냐하면 그냥 음식에 철분을 많이 넣으면 되기 때문이다. 수원을 실험한 이유는 물속에 너무 많은 철분이 들었는지를 알아보기 위해서였다.

여기서 나는 흥미로운 점을 발견했다. 우유를 먹여서 키운 송아지와 우유 대용품을 먹여 키운 송아지의 지육에 분명한 차이점이 있는지 알아보기 위해 농무부가 실험을 실시한 농장 일곱 곳이 송아지 보조금을 받았는지 확인해 보니, 어느 곳도 찾을 수 없었다.[22] 농무부는 전유를 먹여 키운 송아지가 극심한 빈혈에 걸렸고 자주 죽었다고 몇 번을 확인해주었다. 그렇다면 우유 대용품을 먹여 키운 송아지의 지육이 같은 색이라면, 송아지들은 같은 빈혈에 걸렸던 것일까? 국립낙농조사연구소의 실럼(K.W.G. Shillam) 박사의 말을 들어보자.[23]

> 네덜란드에서 사용하는 우유 대용품은 철분 함량이 낮다. 그 이유는 물 때문이다. 우물에서 채취한 물은 철분이 풍부하다. 그러나 영국 남부의 상수도 물은 철분 함량이 매우 적거나 없는 것으로 보인다. 그러므로 영국에서 사용되는 우유 대용품

> 을 제조할 때는 임상적 빈혈 증상이 나타나는 것을 막는 안전 장치로써 약간의 철분을 더해야 한다. 특히 송아지를 감금식 나무 상자에서 키우는 경우는 더욱 그렇다.

하지만 박사는 이렇게 지적했다.

> 현재 생산자가 받을 수 있는 가격을 결정하는 가장 큰 요인은 육질의 백색성이다. 송아지가 철분의 공급처인 녹슨 양동이 고리나 철문 같은 부품, 농후 사료 같은 고형 사료에 접근하지 않도록 하는 것 말고도 쉽게 할 수 있는 일이 또 있다.

박사는 결론적으로 이렇게 말한다.[24]

> 고열량 우유 대용품은 철분이 적절하게 균형 잡혀 있다. 그래서 송아지들이 임상적인 빈혈 증상을 보이는 것을 예방할 수 있다. 그러나 다른 한편으로는 육질을 과도하게 붉게 만들 정도로 많지는 않다.

어쩌면 나는 이 연구를 접어야 할지도 모르겠다. 갑자기 죽어버리기 전까지 완전히 정상으로 보였던 네덜란드의 송아지들을 떠올려 본다.

송아지들은 임상적으로 빈혈이었다!

네덜란드에서는 식육용 송아지의 성장을 촉진하기 위해 호르몬을,

질병을 예방하기 위해 항생제를 자유롭게 사용해, 송아지들의 무분별한 성장을 용인한다.

> 네덜란드에서는 식육용 송아지에게 성장촉진제로서 호르몬을 사용할 수 있다. 그리고 성공적인 식육용 송아지 생산을 위해서는 항생제를 필수적으로 사용해야 한다는 다수의 의견도 있다. 호르몬과 항생제를 사용함으로써 영국에서도 송아지고기의 생산이 성공적인 것으로 보인다. 특히 사육 조건이 좋지 않은 상황에서는 항생제 내성이 발생할 위험이 적다.[25]

마침내 식육용 송아지에 사용하는 항생제가 영국에서도 허가됐다. 항생제 금지 조항을 제외한 제안이 1962년 가을에 제출된 것이다. 이 제안 전에도 송아지 사육 농부들은 항생제를 질병 억제를 위해 사료에 첨가하는 방식으로 사용할 수 있었다. 이제는 항생제를 더욱 자유롭게 사용할 수 있게 된 것이다.

"도대체 누가 고기용 송아지 키우는 게 손해가 없다고 그러죠?"

송아지를 사육하는 농부가 나에게 소리를 질렀다.

"말도 안 됩니다! 송아지를 키우는 건 엄청나게 힘이 듭니다!"

고기용 송아지 사육은 끊임없는 시행착오의 연속이라는 것을 알고 있다. 조명 강도에 대한 오해도 여전히 계속되고 있고, 시설마다 의견이 분분하다. 바커 박사는 송아지를 어두운 곳에서 키우는 것은 아마도 어두운 곳에서 자라는 식물의 색이 바래거나, 죄수들의 피부색이 창백한 데서 시작된 생각인 것 같다고 말했다. 사육장을 완벽하게 어둡게 만드는 일은 지금은 필요하지 않은 것으로 보인다. 그렇지만 네덜란드에서는 아직도 어두운 조명이 필수적이다. 사육장을 어둡게 하는 데는 여러 이유가 있으나, 그중 주요한 이유는 송아지는 가만히 앉아 있어야 하며, 밝은 빛이나 햇빛 아래서 움직이면 에너지를 낭비할 수 있다는 것이다.

> 어두운 조명이 육질이 흰 고기를 생산하는 데 도움이 된다는 증거는 아무것도 없다. 직사광선을 피하게 해주면 송아지는 평범한 빛 아래서도 가만히 앉아서 쉴 것이다.[26]

사육장을 어둡게 하는 또 다른 이유는 파리가 덜 꼬인다는 생각 때문이다. 그러나 네덜란드의 동물사육 및 고기생산협회에서는 송아지를 아주 밝은 곳에서 키우면 어두운 곳에서 키우는 것보다 사료요구율이 약간 좋아지고, 어두운 곳이 밝은 곳보다 파리가 두 배 더 많았다는 사실을 발견했다. 다음은 《농부와 목축업자》 1960년 9월 13일자에 실린 사진에 덧붙인 설명이다.

> 온통 파리이다. 이 사진을 자세히 보면 파리 수백 마리가 죽어서 홈통에 있는 것을 볼 수 있다. 유명한 파리약의 내성은 모두 네덜란드에서 키워지나 보다.

이 주제에 대해서는 나중에 더 이야기할 것이다.

한 수의사는 옆면이 꽉 막힌 상자 안에서 사육되는 송아지의 끔찍한 삶에 대해 이렇게 말했다. "사실 송아지는 완전히 어두운 곳에 있게 되면 초조해하고 불안해한다. 자신이 소들 무리에 속해 있다는 확신을 잃는 것이다."[27]

바커 박사는 송아지고기 생산에 대해 쓰면서 이렇게 말했다.[28]

> 송아지는 집단생활을 하는 동물이다. 다른 송아지와 함께 있지 않으면 불안하고 불행하다. 이 점은 매우 중요하다. 송아지가 모든 것을 볼 수 있도록 한 현대식 목장에 들어가 보면 송아지들은 사람들에 크게 신경을 쓰지 않는다. 놀라게 하려고 갑자기 양동이를 걷어차도 말이다.

도살 담당자는 도축장에서 송아지가 겁내는 유일한 순간은 송아지가 무리 중에 마지막으로 죽게 될 때라고 내게 말했다. 송아지들은 모여 있으면 한 마리씩 사라지는 것을 눈치채지 못하는 것 같다고 했다.

몇몇 농부들에게는 성분이 부족한 사료가 또 다른 오해를 일으킬 수도 있다. 어쩌면 농부들은 이런 오해의 원인과 관련한 복잡한 내용을 모르거나 아니면 정말 능력이 부족한 것인지도 모른다.

> 많은 농부들은 송아지 사료에 일부 미네랄과 비타민이 부족하다는 사실을 알지 못한다.(송아지 사육 농부에게 들은 말이다) 농부들은 제조 사료를 사용하는데, 대부분 판매자들의 압박이나 광고 때문에 사는 것이다. 우리가 음식을 사는 방식과 같다. 우리 또한 자세한 성분 분석을 묻고 따져 사지 않는 것처럼 말이다.

송아지는 자신의 삶 절반을 황량하고 지루하게 보내고 도축장으로 간다. 송아지는 다른 동물처럼 8시간 이상을 계류장에서 기다리지 않는다. 도살 담당자는 식육용 송아지의 특별한 식단을 맞출 수가 없기 때문에 송아지가 도착하자마자 도살한다. 비유대인이 운영하는 도축장에서는 전기 충격기 또는 '인도적인 충격기'를 모두 사용한다. 참수한 후 피부 아래에 공기를 주입하고 지방을 약간 넣어서 '매력적인' 외모를 만든다. 유대교 율법에 따라 만든 도축장에서는 뒷다리를 묶은 후 목을 베어 출혈로 죽을 때까지 매달아 둔다.

완제품은 어떨까?

정말 가치가 있는 걸까?

덴마크의 농업 담당관에 따르면 대중은 그렇게 생각하지 않는다고 한다. 대중은 자연스럽게 키운 약간은 불그스레한 소고기를 선호한다고 한다. 네덜란드 내에도 흥미로운 논의가 있다.

> 육질이 희다는 건 품질의 기준 측면에서는 많이 중요하지 않다. 그와 같은 극단적 정도의 제한은 거의 필요가 없다. 네덜란드 국내 시장에서는 송아지고기를 수출하는 다른 나라보다 흰 육질에 대한 고집이 덜해지는 것 같다.[29]

한 정육업자는 내게 정육업자 백 명 가운데 네덜란드산 송아지고기를 먹는 사람은 한 명도 없다고 말했다. 정육업자들은 품질이 좋은 고기를 선호한다고 한다. 갑자기 4개월 된 송아지를 키우기로 결심한 한 농부는 송아지를 키워 도축했는데, 육질은 식육용 송아지로 키운 송아지의 육질보다 색이 어두웠지만, 그가 먹은 고기 중에 제일 맛있고 부드러웠다고 말했다. 이 고기는 러너(runner)라는 이름으로 유통되는데, 위스콘신에서 실시한 실험의 몇 가지 연구 결과가 이를 뒷받침하고 있다.

> 현재 생산자에게 지불되는 가격을 결정하는 가장 큰 단일 요인은 육질의 백색성이다.[30] … 흰 고기에 대한 수요는 요리의 질이나 맛, 부드러움 때문에 있는 것이 아니다. 위스콘신에서 실시한 실험은 우유를 먹여 키운 송아지에게 철분과 구리를 보충하면 더욱 부드러운 육질을 생산한다는 것을 보여 준다. 백색성은 단지 고기를 보기 좋게 하고, 고기 속에 든 뼈를 볼 수 있고, 우유만 먹여 키운 송아지임을 소비자에게 보여 주는 것뿐이다. 배급 제도는 이 백색육에 대한 케케묵은 관념을 주된 목적으로 정하고 있다.[31] 그들은 말한다. '주부는 반드시 흰색 송아지고기를 삽니다', '주부는 빨간 송아지고기는 안 사요.'

여기서 《농부와 목축업자》 1960년 9월 13일자에 R. 트로스미스가 네덜란드를 방문해서 식육용 송아지 사육에 대해 쓴 글 중 마지막 말을 인용하고자 한다. "나라면 송아지를 저렇게 키우지 않겠다. 내가 키우는 가축으로 이윤뿐만 아니라 행복을 얻고 싶다."

06

기타 밀집식 사육 시설

ANIMAL MACHINES

앞에서 육계와 배터리 케이지에서 사는 산란계의 삶에 대해 자세히 쓴 이유는 이 두 가지가 거대하고 체계화된 축산업을 대표하고 있기 때문이다. 하지만 이렇게 공장식 농장에 가두어 키워지는 동물의 수는 어마어마하고 그 목록은 계속해서 늘어나고 있다. 칠면조, 오리, 메추리, 토끼, 돼지, 식육용 송아지가 포함됐고, 양까지 가두어 키우려는 실험이 착수됐다. 우리는 시골에 봄이 오면 들판에 나와 있는 동물의 모습을 보는 즐거움을 잃어가고 있다. 식육용 송아지 산업에 대해서는 상세한 토론이 필요하다. 편안함과 건강 두 가지를 모두 박탈당한 송아지의 상황은 믿기지 않을 정도이다. 양계 산업에 비교하면 규모가 작아 보이지만, 식육용 송아지 축산 시스템의 세부 사항들이 일반 고기용 송아지까지 확장되어 적용되고 있다.

구이용 소고기

한때 소고기용 송아지들은 밀집식 사육으로부터 안전했다. 닭처럼 낮은 사육 수준의 표준화를 적용하지 않은 품질 좋은 고기를 생산한다는 명성이 장점이 되었기 때문이다. 그러나 우리는 슈퍼마켓이 주부들의 요구 때문에 송아지를 닭처럼 키울 수밖에 없다고 주장할 것이라고는 생각하지 못했다. "저렴하고 균일한 연분홍색 소고기는 식품 진열 선반에 육계, 냉동 생선과 함께 놓였을 때 경쟁력이 있다. 소고기는 노출될수록 색이 짙어지므로 연분홍색으로 시작해야 한다."[1] 과거에는 소고기용 송아지에 가장 좋은 목초를 먹이면서 2~3년 정도 걸려 키웠다. 그러나 요즈음에는 슈퍼마켓의 요구를 만족시키는 소고기용 송아지를 키우는 데 11~13개월 정도밖에 안 걸린다. 이 송아지는 가벼워서 385킬로그램 정도가 되면 도살한다. 물론 정해진 시간 내에 이 무게에 도달하려면 어느 정도 송아지를 제한하는 사육방식이 필요하다.

시스템은 농장에 따라 다양하다. 많은 농부들은 여전히 소가 잠시라도 풀을 뜯게 해야 한다고 믿는다. 어떤 농부는 송아지들을 마당에서 키우기도 하고, 한쪽 또는 양쪽이 열려 있어 공기가 잘 통하는 커다란 헛간에 가둬놓고 키우기도 한다. 구이용 소고기로 얻을 수 있는 이익의 매력은 점점 강해져, 환경이 제어되는 사육장 속으로 송아지들을 집어넣고 움직일 수 없을 만큼 꽉 채워 키우고 있다.

영국에서 '보리 비육 소'와 구이용 소 분야에서 선구자적 위치에 있는 로윗 연구소에서는 미국식 가축 비육장을 표본으로 잡고 있다. 존 체링턴(John Cherrington)은 이렇게 썼다.[2] "영국의 비육방법은 상당히 잘못됐다. … 미국에서 비육되는 소는 순종 육우이다. … 방목해서 키우다 도축되기 4개월 전에 마당에 가둔다. … 기억해야 할 중요한 점은 미국은 저렴한 방목 환경을 기본 골자로 소들을 키우는데 그 이유는 어미 소의 우유 때문이다." 체링턴은 이를 영국 시스템과 비교해 설명했다. "송아지는 절대 밖으로 나갈 수 없고, 대부분 짚 위에 앉지도 못한다. 송아지들이 필사적으로 섬유소를 찾을 때만 짚을 먹을 수 있다. 그리고 농후 사료는 너무 묽다. 많은 송아지들이 슬랫 바닥 위에서 키워진다." 영국의 비육장은 한 번에 2천 마리의 송아지를 보유할 수 있도록 설계되어 있다. 한 농장이 이 수치를 달성했는데, 일반적으로는 5백 마리 또는 1천 마리 규모의 비육장이 대부분이다.

슬랫 바닥으로 된 사육장은 일반 비육률보다 2배 정도 더 비육하는 것으로 생각된다. 그리고 어떤 시설은 송아지를 75센티미터 정도 되는 공간의 중앙에 묶어 둔다. 이 광란하는 듯한 '사료를 고기로' 만드는 기술은 식육용 송아지를 삼켜버렸고, 이제는 불행한 육우들에게 퍼지고 있다. 1963년 로열 쇼(Royal Show)를 방문해 생산자들과 보리 비육 소고기에 대해 토론한 로런스 이스터브룩(Laurence Easterbrook)은 어떤 방식은 6장에서 이야기한 식육용 송아지의 사육 환경을 정확하게 따라 하고 있다고 〈데일리 메일〉에 썼다.

> 송아지들이 태어난 지 3일이 되면 작은 우리로 옮긴다. 그리고 11개월이 되어 도축할 때까지 절대 그 우리를 떠날 수 없다. 우리에는 짚이 없고 송아지들은 슬랫 위에 서 있어야 한다. 배설물은 구덩이로 떨어진다. 성숙해진 후에도 1.5제곱미터, 다시 말해 243센티미터×67센티미터 공간 안에서 살아야만 한다. 나는 이 시설을 실제로 본 사람과 이야기를 나눴다. '그건 정말 악마 같은 짓입니다. 송아지들은 슬랫 바닥을 싫어합니

다. 슬랫 바닥 위에서 미끄러져 무릎을 찧습니다. 한 달이 지나면 악취가 형언할 수 없을 정도입니다.'

《파밍 익스프레스 서플리먼트》(Farming Express Supplement) 1961년 12월호는 농부들에게 전자동 소고기 생산 시스템의 장점을 늘어놓았다.

사료 시스템은 여러 가지가 있다. 기본적으로는 대부분 먹이통 길이의 오거(나사송곳)가 작동하는 원리이다. 이 시스템을 이용하면 거세한 수송아지 3백 마리를 20~30분 안에 먹일 수 있다. 목축업자들이 해야 할 일은 기계의 시작과 정지 버튼을 누르는 것뿐이다. 자동 급이 시스템을 논리적으로 확장하면, 동물을 슬랫 바닥 위에 올려놓고 배설물을 긁개로 먹이통의 앞쪽으로 긁어 탱크에 집어넣는다. 그리고 거기에 물을 섞어 걸쭉한 혼합물로 만든다. 이 혼합물을 레인 건(rain gun) 관개시설로 들판에 다시 뿌린다. 여기까지가 자동 급이 시스템의 한 주기이다.

1963년 5월 9일자 〈파이낸셜 타임스〉를 보면 토지소유자협회가 설립한 새로운 소 사육시설 경연대회의 특별상 수상에 대한 보도를 볼 수 있다. 기사에서 심사위원들은 사육시설에 대해 "새로운 원형들이 탄생하는 것 같다. 모든 출품작 심사 중 가장 어려웠던 점은 **극도의 밀집사육과 유기농업의 완전한 단절을 결합하는 것이었다**"라고 말했다.

사육시설은 육계 사육시설과 같은 선상에서 설계됐다. 송아지들은 태어난 지 3일 만에 감금되고, 11개월에 도살될 때까지 그곳에서 지낸다. 사육장에는 짚이 필요 없으며, 콘크리트 바닥과 기계적인 급이 시설과 배설물 처리 시설이 있을 뿐이다.

로웻 연구소의 프레스턴 박사는 타이머로 작동하는 자동 급이 시설을 구상하고 있다. 그러면 주말에 일할 필요가 없어진다. 이 장치는 가축을 생명이 있는 동물이 아니라 단지 이익을 창출하는 소모성 기계로 생각하는 농부와 축산인에게 이상적인 시스템이다. 사료회사들은 이제 가축용 사료만 파는 것이 아니라 사료와 관련된 축산 시스템도 판매한다. 이는 많은 고객들을 특정 농업 분야로 끌어들여 수익이 낮아질 수 있다는 위험이 있다. 그러나 암소는 닭만큼 빠른 속도로 새끼를 생산할 수 없기 때문에, 송아지에게는 사소한 위험에 지나지 않는다. 비육장의 송아지 사료는 주로 짚을 섞은 농후 사료가 기본이고 조사료를 먹을 수는 없다. 슬랫 바닥을 사용하지 않은 곳은 짚보다는 톱밥을 추천하는데, 이는 송아지가 톱밥은 씹을 수 없기 때문이다.

로웻 연구소의 프레스턴 박사가 발전시킨 로웻 시스템은 송아지에게 거의 보리만을 급이하고 있는데 여기에 미네랄과 비타민, 항생제, 안정제와 호르몬을 첨가한다. 이 방법이 지금 널리 사용되고 있다. 건초나 다른 섬유질을 섭취하면 보리 먹인 송아지의 체중 증가가 느려진다고 생각하기 때문이다. 호르몬은 송아지의 몸무게를 약 15~25퍼센트까지 늘려준다. 그리고 도축 전 마지막 3개월간은 농후 사료만 먹인다. 이 부분은 책의 후반부에서 더 깊이 논의하겠다. 안정제는 송아지를 얌전하게 하기 위하여 쓰이는 일반적인 방법이다. 일부 육우 송아지들은 평생 한 번도 햇빛을 보지 못하고 '송아지들의 성장을 촉진하고 느긋하게 지낼 수 있는 어두운 우리'에서 갇혀 지낸다.[3]

프레스턴 박사는 이렇게 말한다. "아마인 같은 깻묵 따위는 로윗 실험에서는 절대 쓰지 않는다. 털에 윤기가 난다고 해서 이익이 더 생기는 것은 아니다."[4] 최근의 보고서에 따르면 송아지들은 털에 윤기가 없는 것에서 그치는 것이 아니라 일부는 시력을 잃었으며, 많은 송아지가 간에 손상을 입었고, 모두 어느 정도 폐렴을 앓고 있다고 한다. 그러나 이들은 모두 도축장에서 최고 등급을 받았다. 생산자들이 지금 육우를 키우기를 주저하는 주요한 이유는 아마 보리 가격이 올라가면, 송아지의 가격도 올라갈지 모르기 때문일 것이다. 프리지아종 젖소는 이런 조건에서 다른 종보다 더 빨리 체중이 는다는 사실이 밝혀졌는데, 그리하여 프리지아종 젖소가 모자랄 가능성이 있다. 거의 보리만 급이하는 사육방식은 위와 같은 위험성이 있으므로, 농부들이 이 방식이 가축에 미치는 영향을 더 빨리 알게 되기를 바란다. 밀집식 사육이라는 방법이 더 깊이 파고들기 전에 말이다.

토끼

구이용 토끼 산업은 1959년 시작된 이래 서서히 증가해 1963년에는 한 해 5천 2백만 마리에 이르렀다. 구이용 토끼 고기는 정육점이나 슈퍼마켓에서 판매하는데, 특유의 창백한 색과 육질의 부드러움으로 육계, 송아지고기와 함께 고품질 마크를 나누어 달고 있다.

축산업에서 가장 먼저 알아야 하는 것은 해당 동물이 높은 이익을 창출할 수 있는 잠재적인 특징들을 갖고 있느냐 하는 것이다. 물론 그중에서 가장 중요한 것은 '생존 가능성'이다. 어미 토끼가 새끼를 많이 낳아도 새끼를 여러 번 낳을 수 있을 만큼 견디지 못하면, 어미 토끼를 키우는 것은 쓸모가 없다. 따라서 폐사율을 낮게 하면서 사료를 고기로 전환하는 것을 핵심 목표로 하는 오늘날의 밀집식 사육은 한층 압박이 심해졌다. 또한 토끼는 좋은 털을 가지고 있다. 고기용 토끼에서 나오는 털가죽은 대부분 모자 산업에 쓰이는데 색깔이 들어간 털은 4펜스지만, 완전히 흰 털가죽은 1실링에 불과하다.

지금까지는 토끼 고기를 생산하기 위해 밀집식 사육을 하지 않았으나, 연구소에서 사용되는 토끼를 대기 위해 오랫동안 밀집식 사육과 비슷한 환경에서 사육해왔다. 산업계는 이를 연구한 결과를 바탕으로 유용한 정보를 많이 가지고 있다. 그럼에도 사육장 내 토끼의 폐사율은 매우 높고, 체중 1.8킬로그램을 채 넘기지 못하고 8주도 안 되어 죽는 경우가 3분의 1 정도로 추산된다.

토끼 사육 시설은 한눈에 보기에 닭의 배터리 케이지와 비슷하다. 90센티미터×90센티미터 혹은 120센티미터×60센티미터짜리 케이지에 뒷면은 막힌 벽이고 그 안에 어미 토끼와 새끼들이 있다. 사육장 앞쪽에 있는 먹이통에는 펠릿이 들어 있고 물은 급수기에서 빨아 먹어야 한다. 이동식 둥지 상자의 딱딱한 바닥에 짚을 깔아서 어미 토끼와 털 없이 태어나서 들리지도 않고 보이지도 않는 아주 작은 새끼 토끼들을 편안하게 지낼 수 있게 한다. 둥지 상자를 들어내면 모든 것이 철망 위에 있다. 철망은 토끼에게 그리 편안하지 않다는 사실이 이미 증명됐지만, 철망에서 배설물이 통과해서 떨어지기 때문에 케이지를 깨끗하게 유지할 수 있고 생산자는 노동력을 아낄 수 있다. 다른 이야기도 있다.

> 철망 위에서는 일상적인 움직임이 덜했다. 이는 성체의 건강을 반영하는 것일 수도 있다. 비절의 상처는 더 흔하다. 유점소장염(mucoid enteritis)이라 불리는 질병은 더 위험하다. 수태는 막힌 바닥에서 키울 때보다 겨울에 더 낮은 편인데, 이는 어미 토끼가 짝짓기에 더 소극적으로 되기 때문이다. 전체가 막힌 바닥 토끼장이 더 편안하고 더 많은 일상적인 움직임을 보이며, 비절의 상처도 문제가 될 정도는 아니다. 위생 문제도 짚을 자주 갈아 주면 해결된다. 항콕시듐증 제제를 꾸준히 사용하는 것이 필수적일 것이다. 철망 바닥보다 막힌 바닥에서 겨울철 수태가 더 높았다.

사정이 이러하니 '토끼를 철망 바닥에서 키우다 번식 때는 막힌 바닥으로 바꿀 수 있을 것'이라는 절충안이 나오기도 한다.[5] 일부 사육장에서는 이런 절충안을 따르고 있다. 새끼는 평균 8마리이고 3~4주 사이에 젖을 뗀다. 그리고 다른 토끼들과 함께 집단 사육장으로 옮긴다. 여기 사육장에서는 한 곳당 16마리의 토끼를 키운다. 새끼를 데려가고 2~3일 후에 어미 토끼는 다시 수태를 준비한다. 어미 토끼는 약 2년간 10번에 가까운 비정상적으로 높은 번식 프로그램을 수행해야 한다. 만약 어미 토끼가 이런 번식 프로그램을 수행하지 못하면 이익을 창출하지 못하는 것으로 간주한다. 흥미로운 점은 수토끼 또한 제 밥값을 해야 한다는 것이다.

> 수토끼에게 주는 사료의 양은 교배하는 암토끼의 수에 따라 다르다. 건초와 물은 언제나 먹을 수 있다. 그러나 나머지 배급은 번식 성과에 따라 즉흥적으로 주거나 제한한다.[6]

사육장을 어둡게 하는 것은 토끼에게는 권장 사항이 아니다. 햇빛이 들어오지 않는 사육시설에는 인공 조명을 설치한다.

산란계의 배터리 케이지 사육이 금지된 곳이라 내가 너무나 좋아하는 덴마크에서는 구이용 토끼 산업이 백여 년간 번창하고 있다.

돼지

돼지는 아마도 모든 가축 중에 가장 괄시받는 동물일 것이다. 사실 돼지는 고지식할 정도로 깨끗하고 활기차며 지적인 동물이다.

돼지는 피부가 질기고 땀샘이 부족하다는 사실을 많은 사람들이 잘 모른다. 게다가 피부를 감싸고 있는 지방층이 단열재 역할을 해서 온도가 높은 환경에서는 낮은 체온을 유지하기가 어렵다. 따라서 돼지는 사육시설이 적절한 곳이 아닌 경우에는 피부를 적실 수 있는 물이나, 햇빛으로부터 피부를 보호하기 위해 진흙을 찾는다. 진흙투성이 돼지는 동물의 선천적인 성격을 보여주는 것이 아니라 가축 관리인의 자질이나 농부의 돼지에 대한 이해도를 보여주는 것이다.

덴마크 사람들은 돼지가 휴식할 구역과 분리된 화장실이 필요하다는 것을 맨 처음 깨달았고, 덴마크식 양돈장은 국제적인 명성을 얻었다.

요즘은 돼지를 인공적인 밀집식 환경에서 키우는 게 유행이다. 이런 경향은 비록 현대식 돼지 사육의 폐단까지는 아닐지라도, 영국의 돼지들에게 닥칠 운명을 너무나 분명하게 보여주는 것이다. 어떤 농부들은 돼지를 오직 사료를 고기로 바꾸는 효율성의 기준으로만 보고, 애정이라곤 찾아볼 수 없다. 이와 동시에 이익을 창출하는 데 기여하지 않는다는 이유로 돼지 사육장의 사소한 것들도 함께 사라졌다.

이렇게 사라진 것들 중 첫 번째는 별도로 마련된 먹이통이다. 농부들은 사육장에 먹이를 뿌려 주는 것이 많은 장점이 있다는 사실을 발견했다. 모든 돼지에게 충분한 공간이 있으므로, 서로 괴롭히지 않고 돼지들이 각자 비슷한 양을 먹었다. 돼지들이 먹이를 먹으면 바닥이 아주 깨끗해져 생산자의 노동력을 줄일 수 있다. 그리고 아마도 가장 큰 이유는 같은 크기의 공간에 훨씬 많은 돼지를 넣을 수 있다는 점일 것이다. 왜냐하면 각각의 돼지에게 필요한 먹이통 공간이 필요 없기 때문이다. 노팅엄 농장 연구소에서 실시한 연구를 보면, 3.3미터×1.8미터 크기의 사육장에는 먹이통과 함께 돼지 11마리를 사육할 수 있다. 그러나 바닥에 먹이를 뿌려 주면 어린 돼지 30마리 또는 다 자란 돼지 18~20마리를 사육할 수 있다.

> 이렇게 높은 수준의 비육이 가능한 이유는 밀집된 환경에서도 바깥 화장실에서 자는 돼지가 한 마리도 없게 돼지를 돌보았기 때문이다. … 돼지 몇 마리가 알 수 없는 이유로 죽었는데,

> 고밀도 비육과 연관 있는 스트레스 환경이 원인일 수 있다. 이렇게 죽은 돼지들은 높은 총 생산으로 얻은 추가 수익에 아무런 영향을 끼치지 못했다.[7]

돼지 사육장의 환경은 너무 먼지가 많아서 사육사에게 불편한 것처럼 보이는데, 이런 환경에서는 바이러스성 폐렴에 걸리지 않은 돼지들만 생존할 수 있다. 새끼 돼지들이 앞으로 닥쳐올 밀집식 사육 환경에서 견뎌낼 수 있으려면 젖을 뗄 때까지 야외 사육이 중요하다는 사실이 두고두고 강조된다.

여기서 다시 한 번 과학이 돼지 사육자를 돕는 기술을 선보여 훌륭한 가축 관리자의 자질을 대체한다. 이 기술은 돼지의 자궁을 절제하거나 새끼 돼지들이 든 채로 자궁을 적출하는 것이다. 새끼 돼지를 적출한 후 불임 인큐베이터에서 14일간 키운 다음 5주 후에 농장으로 보내면 그 돼지들은 다른 돼지와의 접촉이 없는 한 감염되지 않는다. 이 돼지들은 감염되지 않은 새로운 돼지 무리의 토대가 된다. 자궁절제술은 미국에서 시작됐는데 미국의 돼지 관리자의 자질은 낮기로 악명 높다. 영국 가축 관리자의 자질과 기술은 훨씬 높은 편으로 조금 노력하면 질병을 통제할 수 있다. 하지만 노력을 하고 있는 걸까?

돼지 먹이통을 없애는 것 외에도 화장실을 없애 공간을 절약하려는 움직임이 일고 있다. 돼지의 배설물은 사육장 옆 판자로 덮인 배설물 수로로 내려가거나, 사육장 바닥을 약간 기울어지게 만들어 돼지의 배설물이 가장 낮은 곳으로 흐르게 해 파이프를 통해 건물 바깥에 있는 배설물 탱크로 흘러 들어가게 한다. 최신 사육 방법은 북아일랜드 지역에서 가장 널리 사용되고 있는데, 사람들은 이것을 사우나 양돈장이라고 부른다. 사우나 양돈장은 영국에서 꽤 널리 사용되고 있다. 건물의 단열 처리가 완벽하기 때문에 이런 사육 시설은 돼지에서 나오는 강렬한 열기로 시설 내부의 온도가 약 26도 또는 그 이상으로 유지된다. 강제 환기 시설이 없으며, 환기는 꼭대기에 있는 축사의 반쪽짜리 문을 통해 이루어진다. 이는 사료에서 고기로의 전환에 가장 경제적인 온도이다. 이런 환경에서 돼지는 먹고 쉬는 것 외에 다른 일을 할 때도 약간 기울어진 바닥에서 하게 된다. 사우나 양돈장에는 먹이통도 없고 화장실도 없고 잠자리도 없고 규칙적으로 청소할 일도 없으니, 돼지 사육사가 큰 이익을 얻는 것은 물론이고, 한 사람이 돼지를 천 마리까지 돌볼 수 있다. 돼지 사육사에게 가장 큰 영예는 돼지가 건강한 것이 아니라 질병이 없는 것이다. 이는 쉽게 설명할 수 있다. 돼지의 오줌에서 나오는 습기와 땀 때문에 사육장의 공기는 매우 습한데, 이로 인해 사육장 내 모든 박테리아가 강렬한 열기 속에서 발생한다. 그러면 박테리아는 증기와 함께 사육장에서 빠져나가거나 천장에 매달린 종유석에 부착된다.

결론적으로 이런 사우나 양돈장에서 돼지를 키우면 돼지가 건강해지지 못한다. 농부들이 이런 식으로 돼지를 키우는 데 비위가 상한다면, 동물건강신탁(Animal Health Trust)의 농장동물 연구센터 이사 셀러스(K.C. Sellers) 박사의 의견을 들려주고 싶다

> 돼지를 도살해 고기를 팔기 위해 키우는 사람은 돼지에게 과도하게 감상적인 생각을 갖지 않길 바란다. 내가 사우나 양돈

> 장을 판단할 때는 돈값을 하느냐 못 하느냐가 중요한 것이지, 돼지들이 그 안에서 건강한지 아닌지는 고려할 문제가 아니다.[8]

사실 이런 방식으로 키우면 돼지가 덜 먹기 때문에 키우는 속도가 느리다는 사실이 연구를 통해 밝혀졌다. 일부 농부들은 돼지를 밖에서 키우는 게 더 경제적임을 증명했다. 더욱 경제적이고 일하기에도 더 기분이 좋은 일이다.

사우나 양돈장이든 더 자연스러운 사육장이든 간에 오늘날 돼지로 사육장 바닥을 덮어 버리는 방식으로 돼지를 키우는 농부들에게 조언하자면, 돼지 한 마리당 1.5제곱미터도 안 되는 공간이 주어지는데, 최근에는 최대 밀집도로 약 0.97제곱미터가 가장 경제적이라고 알려졌다는 점이다.

과도하게 밀집해서 키우면 돼지들 사이에 권태와 악행이 발생한다. 바로 꼬리 물기이다. 농부들은 우리에 나무토막을 넣거나 우리 가운데에 쇠사슬을 매달아 단조로움을 달랜다. 또 다른 불가피한 방식으로는 빛을 없애버리는 것이다. 어둠은 서로 싸우지 않음을 의미한다. 그러면 돼지는 쉬면서 주어진 일, 즉 사료를 고기로 만드는 일을 한다. 현대적인 사육 시설을 그린 기사를 보자.

> 돼지들은 어둠 속에 머물고 있다. 15와트 붉은 전구로는 돼지들이 먹이가 어디 있는지 볼 수는 있지만 싸울 수 있을 만큼 밝지는 않다. 온도와 환기는 어둠과 함께 사료가 불필요한 에너지로 낭비되지 않도록 한다.[9]

분위기를 좀 바꾸는 차원에서 밀집식 사육에 대한 논쟁과 관련해 한 사료회사의 책임자가 보낸 편지를 소개할까 한다.[10]

> 지난 전쟁 중에 나는 버려진 집과 농장을 빌려 새끼돼지 약 백 마리를 키웠다. 집은 한쪽 벽이 무너졌지만 계단은 멀쩡했고, 위층은 돼지들이 드나들 수 있는 침실이었다. 돼지 관리인은 내게 돼지들이 침실을 놓고 경쟁을 하는 것 같다고 했다. 매일 밤낮으로 돼지들이 앞다투어 계단을 오르내렸다. **그 돼지들이 내가 키운 최고의 돼지들이었다**. 나는 가축도 다양한 환경이 필요하다고 결론 내렸다. 그리고 모양과 크기가 각각 다르게 만들어진 다양한 도구들이 필요하다는 사실도 말이다. 가축도 인간처럼 단조로움과 권태를 싫어한다.

> 엄숙한 고요 속에 앉아 있네.
> 흐릿하고 어두운 부두에
> 역병을 일으키는 감옥에
> 평생을 감금되어
> 충격을 기다리네.
> 짧고 날카로운 충격
> 잘 들지 않는 큰 싸구려 칼로
> 커다랗고 검은 단두대 위에서!
>
> – W.S. 길버트에 사죄하며

07

사진으로 간략하게 보는 새로운 공장식 축산

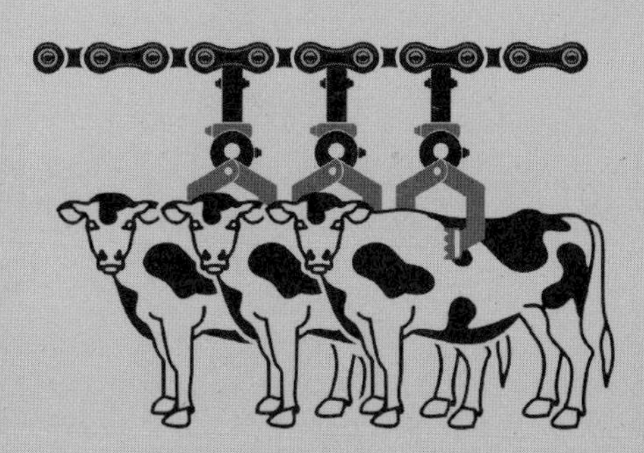

ANIMAL MACHINES

새로운 생산 방법으로 농장동물을 키우는 것은 우리 모두를 깊은 생각에 빠지게 한다. 농부, 도축인, 중간 상인, 가게 주인, 주부 모두가 이 일련의 과정에 일조하고 있다. 그리고 우리의 무관심도 일조하고 있다. 우리가 생각해 봐야 할 중요한 질문이 있다.

우리 인간은 동물 세계를 어디까지 지배할 권리가 있을까? **농장동물을 모멸하는 것이 사실은 우리 자신을 모멸하는 것은 아닐까?**

우리 인간은 농장동물들의 거의 모든 본능을 제한해 좌절시키고 자연스러운 즐거움마저도 대부분 빼앗아버리는 상황으로 만들었다. 우리는 농장동물들이 죽음을 맞기 전까지 제대로 된 삶을 살지 못하게 했다. **언제 우리는 학대를 인정할 것인가?**

농장동물들은 건강하지 못하기 때문에 많은 약물을 함부로 사용하여 생명을 유지시키고 빨리 살찌도록 만든다. 이는 장기적으로 인간에게도 나쁜 영향을 미친다. **건강하지 않은 동물들이 건강한 먹거리가 될 수 있을까?**

동물들은 어둠 속에서 겨우 생명을 부지하고 있기 때문에, 다음에 나오는 거의 모든 사진은 카메라 조명을 켜서 찍었다. 그래서 그들의 삶에 드리운 진짜 어둠은 사진에 담을 수가 없었다.

사진 1 어둠 속의 사육 상자에서 모습을 드러낸 송아지. 사육 상자는 송아지가 겨우 들어갈 정도의 크기였다. 송아지는 하루에 두 번 먹이를 먹을 때만 빛을 본다. 상자의 덧문이 내려지고 드러난 송아지의 얼굴은 비참함 그 자체였다. 오른쪽 사육 상자에 가둔 송아지는 볼 수도 없었다.

사진 2 비효율적이긴 해도 전통적인 농장은 농촌의 풍경을 기분 좋게 만든다. 또한 누구나 전통적인 농장이 동물에게도 좋은 환경이라는 생각을 하게 된다. 올바른 전통 농장은 농부와 가축 사이에 일체감이 있다. 농부는 뼛속 깊이 농사꾼의 피가 흐르는 농부이며, 수익은 두 번째다. 중요한 것은 동물에 대한 배려다. 농부는 동물이 살아 있는 생명으로서 권리가 있다는 것을 알고 있다. 또 건강한 동물만이 건강한 먹거리가 된다는 것도 알고 있다. 농부는 건강한 먹거리를 공급하기 위해 열심히 일하고 '농사꾼의 이미지'라는 단어로 따뜻한 평가를 받는다. 사진 출처: Ronald Goodearl

사진 3 새로운 농장은 마치 공장처럼 산재해 있다. 건물은 눈에 거슬리고 농촌이 갖는 매력을 떨어뜨린다. 길쭉한 헛간은 매우 실용적이다. 헛간에 달려 있는 거대한 사료 호퍼는 헛간에 영원히 갇힌 동물들의 식욕을 만족시켜 준다. 새로운 농장은 농부라기보다는 사업가가 운영하는 상업 라인이다. 축산업자의 생산 방법은 진화에 역행해 동물을 압박하여 식물처럼 만들어 버린다. 그리고 동물들을 사료를 고기로 바꾸는 효율적인 기계로 만들어 버린다. 농촌에서 동물의 모습이 사라지면서 우리 아이들도 소중한 유산을 잃었다. 사진 출처: C.A.A.C.A

사진 4 이것이 '환경 제어 사육장'이다. 이런 사육장이 농촌에 우후죽순처럼 늘어나고 있다. 세부적으로는 조금씩 다를 수 있지만 원칙적으로는 모두 동일하다. 환경을 제어한다는 것은 외부로부터 완전히 고립되는 것을 뜻한다. 사육장 옆면 아래쪽에 있는 환풍구가 창문을 대신하고 내부는 인공조명이 달려 있다. 특정한 조명 패턴이 있거나 동물을 일부러 어둠 속에 가둔다. 요즘에는 동물을 반드시 어두운 곳에 가두어 키워야 한다고 알려져 있는데, 이는 동물이 제대로 움직이지 못하고 과밀하고 갑갑한 환경에서 발생하는 악행을 예방하기 위해서다. 온도는 자동 온도장치로 조절되는데 쓸모는 없다. 폭염일 때는 아주 드물게 환기구를 통해 온도를 내릴 수는 있다. 이와 같은 사육시설 대부분은 냉방에 많은 비용이 든다. 실제 사육 환경은 다양하다. 육계와 일부 산란계들은 대팻밥을 깔아 놓은 평사 사육장에서 키운다. 대팻밥을 자주 뒤집어 주기는 하지만, 전체를 교체할 때는 닭들을 출하해 도계장으로 보내고 새로운 닭을 들이기 전뿐이다. 어떤 산란계들은 바닥이 철망으로 된 사육장에서 키우지만 사육장 밖을 자유롭게 돌아다닐 수도 있다. 그러나 대부분의 산란계와 토끼는 바닥이 철망으로 된 배터리 케이지에서 큰다. 쉴 때도 발은 철망 위에 있는 것이다. 돼지들은 아무것도 덮지 않은 단열 처리된 콘크리트 바닥에서 사육하고 식육용 송아지는 나무, 금속 판자, 콘크리트 위에서 키운다. 이런 바닥에서 키우는 이유는 동물을 도축장으로 보내려고 출하할 때만 청소해 노동력을 아끼기 위해서다. 이 말은 곧 대부분의 동물들이 죽기 전까지 자신의 배설물 위에서 살아가야 한다는 뜻이다. 외부의 소란으로부터 완전히 고립시키는 또 다른 방법으로는 사육장에 끊임없이 가벼운 음악을 틀어 주는 것도 있다. 사진 출처: C.A.A.C.A.

사진 5 건물 내부의 아래쪽은 구이용 토끼 사육장이다. 토끼 사육장은 0.9미터×0.9미터 또는 1.2미터×0.6미터 넓이에, 옆면과 뒷면은 막혀 있다. 사육장 한쪽에는 암토끼가 새끼를 낳을 때 사용하는 둥지 상자가 있다. 각 사육장의 앞에 있는 먹이통에는 펠릿과 물이 있는데, 급수대는 밸브식이라 빨아 먹어야 한다. 암토끼는 한 번에 약 8마리의 새끼를 출산하며 이 중 3분의 1은 도살이 가능한 8주령, 평균 몸무게 약 1.8킬로그램이 되기 전에 죽는다. 모피는 주로 모자 산업에 사용된다. 사진 출처: *Farmer and Stockbreeder*

사진 6 전형적인 육계 사육장의 모습이다. 이 사진의 병아리들은 5~6주령이 됐을 때 찍은 것이다. 병아리들이 9주령이 되어 도살할 때가 되면 몸집이 훨씬 커지는데, 그러면 사육장이 얼마나 꽉 차게 될지 상상하기 어렵지 않다. 각 병아리에게 허용되는 평균적인 공간은 최대 24제곱센티미터로 A4보다 약간 크다. 농무부의 팸플릿을 보면 육계 사육장 환경에 대해 이렇게 설명한다. '먼지가 많고 습하며 암모니아로 꽉 차 있다.' 이는 사육장 안으로 들어가면 강하게 느껴진다. 6주령부터 병아리들은 사실상 어둠 속에서 살게 되는데, 이렇게 하면 사육 환경에서 필연적으로 발생하는 깃털 쪼기와 카니발리즘과 같은 악행을 예방할 수 있다. 또한 움직여서 에너지가 낭비되는 것을 예방하기도 한다. 먹이를 자동으로 공급하는 호퍼가 매달려 있는 것이 보인다. 급수 파이프는 엄청나게 많은 병아리들로 가려져 있다. 병아리들이 서로를 다치게 하지 못하기 위한 또 다른 방법은 부리를 자르거나 병아리가 바로 앞을 보지 못하도록 안경을 씌우는 것이다. 병아리들이 빛을 보는 최초의 날이자 최후의 날은 도계장으로 가기 위해 운반 상자로 들어갈 때다. 사진 출처: Dex Harrison

사진 7 사진 출처: 위: 〈연합통신〉(Associated Press), 맨 밑: A.C. Moore

사진 8 도계 시설의 한쪽 벽에는 닭 운반 상자가 쌓여 있다. 이 상자에 들어 있는 닭들은 도계장에서 무슨 일이 일어나는지 모두 볼 수 있다. 차례대로 닭을 상자에서 꺼내 다리를 컨베이어 벨트에 매단다. 컨베이어 벨트는 천천히 도살 작업자 쪽으로 움직인다. 이렇게 닭을 거꾸로 매다는 이유는 피가 머리로 몰려 목을 베었을 때 더 빨리 방혈할 수 있기 때문이다. 거의 모든 과정이 닭을 벨트에 매단 채 이루어진다. 닭은 죽기 전까지 산 채로 최대 5분까지 매달려 있다. 사진 출처: 《더 피플》

사진 9　사진 출처: 《더 피플》

사진 10 일부 도계장에서는 도살 작업 전에 충격기를 사용해 닭을 기절시킨다. 그러나 앞서 본 사진처럼 엄청나게 많은 수의 닭이 지나가기 때문에 어떤 닭은 온전히 의식이 있는 상태에서 목이 잘린다. 그러고 나서 방혈 터널에서 피를 뺀 후, 마지막에 도착하는 곳이 탕박조이다. 완전히 의식이 있는 상태에서 목이 잘린 닭 5마리 중 2마리는 산 채로 탕박조에 들어간다고 추측된다. 한 유명 수의사는 닭을 먼저 기절시키지 않고 경정맥을 절단하는 것은 닭들이 살아 있는 상태에서 엄청난 고통을 느끼므로, 끔찍할 정도로 비인도적 행태라고 지적했다. 적절한 충격기를 개발하기 어려운 이유는 점점 빨라지는 컨베이어 벨트의 속도에 맞추어야 하기 때문이다. 대형 도계장에서는 시간당 닭 4,500마리를 도살한다. 도계 업계에서는 빨라지는 컨베이어의 속도에 맞춘 충격기의 필요성을 깨닫지 못하고 있다. 이에 관한 규제 제정을 위해 노력하고 있으며, 규제는 반드시 필요하다. 사진 출처: 《옵저버》

사진 11 사진 출처: C.A.A.C.A

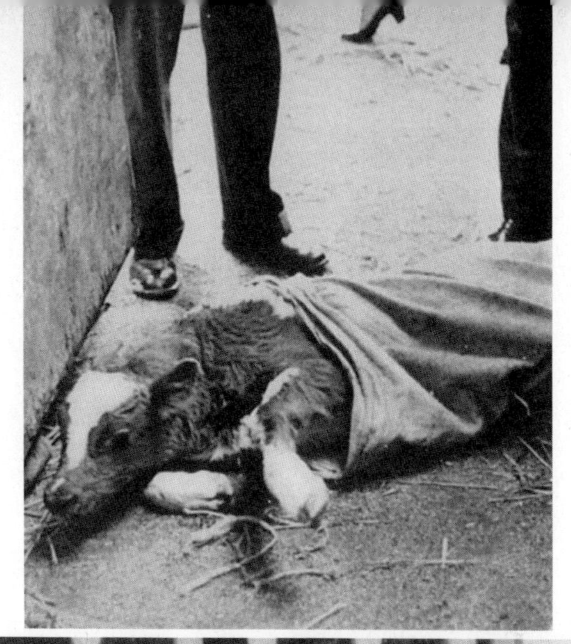

사진 12 식육용 송아지 이른바 보비 송아지가 시장에 나와 있다. 보비 송아지는 우유를 생산할 수 없기 때문에 아무도 원하지 않는 송아지를 말한다. 이들의 불행은 여기서 끝나지 않는다. 차라리 밀집사육이 낫다. 송아지 고기를 위한 송아지의 삶은 처음부터 끝까지 삶 자체의 박탈이다. 사진 출처: 위: 〈더 데일리 미러〉(The Daily Mirror), 아래: Dex Harrison

사진 13 송아지들은 태어난 후 2주 동안은 따뜻하고 푹신한 짚 위에서 지낼 수 있다. 그러나 그 시기가 지나면 아무것도 없는 슬랫 위에서 지내야 한다. 철분에 대한 갈망으로 섬유질을 섭취하기 위해 짚을 씹기 때문이다. 송아지의 목줄이 얼마나 짧은지 이 사진을 보면 확실히 알 수 있다.

사진 14 송아지들의 먹이 시간. 제일 끝에 있는 송아지가 문손잡이를 핥는 모습이 찍혔다. 송아지는 철분이 필요하기 때문에 어떤 금속이라도 핥게 된다. 이렇게 송아지들이 움직이지 못하고 불편하게 지내는 것은 아무 의미가 없다. 폭염이 와도 목을 축일 수 없어 갈증을 참아야만 한다. 송아지는 항상 갈증 상태로 유지되어야 먹이 시간에 공급되는 우유 대용품을 최대한 많이 먹는다. 우유 대용품은 지방 함량이 높아 송아지들을 빨리 살찌게 한다. 지난 한두 해 동안은 구이용 소고기 송아지를 식육용 송아지처럼 키우는 게 유행이었다. 구이용 소고기 송아지들도 식육용 송아지들과 마찬가지로 섬유소를 섭취할 수 없고, 섬유소 섭취에 대한 갈망이 커지면 농후 사료만 먹인다. 여기서 두 가지를 주목해야 한다. 첫째, 식육용 송아지는 3개월에 도축되는 반면, 구이용 소고기 송아지들은 12개월에 도축된다. 둘째, 식육용 송아지는 연간 2만 마리가 사육되는 반면, 구이용 소고기 송아지는 수십만 마리에 이른다. 사진 출처: Dex Harrison

사진 15 식육용 송아지 고기 생산자의 최종 목적은 대중의 무지가 만들어낸 고상한 요구 사항인 흰 육질이다. 이 목적을 달성하기 위해 송아지가 움직이지 못하도록 목을 두 기둥 사이에 두고 목줄을 아주 짧게 묶는다. 위아래로 미끄러지듯이 움직일 수는 있지만 달리 움직일 수는 없다. 송아지들은 어둠 속의 슬랫 위 또는 상자 안에 넣어 키운다. 이렇게 하면 송아지에게 매우 중요한 소 떼의 일원이라는 소속감을 가질 수 없다. 어떤 송아지들은 기둥 두 개 사이에 머리가 끼인 채 죽을 때까지 사육된다. 또한 송아지는 여물도 마음대로 먹지 못한다. 송아지의 먹이는 오로지 우유 대용품이고, 되새김질 본능을 위한 섬유소는 전혀 허락되지 않는다. 게다가 우유 대용품은 철분, 비타민A, 기타 성분들이 매우 낮다. 우유 대용품을 먹고 송아지가 빈혈에 걸려야 하기 때문이다. 사진 속 송아지들은 셔터를 올리고 먹이를 기다리는 모습이다. 먹이 시간을 제외하고는 완전히 닫혀 있다. 송아지들은 심지어 상자 안에 있을 때도 목줄에 묶여 있다. 사진 출처: 〈데일리 텔레그래프〉

사진 16　사진 출처: *Farmer and Stockbreeder*

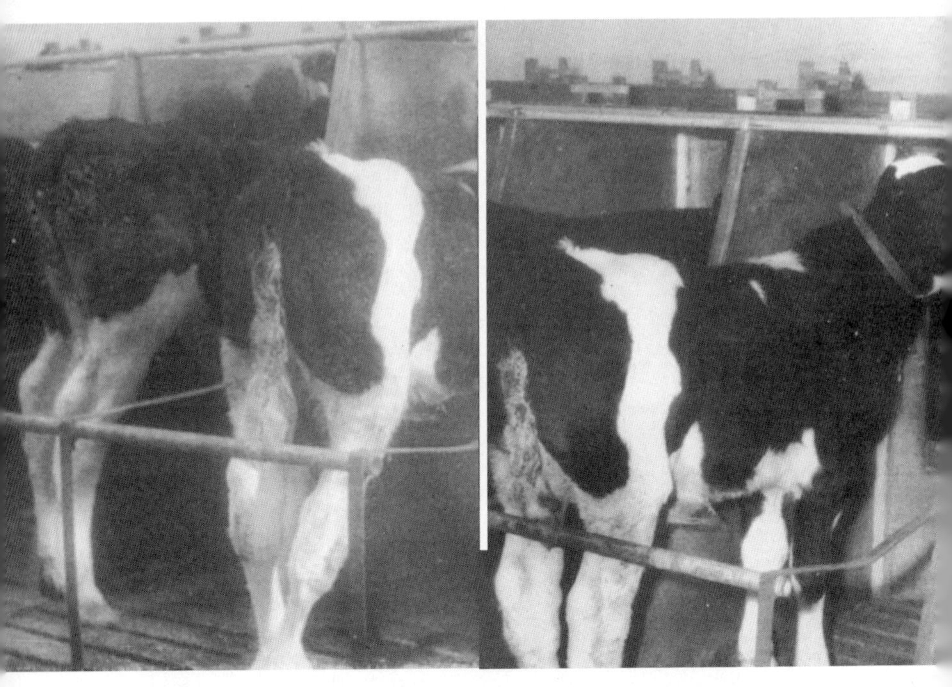

사진 17 두 사진을 보면 일반적인 식육용 송아지에게 할당된 공간이 얼마나 되는지 알 수 있다. 머리에 묶여 있는 목줄과 다리 뒤쪽의 막대기 모두 송아지를 움직이지 못하게 하기 위해 설치한 것이다. 꼬리는 배설물로 덮여 있고, 송아지는 자신을 괴롭히는 파리조차도 어떻게 할 수 없을 만큼 무기력하다. 필수 성분이 결핍된 먹이를 먹고, 기울어진 슬랫 위에서 계속 균형을 잡느라 무릎 관절은 늘 부어 있다. 체중이 무거운 송아지의 경우 발굽 자체가 비뚤어지기도 한다. 사진 출처: Dex Harrison

사진 18 내가 방문한 농장 중 최고와 최악의 농장이다. 위쪽에 있는 송아지는 목줄에 묶여 있지 않고, 사육장에는 짚이 깔려 있다. 짚에는 송아지가 씹지 않도록 살충제를 뿌려 놓았다. 열린 문으로 햇빛이 들어온다. 송아지들이 빼앗긴 것은 먹이뿐이다. 아래 사진의 송아지들은 죽을 때까지 머리가 기둥 사이에 끼인 채 사육된다. 가장 오른쪽의 송아지 뒤쪽으로 배설물로 지저분한 바닥이 드러난다. 사육장 안에서 지는 해를 사진에 담아 보려고 했지만 송아지들이 불안해해 사진 찍기가 어려웠다. 사진 출처: Dex Harrison

사진 19 전통적인 농장의 사육 시설이 항상 이상적인 것만은 아니다. 그렇지만 송아지들은 더 긴 목줄에 묶여 있고, 짚 위에 편안히 앉아 있다. 아래 사진에 있는 송아지의 거친 목줄을 보면 〈사진 18〉과 같은 환경으로 보이지만, 목줄로 묶기는 해도 먹이 시간을 제외하면 머리를 기둥 사이에 매어 두지 않는다. 왼쪽에서 두 번째 송아지는 목이 끼어 견딜 수 없는 듯한 표정이다. 사진 출처: Dex Harrison

사진 20 배터리 케이지는 보통 환경 제어 사육장에서 사용된다. 소나 돼지 등 다른 동물들을 다루는 동물유전학자들이 선발 번식을 통해 사료를 고기로 전환하는 어려운 목표를 순조롭게 달성한다면, 닭의 경우는 달걀을 빨리 생산하는 방법으로 목표를 달성한다. 그리고 이를 수행하지 못하는 닭은 다른 닭으로 교체된다. 배터리 케이지 사육장은 이른바 달걀 공장으로 자동화된 공장처럼 운영된다. 연구원들은 끊임없이 실험을 한다. 이를테면 닭의 볏과 아랫볏을 제거하면 사료 양은 줄고 더 많은 달걀을 낳는다. 빛을 더 쪼이거나 덜 쪼이는 것으로 같은 결과를 얻을 수 있고, 사료에 노란 색소를 넣으면 주부들이 좋은 품질의 기준이라고 믿는 황금빛 노른자를 생산한다. 보건 당국은 배터리 케이지 사육장의 심각한 문제점으로 배터리 케이지 각층 아래에 있는 배설물 선반이 파리가 번식하기에 좋은 장소라는 점을 든다. 막힌 바닥에서 키우는 닭은 스스로 구더기를 먹어 조절할 수 있지만, 배터리 케이지 사육장에서는 파리가 아무런 방해 없이 번식하고, 심지어는 모든 파리 살충제에도 내성이 있다. 사진 출처: Sterling Poultry Products Ltd.

사진 21 자연적인 방법으로 생산되는 먹거리가 훨씬 적기 때문에, 싸고 강제적으로 생산된 음식보다 더 많이 필요하다. 자연적인 방법으로 생산되는 음식은 장기적으로 보면 소비자의 건강에도 더 좋다. 축산업계의 실험은 연구의 부작용을 충분히 조사할 수 있는 기회를 없애 버릴 위험이 있다. 모든 항생제와 호르몬, 안정제와 살충제, 성장촉진제의 남용이 최종적으로 인간에게 미치는 영향에 대해서 충분히 인지하고 있는 걸까? 일부 과학자들은 그에 대한 심각성을 깨달았다. 그리고 이는 우리에게 잠시 멈추어 이 모든 것의 결론이 무엇인지, 우리가 효율과 진보라는 이름으로 아이들에게 볼품없는 유산을 남겨 주는 것은 아닌지 생각하게 한다. 사진 출처: A.C. Moore

사진 22 어떤 영계들은 자유를 모른 채 평생을 배터리 케이지에서 산다. 닭의 삶에서 유일한 목적은 폐계가 되어 도살되기 전까지 최대한 달걀을 많이 낳는 것이다. 처음에는 닭장 하나에 한 마리를 넣어 키우면 적당하다고 여겨졌다. 그러다 두 마리를 각각의 닭장에 넣어 붙여 키웠고, 이제는 세 마리를 한 닭장에 넣어 키우고 있다. 닭들에게 주어진 공간이 도대체 얼마나 될까! 배터리 케이지의 높이는 더 낮아져 닭이 목을 펴려고 하면 배터리 케이지 밖으로 뻗어야 한다. 닭은 20도 정도 경사진 철망 위에 서서 사는데, 이 경사로 인해 달걀을 낳으면 저절로 굴러 떨어진다. 배설물은 아래의 벨트로 떨어진다. 케이지에는 자동 급이 · 급수 장치가 달려 있다. 사진 출처: *Farmer's Weekly*

사진 23 음… 오늘도 날씨가 좋구나! 사진 출처: Kenneth Oldroyd

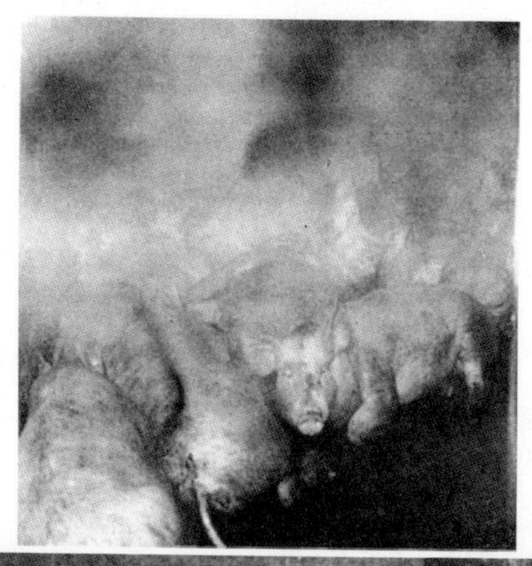

사진 24 휴… 윽! 사진 출처: *Farmer's Weekly*

08

품질 기준

ANIMAL MACHINES

요즘처럼 식품에 대한 관심이 지대했던 적은 없었던 것 같다. 가게에 가면 전 세계에서 생산된 다양한 식품들을 살 수 있다. 예쁘게 포장되어 있고, 요리 준비하기도 쉽다. 어떤 식품은 이미 조리되어 판매되고, 어떤 식품은 어떻게 조리하고 무엇을 곁들여 먹는 게 가장 좋은지 조리법이 쓰여 있기도 하다. 바쁜 주부들은 세련되고 맛있어 보이는 요리를 쉽게 만들 수 있다.

사람들은 식품에 대해서 얼마나 알고 있을까? 어떻게 자라고, 가공되고, 음식마다 영양학적 가치가 얼마나 다른지 알고 있을까? 식이 요법 특히 체중 감량 다이어트에 대한 기사가 많기 때문에 아마도 칼로리나 단백질, 비타민에 관해서는 꽤 알려져 있는 것 같다.

사람들은 장을 보러 가면서 많은 생각을 할 것이다. 그렇지만 얼마나 듣고 알고 있을까? 흰 빵과 갈색 빵의 다른 점, 백설탕과 갈색 설탕의 다른 점에 대해서 들은 적이 있을 것이다. 그렇지만 하나가 다른 하나에서 생명력과 미네랄을 제거한 텅 빈 것이라는 사실을 알고 있을까? 통밀가루를 맷돌로 갈아 만든 빵 한 조각이 흰 빵 다섯 조각보다 더 많은 식품 가치가 있다는 것을 알고 있을까? 대가족을 거느린 사정이 넉넉지 않은 어머니나 쥐꼬리만 한 연금으로 생활하는 사람이 그저 배를 채우기 위해서 싸구려 흰 빵을 사지 않는 것을 생각해 본 적이 있을까?

솔직히 오늘 우리가 먹는 것이 내일 우리의 몸이 된다는 것을 생각해 본 적이 있는 사람이 얼마나 될까? '내가 먹는 것이 곧 나다'라는 독일 속담처럼 말이다.

식품은 우리 생명의 토대이다. 적절한 양을 먹지 못하면 인간은 죽고, 적절한 영양을 섭취하지 못하면 인간은 무력해지고 건강하지 않으며 인생을 온전히 즐길 수도 없다. 일도 제대로 할 수 없고 현명하게 생각할 수도 없다. 외과의사이자 영양학자 로버트 매캐리슨 경(Sir Robert McCarrison)은 책 『영양과 건강』(Nutrition and Health, 1961)에서 영양의 처리 과정에 대해 다음과 같이 설명했다.

> 영양의 기능과 관련된 처리 과정은 씹기, 삼키기, 소화, 흡수, 순환, 동화, 배설이다. 배설은 발한, 숨 내쉬기, 소변 배출과 배변을 포함한다. 영양에는 세 단계가 있다. 첫 번째는 소화기관 내에서 생성되는 것으로, 소화기관의 영향을 받는다. 두 번째는 신체를 구성하는 세포 내에서 그리고 세포에 의해 영향을 받는다. 그리고 세 번째는 배출 기관과 피부, 폐, 신장, 장의 영향을 받는 것이다. 여기서 알아야 할 가장 중요한 것은 영양의 기능이 제대로 작동하기 위해서는 이런 인체의 모든 활동 과정도 효과적으로 이루어져야 한다는 것이다. 또한 이 과정이 효과적이기 위해서 적절한 영양분과 장기와 세포의 기능적

> 인 효율성이 중요하다. 여기서 이러한 작용에 대한 설명이 필요하다. 씹기, 소화, 흡수, 동화 등은 불수의근의 작용, 다양한 소화액과 그 밖의 체액들, 화학 작용의 속도를 빠르게 하는 정교한 발효와 효소 그리고 촉매의 합성, 혈액 형성 물질의 생산, 체액의 교환, 신체 구석구석까지 영양소를 전달하는 것, 체내 화학 작용의 최종 물질과 폐기물의 배출 그리고 그 밖의 모든 생존 작용을 포함한다. 이 모든 것은 원하든 원하지 않든 간에 식품의 구성에 영향을 받는다. 소화기관과 관련된 기관(치아 포함)은 특히 매우 중요한 연관성이 있다. 이 기관들은 인체의 영양 설계 메커니즘에 특화되어 형성되어 있다. 영양 기능의 효율성은 주로 이 메커니즘의 기능적인 효율성에 달려 있다. 아울러 식품의 구성에도 의존한다.

우리가 먹는 것이 무엇인지, 그것이 어떻게 자라고 처리되는지 제대로 알아야 하는 것은 분명히 중요한 일이다. 이는 우리가 까다로운 사람이 되어야 한다는 뜻이 아니라 매우 상식적인 사람이 된다는 뜻이다.

약물은 건강을 다지기보다는 질병을 고치는 데 몰두한다. 렌치(J.T. Wrench) 박사는 『건강의 바퀴』(The Wheel of Health, 1946)에서 자신이 받은 의료 훈련 과정에 대해 이렇게 썼다.

> 우리는 죽은 사람에 대해 먼저 공부한다. 먼저 죽음의 징후를, 경미하거나 심각한 것들을 모두 해석했다. 죽음에 이르게 한

> 원인, 곧 질병에 대해서 공부했다. 우리의 교과서를 두껍게 만든 다양한 질병의 징후들을 해석한 후에야 건강에 다가갔다. 하지만 진정한 건강에 대해 접근할라치면 연구는 중단된다. 인간을 대표하는 환자들이 건강을 회복하고 나면 공부하는 우리도, 우리를 가르치는 이들도 더 이상 환자를 신경 쓰지 않았다. 우리는 건강한 사람들에 대해서는 공부하지 않았다. 오직 아픈 사람들에 대해서만 공부했다. 질병은 우리 같은 특수한 직업의 존재 이유였다. 그리고 정말 많은 질병이 있다. 질병에 걸린 사람이 많고 또 우리 같은 의사가 필요하기에 질병에만 관심을 두는 것을 당연하게 여기고 있는 것이다.

선견지명이 있는 의사로 손꼽히는 렌치 박사는 의사가 되기 위한 훈련의 방향에 대해 만족하지 못했다. 그는 이야기의 또 다른 끝인 건강과 어떻게 하면 건강한 사람이 되는지부터 공부하는 게 더 도움이 될 것이라고 믿었다. 결론적으로 결과의 차이는 건강한 삶의 과정에서 도출됐다. 이는 — 그들이 느꼈고 또 지금도 느끼듯이 — 요즘 의사들의 단편적인 생각보다는 기본적으로 건강한 공동체에 좀 더 가까이 우리를 데려간다. 이런 의사들은 대다수의 생각에 동의하지 않기 때문에 의사라는 직업군에서 괴짜로 여겨진다. 그러나 그들은 굴하지 않고 인내하면서, 재정적 지원이 부족한 가운데서도 연구를 계속했다. 그리하여 흥미로운 결론을 도출해 냈다. 이들 중 다수가 이 주제를 가지고 책을 썼고, (말미의 참고문헌에 언급한) 책들은 매우 설득력 있게 독자를 사로잡고 있다.

이들이 제일 먼저 한 일은 더할 나위 없이 건강한 삶을 누리고 있는 공동체를 찾아내는 것이었다. 그러고 나서 공동체에 대해 연구하여 그들이 어떻게 우리와 달리 건강한 삶을 누리고, 우리는 아프지 않으면 다행이라는 삶을 사는지 알아냈다. 매캐리슨이 말한 것처럼 건강이란 단순히 병에 걸리지 않은 상태라는 보통의 의학적 해석이 아니라, 신체의 모든 부분이 완벽하게 작동하는 것이며 그것 자체가 긍정적인 요인이다.

미국의 치과의사 웨스턴 프라이스(Weston Price) 박사는 아내와 함께 건강하고 뛰어난 신체를 가진 공동체를 찾아가 연구하며 휴가를 보내기로 했다. 그리고 지구상에 널리 퍼져 있는 약 50개 부족의 자세한 이야기를 모아 훌륭한 책 『영양과 신체의 퇴화』(Nutrition and Physical Degeneration, 1950)를 썼다. 그의 연구 결과를 간단히 설명하면 다음과 같다.

> 수년간 임상 시험과 연구실 실험 두 가지로 이 문제에 접근해 연구한 결과, 현대의 프로그램에는 재해요인이 있다기보다 필수 요인이 부족하다는 사실을 가리키는 증거를 모을 수 있었다. 즉시 통제집단 확보가 필요했다. 이를 위해서는 면역 집단, 즉 전 세계의 다양한 지역에 흩어져 고립된 채로 남아 있어 쉽게 찾을 수 있는 원시적 인종 혈통을 찾아야 했다. 이 집단에 실시한 결정적인 실험으로 우리에게 심각한 영향을 주는 많은 부분에서 이들 집단이 높은 면역성을 보인다는 사실이 밝혀졌다. 우리가 누리는 현대 문명과 충분히 떨어져 있고, 집단에 축

적된 지식에 맞는 영양 프로그램을 따라 산다면 가능했다. 실험에 따르면 동일한 인종적 혈통을 가진 개인이 이런 고립을 벗어나, 현대 문명의 식품과 식습관을 받아들이는 경우 고립해 살아가는 집단이 가진 높은 면역 체계를 빠르게 잃었다. 이 연구는 고립된 집단이 먹는 식품의 화학적 분석과 우리 현대 문명에서 그를 대체하는 식품이 무엇인지 포함하고 있다.

전 세계에 걸쳐 고립된 채로 살아가는 사람들은 종교, 식단, 환경이 모두 다양했다. 유일한 공통점은 먹거리를 기름진 토양에서 키우며, 산지에서 신선한 상태로, 식품 전체를 먹는다는 것이었다. 이것이 바로 완벽한 몸을 갖게 된 이유였다. 문명화된 흰 설탕과 흰 밀가루를 비롯한 대량의 가공 음식이 그들의 삶을 잠식하기 시작하자 건강과 생명력은 금세 달라졌다.

프라이스 박사는 여기서 논의할 수 있는 것보다 영양의 중요성에 대해 훨씬 더 많은 것을 밝혀주었다. 왜냐하면 실로 건강한 공동체는 증오에 사로잡히거나 건강하지 않은 생각으로 고통받는 일이 매우 적으며, 공동체 안에서 각자 자신의 자리를 지키며 평화롭게 삶을 산다는 것을 믿게 되었던 것이다. 이 이론을 매캐리슨은 인도 크누르(Coonoor)에서 유명한 쥐 실험을 통해 증명했다.

의사들의 연구결과는 식품 품질에 대한 이해가 필요하고 이것이 건강에, 결과적으로는 삶 전체에 직결되어 있다는 사실을 이해해야 한다고 강조했다. 영국 체셔 특권령의 의료 위원회에서 해임된 의사들은 국립 건강 보험법에 대한 고발장을 접수했다. 체셔 지역 가정의 6

백여 명을 담당하고 있는 이 위원회는 법이 건강을 깊이 있게 이해하지 못하는 것 같다고 썼다.

이 주목할 만한 문서는 20년 전에 발표됐는데, 거기에 실린 질문과 적절한 결론은 마치 오늘날 작성된 것처럼 보인다. 당시 고발장의 증거에 대해 지역 농부와 주민 외의 다른 이들이 어떤 반응을 보였는지는 모르겠다. 의사들은 개인적·국가적 수준에서 본질적인 사고가 부족하다고 느꼈을 것이다. 오늘날 이런 사고는 당시보다 더 부족하다. 다음 내용은 발췌문이다.

> 법령은 그 의미와 목적을 얼마나 수행하는가? '질병의 예방과 치료' 두 번째 항목에 대해서는 자신 있게 말할 수 있다. 만약 죽음을 연기하는 것이 '치료'의 증거라면, 목적은 달성됐다고 할 수 있다. 호적 본서 장관이 발표한 수치에 따르면 삶에 대한 더 큰 기대가 있다는 사실을 알 수 있는데, 여기에는 몇 가지 원인이 있다. 그중에서도 의료 위원회가 제공하는 서비스가 특별한 원인이다. 질병이 증가함에도 사망자가 감소한다는 사실은 주목할 만하다. 해가 갈수록 의사들은 더 많은 환자들을 상담하고 있으며, 사회 후생복지 기금 요청은 상승하는 추세이다. 첫 번째 항목인 '질병의 예방'은 법이 약속한 바를 수행하고 있다고 보기 어렵다. 비록 의사가 환자에게 질병의 원인에 대해 또 현재 필요한 것이 무엇인지에 대해 말해줄 수는 있지만, 예방의학적으로 어떤 시도를 하기에 (완전히 늦은 건 아니더라도) 시기를 거의 놓친 것이라 볼 수 있다. 가장 중요한 문

제는 법이 아무것도 하지 않는다는 사실이다. 우리는 이를 직시해야 한다고 생각한다. 하루일과를 끝내고 나면 우리는 반복해서 같은 지점으로 되돌아온다. 이 질병은 평생 잘못된 영양 섭취에 따른 결과라는 지점 말이다!

이런 지식을 통째로 현실에 적용할 수 있는 데 중요한 역할을 할 수 있는 사람은 로버트 매캐리슨 경으로 보인다. 그의 실험은 식품이 미치는 영향에 대한 설득력 있는 증거를 보여 주고, 이미 습득한 지식을 적용할 수 있는 예시를 제시한다. 인도에서 실시한 그의 실험은 가장 먼저 인도가 3억 5천만의 인구에 다양한 인종으로 구성됐다는 사실을 언급한다.

'인종마다 그들만의 전통적인 식단이 있다. 가장 놀라운 건 인종마다 체격이 다르다는 사실이다. 어떤 인종은 날씬한 체형, 어떤 인종은 빈약한 체형, 어떤 인종은 보통 체형을 가졌다. 이들은 왜 체형이 다를까? 물론 여기에는 몇 가지 이유가 가능하다. 유전, 기후, 특정 종교에 따른 관습과 기타 습관들, 풍토병 등. 그러나 내 연구에서는 그러한 이유에서 원인을 찾을 수 없었던 게 문제였다. 주요한 원인은 식품인 것 같았다. 이를테면 다른 지역에서 온 인종들 모두 앞의 요소에 영향을 받았는데 음식은 달랐다. 그들의 체격이 달라진 유일한 원인은 식품인 것처럼 보였다. 그렇다면 문제는 인도인의 각기 다른 체격이 음식 때문이라는 것을 어떻게 증명할 것인가가 된다. 이 문제에 해결하기 위해 흰 쥐를 대상으로 실험을 했다. 필수 영양소를 적절하게 공급한 상태에서 각 인종들의 식단이 그들에게 어떤 영향을 미치는지 알아보기 위해서였다. 이 실험에 쥐를 사용한 이유는 쥐는 사람이 먹는 것은 다 먹고, 깨끗하게 관리하기 쉬우며, 필요할 때는 많은 수로 늘려 실험할 수 있기 때문이다. 또한 쥐가 들어 있는 케이지를 햇볕에 내놓을 수 있고, 섭취한 영양소에 따른 화학적인 변화 과정이 사람과 비슷하기 때문이다. 아울러 쥐의 1년은 사람의 25년과 같다고 볼 수 있다. 사람으로 하면 수십 년이 걸릴 실험을 쥐를 사용하면 수개월이면 결과를 얻을 수 있다. 이 실험에서 내가 발견한 것은 어리고 성장일로에 있는 쥐에게 체격이 좋은 사람의 식단을 먹이면 쥐의 건강과 체격도 좋아지고, 체격이 나쁜 사람들이 먹는 것과 비슷한 식단을 먹이면 쥐의 건강과 체격도 나빠진다는 사실이다. 그리고 보통 체격의 사람들이 먹는 것과 비슷한 식단을 쥐에게 먹이면 쥐들도 역시 보통의 체격과 건강을 갖게 됐다.'

상당히 많은 양의 타피오카가 든 인도 트라방코르 지역의 식품을 먹인 특별 집단은 다른 집단보다 위궤양과 십이지장궤양이 훨씬 많이 발생하는 것으로 밝혀졌다. 이는 트라방코르 사람들이 일반적으로 인도의 다른 지역 사람들보다 소화기 궤양으로 더 많이 고통 받고 있다는 사실을 알려 준다.

'체격의 좋고 나쁨은 식단의 좋고 나쁨에 기인한다. 나머지 조건은 동일했다. 나아가 식단이 가장 좋은 이들은 강인하고 기민하며, 생명력이 넘치고 건강한 인도 북부 인종이었다.'(훈자·시크·파탄인) '식단은 기본적으로 통밀을 바로 갈아 효모를 넣지 않고 만든 빵, 우유, 유제품(버터·커드·버터밀크), 콩류(강낭콩·콩·렌틸콩), 신선하고 푸른 채소, 뿌리채소(감자·당근), 과일 그리고 가끔 섭취하는 고기였다.

나는 쥐 수백 마리를 번식 목적으로 키우고 있다. 쥐들은 완벽한 환경에서 살고 있다. 청결하고 넓은 우리에 편안한 잠자리, 깨끗하고 풍부한 물과 신선한 공기를 마시며 태양 아래에서 크고 있다. 그리고 체격이 좋은 인종과 비슷한 식단을 먹이고 있다. 태어나서부터 2살이 될 때까지 키웠다. 이 기간은 사람으로 하면 초기 15년에 해당하는데, 이 기간 동안은 질병이 발생하지 않았다. 가끔 사고로 죽는 것을 제외하면 자연적인 원인으로는 죽지 않았고, 모성사망률·유아사망률도 없었다. 실험실의 쥐들은 여섯 가지의 복합적인 요소로 건강을 유지하고 질병을 예방했다. 신선한 공기, 깨끗한 물, 청결한 환경, 햇빛, 편안함 그리고 좋은 음식. 물론 인간은 이 쥐들처럼 키워질 수는 없다. 그러나 이 여섯 가지 요소가 건강을 유지하는 데 얼마나 중요한지는 알 수 있다.

다음 단계는 좋은 음식이 건강을 유지하고 병에 걸리지 않도록 하는 데 얼마나 많은 영향을 미치는지 알아내는 것이다. 통밀빵, 버터, 신선하고 푸른 채소, 싹 난 콩류, 당근, 가끔 먹는 뼈가 붙은 고기는 치아를 가지런히 유지시켜 준다. 나는 식단에서 우유와 유제품을 배제하거나 최소로 하고, 또한 다른 조건은 동일하게 유지한 채 신선하고 푸른 채소만 줄였다. 결과는 어떨까? 폐, 위, 장, 신장과 방광에서 질병이 발생했다. 건강은 무엇보다 좋은 음식을 섭취하는 데 달려 있으며, 또한 이런 식단을 평생 오래 섭취했을 때, 그리고 충분한 우유와 버터, 신선한 채소가 포함되어 있어야 건강이 증진된다.
쥐나 다른 동물에게 부적절한 식단, 즉 사람들이 습관적으로 먹는 것으로 구성한 식단을 줘서 실시한 실험은 훨씬 더 많다. 그런 식단은 많은 질병을 일으키고 인간을 질병으로 고통받게 한다. 신체의 골격이 앙상하게 드러나는 병, 피부를 덮고 있는 병, 세포막과 그 내부와 세포 내 구멍과 통로의 질병 등. 또한 세포 생성물의 성장을 조절하고, 그 과정을 통제하고 세포 스스로 재생산을 가능하게 하는 분비선의 질병, 위장과 폐와 같이 영양분 섭취를 위해 설계된 매우 특별한 메커니즘의 병에서 신경계 병까지. 이 모든 질병은 인간의 잘못된 식습관을 적용한 동물 실험에서 나타났다. 다음은 그런 실험의 한 사례이다. 같은 나이의 어린 쥐 두 집단을 같은 크기의 커다란 우리에 가두어, 먹이를 제외하고 모든 조건을 동일하게 했다. 한 집단은 체격도 좋고 건강한 북부 인도인과 비슷한 식단을 주었고, 그 식단의 구성은 앞에서 언급한 것과 같았다. 다른 집단은 영국에서 일반적으로 사람들이 먹는 식단을 공급했다. 이 식단은 흰 빵, 마가린, 탄산음료, 저렴한 통조림 잼, 차, 설탕, 약간의 우유로 구성했다. 이 식단에 적절한 영양을 주는 충분한 우유와 유제품, 푸른 채소, 통밀 빵은 포함하지 않았다. 그 결과 좋은 식단을 공급한 쥐들은 잘 자랐다. 약간의 질병이 있었지만 함께 잘 지냈다. 나쁜 식단을 공급한 쥐들은 잘 자라지 못했고, 많은 쥐들이 병에 걸렸고 함께 잘 지내지 못했다. 실험 6일째가 되자 강한 쥐가 약한 쥐를 죽여서 먹기 시작해서 쥐들을 분리해야 했다. 쥐들이 걸린 질병은 주로 3가지로 분류할 수 있다. 폐병, 위장 질병, 신경계 질병이다. 이는 잉글랜드와 웨일스에서 보험에 가입한 환자들의 3분의 1이 고통받고 있는 질병이다.'

이 연구는 상세하고도 큰 규모로 이루어졌으며 음식에 관해서는 조건이 동일했고 이상적이었다. 우리는 실험 결과를 온전히 믿을 수 있다. 특히 의사들 중에는 실험 결과의 효과를 본 사람도 있다. 그들은 실험 결과를 토대로 수정된 식단을 받아들인 환자들의 변화에 놀랐다. 이는 특정 식단을 대변하는 게 아니다. 에스키모는 생고기, 간의 지방과 생선을, 훈자인과 시크교도는 밀로 만든 차파티, 과일, 우유, 발아콩류와 고기 약간을, 트리스탄다쿠냐의 섬사람들은 그곳에서 난 감자, 바닷새의 알, 생선, 양배추를 먹는다. 이들은 모두 똑같이 건강하고 질병이 없다. 그러나 이런 식단에는 오늘날 사람들이 먹는 음식에는 없는 원칙과 특성이 있다. 우리의 목적은 이것을 알리고 결점을 보완할 필요성을 제안하기 위해서다. 이런 식단에서 공통점을 찾아내기란 어려운 일이다. 또한 그 요소들이 무엇인지 아직 모르기 때문에 공통점을 찾으려는 시도를 잘못 이해할 수도 있다. 그러나 최소한 이것만은 언급해야겠다. 대부분의 지역에서 식품은 산지에서 금방 온 신선한 것이었고, 요리는 준비하면서 약간 변형해 완성했다. 그리고 농업과 자연 주기를 기반으로 한다. 화학 성분이나 대체품의 간섭은 없다.

동물
채소
쓰레기 } — 토양 — 식물 — 식품 { 동물 —
— } 사람이 완성

인도르(Indore)에서 시작해 인도 전역을 비롯한 전 세계에서 앨버트 하워드 경(Sir Albert Howard)이 진행한 식물의 영양에 대한 연구는 방금 말한 순환의 자연적인 연결고리를 구성하는 것으로 보인다.

하워드 경은 인간과 동물을 먹여 건강하게 하고 생산적으로 만들면서 또 공동체 활동에서 발생하는 모든 동물과 채소 쓰레기를 처리한 후 흙으로 돌아가는 고대 중국의 방법을 소개한 적이 있다. 우리는 이 문제에 대해 직접적인 책임은 없지만, 영국 땅에 더 좋은 거름을 주어 사람들의 식탁에 오르는 신선한 농작물이 성공적으로 재배된다면 좋을 것이다. 오늘날 진행되고 있는 토양의 고갈을 막고 복원해, 비옥한 땅을 영구적으로 유지하는 것에 대한 우려가 코앞으로 다가왔기 때문이다. 영양과 식품의 품질은 건강에 가장 중요한 요소이다. 우리의 몸을 건강하게 하는 재료가 건강하지 않으면 어떤 건강 캠페인도 성공할 수 없다. 오늘날 우리의 몸을 만드는 재료는 건강하지 않다.

어쩌면 우리의 작업 중 절반쯤은 쓸모없을지 모른다. 우리 환자들은 요람에서부터 그렇게 먹어 왔고 실은 그전부터 영국이

건강 열등국으로 분류되는 데 이바지하고 있다. 체셔 사람들 조차도 흰 빵과 통조림 연어를 나눠 먹고 아이에게 분유를 준다. 이를 반대하는 의사가 하는 일들은 마치 시시포스의 노력과 비슷하다.

이 문서는 건강에 관심 있는 모든 사람을 위한 의학적 증거이다. 누군들 관심이 없겠는가?

우리는 전문가도 과학자도 아니고 농업 전문가도 아니다. 거대한 자치주 체셔의 가정의를 대표하고 있을 뿐이다. 마이클 드레이턴(Michael Drayton)이 말한 제대로 먹는 체셔주, 치즈에 붙일 좋은 이름이 없어서 주 이름을 붙이는 주 말이다. 그러나 대부분의 영국인에게는 애석하게도 그냥 이름일 뿐이다. 체셔는 최상의 농업이 여전히 가능한 주이며, 공업 지역뿐만 아니라 다른 지역의 요구도 더 폭넓게 보살펴야 하는 그런 주이다. 우리는 건강이 무엇인지를 알려 줄 수 있을 뿐이다. 건강하게 하는 건 우리가 할 수 있는 일이 아니다. 의사는 질병을 고쳐 달라는 요청을 받는다. 우리는 그 요청을 의무로 받아들이고, 현재의 지식으로 환자에게 최선의 조언을 한다면 질병은 예방 가능하다. 그리고 질병은 사람들이 올바른 섭식을 한다면 예방할 수 있다.

이것이 결론이다. 인간을 온전한 또는 건강한 상태로 유지하려면 신체의 모든 장기가 올바로 작동해야 하고 토양·식물·동물·사람·또 다시 토양이라는 자연의 순환을 따라야 한다. 우리가 이 순환을 마구

바꿔 버리면, 곧바로 건강과 질병에 대한 면역을 잃게 된다.

이 논지를 검증하기 위해 서퍽 홀리에 있는 토양협회에서 실시한 흥미로운 장기 실험에 대해 이야기하면 좋을 것 같다.[1] 이 실험에서는 농장을 세 부분으로 나누어 농장동물 그리고 작물의 번식에 미치는 영향을 비교·대조했다. 각각 다른 방법으로 처리된 토양이 비슷한 환경하에 나란히 놓여 동일한 관리를 받고 있다. 첫 번째 구역은 온전히 유기농으로만 관리가 된다. 농장동물은 있으나 외부로부터 식품이나 비료를 공급받지 않았다. 두 번째는 혼합 구역으로 평범한 농장처럼 운영하되 비료 등의 도움을 최대한 받았다. 세 번째는 농장동물이 없는 구역으로, 가축이 없고 전통적인 방식을 따라 운영한다.

25년 후 중간 보고서에는 선구자들이 이미 언급한 아이디어들을 지지하는 증거가 나오고 있으며, 바로 우리 코앞에 있다고 쓰여 있다. 다음은 홀리에서 찾아낸 변화에 대한 내용이다.

> 보조적으로 유기 거름을 비료로 사용한 혼합 구역은 보통(항상은 아님) 유기농 구역보다 다소 높은 수치의 곡물과 꼴을 수확했다. 물론 초지도 더 풍성했다. 혼합 구역에 있는 동물과 가금류 들은 유기 구역보다 대개 5~15퍼센트 정도 높은 겨울 사료를 얻을 수 있었다. 혼합 구역 동물들이 많은 먹이를 소비했으나 우유 생산량은 1965년 2세대 동물들이 무리에 합류하면서 유기 구역 동물들이 총 우유 생산량, 암소 한 마리당 생산량, 에이커당 생산량 모두에서 일관적으로 높았다. 이때 유기 구역의 소들은 더 나은 환경 속에서 '피어났다.' 소들은 훨씬

더 만족스럽고 평온한 모습을 보여 주었다. **덜 먹이고 더 많은 우유를 생산한 것은 지금까지의 발견 중 가장 흥미롭다.** 그리고 그 우유는 오직 방목한 상태에서 생산됐으므로 매우 특별하다.

보고서에서 다음으로 흥미로운 내용은 유기 구역에 있는 곡물이 자립형이 됐다는 사실이다. 나머지 두 구역의 곡물들은 외부의 인공적인 도움에 절대적으로 의존했다. 이는 가축이 없는 구역에서 예상된 결과였다. 그러나 혼합 구역에서도 아무리 작은 부분이라도 비료가 첨가되지 않으면 곡물 수확량이 유기 구역의 수확량 아래로 떨어졌다. 반대로 유기 구역에서 가장 수확량이 많은 들판은 비료를 뿌린 지 가장 오래된 곳(최대 35년)이었다. 지력 고갈이 일어나지 않았고, 유기 구역의 곡물은 해충에도 덜 민감해 보였으며, 양분이 모자라는 경우도 드물었다.

10년 동안 발생한 또 다른 변화로 유기적 구역에서는 어떤 날씨 상황에서도 일상적인 농장 운영을 할 수 있는 가능성이 눈에 띄게 향상되었다는 점이다. 3세대가 지나서야 볼 수 있었던 뚜렷한 구역 차이가 있었는데, 파종을 위해 크고 작은 낟알을 체로 쳐 알아낸 결과에 따르면 작은 낟알의 곡물 비율은 농장 동물이 없는 구역의 작물은 10퍼센트, 혼합 구역은 7퍼센트, 유기 구역은 5퍼센트였다.
가축을 둔 두 구역에서는 가축 건강에 자연스럽게 관심을 갖고 비교하게 됐다. 초기 몇 세대에서는 가축 간의 차이가 매우 약소하거나 다르지 않았다. 양쪽 모두 좋은 체력을 보였지만 최근 1, 2년 사이에 혼합 지역에서 활력을 잃은 모습이 나타났다.

적게 먹여 더 많은 우유 얻고, 양은 적지만 풍성한 알곡, 더 건강하고 만족스러운 가축들. 이 모습과 어두운 헛간에서 약물에 절어 움직이지 못하는 동물의 다른 점이 무엇일까? 홀리의 연구는 계속되어야 하고 국가적인 차원에서 알려져야 한다. 전 세계를 통틀어 이 분야의 유일한 과학적인 연구이며, 이를 통해 앞으로 발견할 것들은 의심의 여지없이 엄청나게 중요하다.

다음 장에서는 이런 이상이 우리의 현대적인 농업 관념, 즉 품질에 대한 고민보다 대량 생산을 위한 노력을 중시하는 현대의 농업 관념과 얼마나 동떨어져 있는지 설명하려고 한다. 아울러 대량 생산을 위한 노력이 약물로 처리해야 하는 질병이 확산되고 있는 현상과 어떤 관련이 있는지 알아볼 것이다.

09

고품질 생산과 대량 생산

ANIMAL MACHINES

건강은 그 자체로 긍정적 특질이며 단순히 질병이 없는 상태를 나타내는 것은 아니다. 우리는 앞서 궁극적으로 산지에서 재배한 좋은 신선 식품과 인공적으로 다른 것을 섞지 않은 식품을 섭취함으로써 원시 공동체들이 건강을 이룬다는 사실을 알았다. 그들은 환경과 세대를 거쳐 내려온 부족의 지혜를 통해 작은 공동체에서 이상적으로 건강을 실현할 수 있었다. 지구 전체의 어마어마한 인구를 생각할 때, 특히 인구가 집중되어 밀도가 높은 지역에서는 이런 이상적인 방식을 알맞게 개조할 수밖에 없다.

건강과 관련한 환경적인 요인은 개선되기도 하고, 나빠지기도 했다. 주거 환경은 점점 개선되고 있고 직업 환경도 그렇다. 편안함과 위생의 기본적인 기준은 언제나 나아지고 있으며, 우리의 건강을 파괴하는 공업 지대의 굴뚝에서 나오는 끔찍하게 오염된 공기를 예방하는 방법도 조금씩 나아지고 있다. 그러나 이에 반해 특히 도시에서는 과밀한 생활, 혼잡한 출퇴근, 줄서기 등에서 발생하는 부작용으로 삶의 속도를 더 빠르게 설정해야 한다. 우리는 점점 더 늘어나는 자동차와 버스, 대형 트럭의 배기가스로 고통 받고 있다. 소음에 대한 부담도 엄청나게 늘어나고 있다. 비행기를 이용한 여행은 마을의 평화를 산산이 부수었고 이는 시골도 비슷하다.

모든 것이 피할 수 없는 지경에 이르렀다. 그럼에도 오늘날 인간을 괴롭히는 가장 큰 위험은 스스로 자신을 불필요한 존재로 만든 것이다. 전쟁을 막아야 한다는 강박에 사로잡혀, 더 높은 수준의 방사능을 대기에 방출하는 핵폭탄을 점점 더 많이 개발하고, 살충제와 농약의 무분별한 사용으로 생태계 전반을 오염시켰다. 또한 식품을 가공해 기본적인 영양소를 파괴했다. 이런 것들은 현대의 계몽 시대를 사는 한 개인이 인정하기가 매우 어려운 일이다.

인간이 돈을 더 벌고 더 나은 삶을 살고 더 폭넓은 문화를 누린다 한들, 후손에게 건강이라는 선물 하나를 남겨 주기 위해 싸울 준비가 되어 있지 않다면, 나머지 것들이 무슨 소용이 있을까?

일반적으로 지난 50년간 기대 수명이 늘어난 것으로 추측되고 있다. 그러나 이는 검증이 필요하다. 출생 시 평균 생존 연수는 향상됐지만, 노년기에는 그렇지 않다. 출생 시 평균 생존 연수가 향상된 이유는 약 반세기 전에 어린이에게 치명적인 감염성 질병을 억제하는 새로운 약품을 발견했기 때문이다. 오늘날 어린이는 40세까지 생존할 확률이 훨씬 높아졌다. 그러나 40세가 지나면 기대 수명의 차이는 미미하다. 현재는 기본적인 주거 환경과 위생 수준이 대폭 향상됐고, 20년 전에는 듣도 보도 못한 새로운 약품과 기술이 가능하다. 그런데 기대 수명의 차이가 미미한 이유는 이러한 발전이 진행되는 과정의 어느 지점에서 실패했음을 의미한다.

이런 실패가 더욱 안타까운 이유는 질병이 줄어들지 않았을 뿐 아니라, 기본적으로 어느 정도 질병이 있다는 것을 우리 삶의 한 부분으로 인정하고 받아들인다는 사실 때문이다. 피로, 두통, 소화 불량, 변비 등을 당연히 여기고 이를 현대 생활의 일부로 삼는다. 동일하게 생각해 보면 퇴행성 질환이 서서히 증가하는 것도 무엇인가 기본적으로 잘못됐다는 뜻이다. 우리는 심장 질환, 궤양 질환, 당뇨, 치아 질병, 암과 같은 퇴행성 질환을 우리 삶의 일부로 받아들이고 있다. 마치 이 질병들을 전혀 피할 수 없는 것처럼 말이다. 또한 이런 질병들에 걸릴 만한 계기가 없으면 무시하고 지내는 정치인들처럼, 질병 관련 통계 자료도 대수롭지 않게 여긴다. 레이철 카슨은 『침묵의 봄』에 다음과 같은 충격적인 글을 썼다.

> 미국 암협회는 4,500만 미국인들의 생활이 결국 암을 발생시킬 것이라고 추측했다. 이 말은 곧 미국 가정의 3분의 2를 악성 질환이 강타한다는 뜻이다. 이 상황을 아이들과 연관해 생각해 보면 더욱 충격적이다. 25년 전만 해도 어린이에게 암이 발견되는 것은 의학적으로 희귀했다. **오늘날 더 많은 미국의 어린이들이 다른 질병이 아니라 암으로 사망하고 있다.** 이런 심각한 상황에서 보스턴에 최초로 어린이 암 환자를 위한 전용 병원이 설립됐다. 1세에서 14세 사이 어린이의 모든 사망 원인 중 20퍼센트가 암이다.

파리에 있는 파스퇴르 연구소의 베르글라(M. Berglas)는 머지않아 모든 인간이 암으로 사망하는 위험에 놓일 것이라는 견해를 발표했다. 의료 전문가들이 관심을 집중하는 시기는 주로 질병이 발생한 후이다. 의사는 질병을 치료하는 것이 아니라 질병의 경감과 억제를 위해 셀 수 없을 만큼 많은 약품을 사용한다. 이런 의사들의 태도에 내재하는 한계는 의료 보험의 비용 상승에 반영된다. 1951년 4억 8,600만 파운드였던 의료 보험 비용은 1956년에는 6억 2,400만 파운드, 1961년에는 9억 2,600만 파운드로 올랐다. 아울러 농부들에게는 매년 3~4억 파운드의 보조금을 지급한다. 이 보조금은 품질이 의심스러운 식품의 생산을 보조하는데, 이 또한 건강이 나빠지는 데 일조하는 것이다.

이런 악순환의 고리를 끊기 위해 우리가 뭔가를 할 수 있을까? 당연히 할 수 있다. 앞에서 소개한 고립된 공동체 생활에서 실마리를 찾을 수 있다. 우리 가족들에게 가능한 한 신선하고 가공되지 않은 음식을 먹이는 것이다. 정말 건강한 사람은 보잘것없는 음식을 섭취해 건강과 저항성이 낮은 사람들보다 위험 요소가 많은 현대 생활을 훨씬 잘 견딘다. 우리가 필사적으로 생산량을 높여온 음식들은 일부 영양소가 파괴됐고, 미량의 독성 물질이 발견되기도 한다. 이는 근시안적이고 경제적이지 못할 뿐 아니라 거의 범죄에 가깝다.

현대 농업 기술은 시작부터 식품을 오염시킨다. 파종하기 전에 씨앗을 농약으로 세척하고, 이후에는 기생충과 곤충에 의한 손실을 줄이기 위해 조직적으로 화학 농약을 살포한다. 생물학적인 관리는 농업 전문가가 필요하기 때문에 어려운 실정이다. 혼합 영농으로 농사를 지으면 비옥한 토양을 만드는 이점은 있지만 돈을 벌어 주지는 않는다. 농부들은 한두 종류의 작물과 두세 종류의 가축을 집약적으로 키워 이익을 창출하는 데 집중하라는 조언을 받곤 한다. 광활한 지역에 한 종류의 작물만 키우면 결국은 질병이 창궐하게 되고, 질병이 저항력을 가지면 살충제를 뿌리는 것도 소용없다는 사실이 증명됐다.

> 원시적인 농업 환경에서 농부에게 곤충은 큰 문제가 아니었다. 곤충 문제는 농업이 집약되면서 발생했다. 엄청난 규모의 땅에 단 한 가지 작물만을 심는 시스템은 특정한 곤충이 폭발적으로 증가할 수 있는 무대를 만들어 준다. 단일 작물을 키우는 것은 자연의 섭리의 장점을 이용하지 못한다. 단일 작물 농업은 기술자의 상상에서나 가능한 것이다. 자연은 풍경에 엄청나게 많은 다양함을 선사했다. 그러나 인간은 이를 단순화하는 데 열정을 가진 듯하다. 이런 방식으로 인간은 자연의 테두리 안에서 생물종 사이에 유지되는 견제와 균형을 무효화시켜 버린다. 한 가지 중요한 자연의 견제는 각 종마다 알맞은 서식지의 양이 제한되어 있다는 점이다. 그러면 당연히 밀에 사는 곤충은 좋아하지 않는 다른 작물과 섞어 심은 밀밭에 비해, 밀만 심은 농장에서 그 수가 매우 많아진다.[1]

지난 20년 동안 200가지가 넘는 화학약품이 살충제·제초제·농약이라는 이름으로 사용됐다. 이제 우리는 이런 화학 물질이 사용 목적을 달성하는지보다 위험 요소가 부메랑이 되어 돌아올 수 있다는 사실을 발견하고 있다.

> 어떤 사람들은 인간의 생식 세포를 설계·변경할 수 있기를 기대하며 우리 미래의 설계자가 되려고 한다. 그러나 지금도 (카슨이 언급한) 부주의와 많은 화학물질, 유전자 변형을 일으키는 방사능으로 쉽게 그렇게 할 수 있다. 인간이 살충 스프레이를 선택하는 것과 같은 사소한 행동으로 자신의 미래를 결정할 수 있다는 건 아이러니한 일이다.

식품을 키울 때 발생하는 위험은 둘째치고 식품을 저장하고 가공하는 데 사용되는 첨가물들도 위험을 내포하고 있다. 첨가물 중 일부는 무해하다. 그러나 나머지는 염료이거나 발암 물질도 있다. 식품 영양소의 일부가 파괴되는 것과 가공으로 성분이 바뀌는 것 모두 똑같이 위험한 일이다. 토양, 씨앗, 식물에 미친 위험은 이제 동물에게까지 이르고 있다. 가축의 밀집사육 시스템은 이런 모든 위험성을 더 높은 단계로 끌어올렸고, 나는 이 사육 시스템 때문에 소비자들이 더 위험해졌다고 확신한다.

수의사들은 동물이 갇혀 있는 헛간에 들어갈 때면 몸서리칠 것이다. 건강과 관련된 모든 기본적인 개념이 극악무도하게 파괴됐기 때문이다. 동물이 건강과 멀어지게 된 첫 번째 단계는 토양과 분리된 곳에서 지내는 것이다. 동물들은 바닥이 콘크리트로 된 헛간에 갇혀 키워진다. 운 좋게도 그런 방식으로 농부가 계속 이익을 창출하게 된다면 짚을 약간 깔아줄 것이다. 그게 아니라면 동물들은 평생 슬랫이나 철망 위에서 살아야 한다. 토양과 분리된 생활은 동물의 먹이와도 관련이 있다. 아무리 조심스럽게 생각해봐도 자신이 먹이를 선택해 먹는 것은 동물에게 즐거움을 줄 뿐만 아니라, 단조로운 합성 사료보다 훨씬 건강한 먹이의 기준을 제시하는 것 같다.

로이 베디체크(Roy Bedichek)는 『박물학자와 함께하는 모험』(Adventures with a Naturalist, 1948)에서 동물이 건강해지기 위해 무엇을 먹어야 하는지를 동물보다 더 많이 안다고 생각하는 연구자들이 합성 비타민을 사료에 첨가할 수 있을지는 몰라도 무언가 놓치고 있다고 설명했다.

> 비육 사료에 든 비타민이나 미네랄 성분이 닭이 자연 상태에서 먹는 먹이만큼 함량이 높다고 말하는 건 쉽다. 그러나 사실 모든 비타민은 단독으로 존재하지 않는다. 몇 가지 비타민은 존재조차 의심되고 있다. 완전한 비타민 목록이 아직 완성되지 않은 상황에서 두 식품을 비교해 어느 하나가 다른 것만큼 높다고 말할 수 있을까? 또한 조사 결과에는 각 비타민의 온전한 함량, 비타민들의 모든 순열과 조합도 포함되지 않았다. 우리는 비타민 광고처럼 식품에서 비타민을 섭취한다는 건 불필요하니 더 쉽고 더 비싼 알약을 먹으라는 설득에 끌려가고 있다. 알려지지 않은 비타민의 추모비를 세우고 그 아래에 꽃을 놓고 경건하게 예를 표해야 하는 걸까. 알려지지 않은 비타민은 어쩌면 메뚜기나 다른 곤충의 몸속에 숨어 있을지도 모른다. 너무 철저하게 숨어 있어 오직 닭의 소화 기관을 통해야만 인간이 비타민을 섭취할 수 있을지 모르는 일이다.

건강한 동물로 자라지 못하게 하는 다음 단계는 가금과 동물 들을 어둠 속 아니면 거의 어둠에 가까운 곳에 가두는 것이다. 신선한 공기와 태양, 빗방울을 느낄 수 없고, 사지를 움직여 가장 기본적인 활동조차 할 수 없다. 독일 막스 플랑크 연구소의 뮐러(E.A. Muller) 교수는 건강한 의대생을 대상으로 2주간 움직일 수 없는 것이 어떤 영향을 미치는지 실험했다. 이 실험은 사람이 우주선과 같이 감금된 공간에서 오랜 시간을 보내면 어떤 일이 일어나는지 알아보기 위해 실시한 것이다.[2]

> 의사들이 피험자를 먹이고 씻겨 연구소로 옮겼다. 검사 결과 피험자는 힘을 20퍼센트 잃었다. … 근육이 마치 녹아버린 것 같다고 교수는 말했다. 그리고 피험자는 빠르게 체중이 늘었다.

식인종이 먹었다면 당연히 부드러운 고기맛을 느꼈을 것이다. 그러나 우리는 그런 상태를 건강하다고는 생각하지 않는다. 우주인은 모든 근육을 단련하기 위해 매일 운동해야 한다는 결론이 내려졌다.

이 실험은 비유적으로 식육용 송아지, 구이용 송아지, 돼지, 배터리 케이지에 갇혀 있는 가금류와 육계를 떠올리게 한다. 동물들은 근육에 힘이 없고 체중이 빨리 는다. 그리고 **건강하지 않다**.

사정이 이런데도 약물을 써서 동물의 생명을 유지한다는 게 놀랍지 않은가? 동물 건강의 퇴보를 놓고 농업학자와 수의사들의 우려가 쏟아지고 있다.

> 이 복잡한 문제로 연구를 확장하는 데 장애가 되는 것은 (동물

건강신탁의 백혈병 연구 계획에 관한 보도를 보면) 일반적으로 가금류에 널리 퍼져 있는 백혈병이다.[3]

호턴 가금연구소의 고든(R.F. Gordon) 박사는 임상적인 호흡기 복합 질병이 증가하고, 이것이 심각한 문제가 되고 있다는 증거가 있다고 말했다. 백혈병이 증가할 뿐 아니라 어린 연령의 발생 빈도도 증가하고 있다. 일부 육계 무리에서는 백혈병의 발병이 극도로 높은 폐사율을 가진 자연 폭탄이 됐다.[4]

BOCM의 돼지 부문 수석고문 데이비드 벨리스(David Bellis)는 면적당 방목률을 밀집적으로 운영하면 효율성과 수익성을 높일 수 있지만, 질병의 위험도 높아진다고 회의에서 언급했다. "내가 비관적인 것인지는 모르겠지만, 영국 돼지 90퍼센트가 임상적 또는 무증상의 질병으로 고통받고 있다고 생각한다."[5]

BOCM의 가금류 고문 퍼셀(M.H. Fussell) 박사는 "칠면조 질병이 증가하는 추세다. 점점 더 악성이 되고 있어 치료하기가 어려워지고 있다"고 말했다.[6]

이미 앞에서 말한 것처럼 '흰 살코기'생산을 위해서는 어느 정도의 빈혈은 필요불가결하다는 데서 알 수 있듯 송아지의 건강은 식육용 송아지고기 생산에서 고려 대상이 아니다.

건강하지 못한 동물은 인간을 위한 건강한 음식이 되지 못한다. 내가 보기에 이런 주장을 두고 몇몇은 논쟁을 걸 수도 있다. 그러나 이것은 건강에 좋지 않은 식품 그 이상의 문제이며, 어쩌면 위험한 일이기도 하다. 이익을 창출하면서 동시에 폐사율을 줄이기 위해 과학자들이 개발하는 약품과 질병 사이의 경쟁은 이미 시작됐다.

약물은 거의 기계적으로 사용되고 있다. 작게는 동물의 무제한적 성장을 위해 복합 사료에 넣기도 하고, 크게는 실제로 질병이 발생했을 때 질병을 억제하기 위해 사용한다. 마지막으로 합성 호르몬이 비육을 위해 사용된다. 이 모든 약물의 영향은 동물이 도살된 후 지육에 남아 있다.

항생제

세인즈버리(D.W.B. Sainsbury) 박사는 1958년 10월에 있었던 영국 육계생산자협회 회의의 연설에서 이렇게 말했다. "육계 사육장은 악행과 질병의 증진을 위해 인간들이 고안한 가장 세련된 매개체 중 하나입니다." 나는 여기에 현대의 공장식 사육 방식은 항생제 없이는 계속될 수 없다는 말을 덧붙이고 싶다. 우리는 송아지, 돼지, 닭 들이 사실상 딱 그들의 신체 크기만 한 공간에서 키워진다는 사실을 알고 있다. 개체 간의 간격이 너무나 가까워서 극단적인 관리법을 사용하지 않으면 질병이 사육장을 휩쓸어 버릴 것이다.

한 수의사는 이렇게 물었다. "우리는 왜 경구 항생제를 사용할까? 항생제는 단지 좋은 사육 방법의 대체품에 불과하다는 사실을 모두가 인정하고 있다."[7] 이에 대해 농무부가 만든 소책자는 약한 동물이 건강한 동물보다 더 이익일 수 있다고 농부들에게 조언하고 있다.

항생제는 동물의 장 내 박테리아를 억제하고, 박테리아가 동물과 동물 사이에 전염되는 것을 예방한다. 따라서 항생제 투여에는 두 가지 목적이 있다. 첫째, 질병이 창궐하는 것을 막고, 둘째, 그렇게 함으로써 동물을 아무런 제약 없이 사육하는 것이다.

세 가지의 항생제가 돼지와 어린 가금류(번식을 위한 종계보다 더 많이 사용됨)에 사용되고 있으며, 최근에는 송아지의 복합 사료에 첨가되어 일상적으로 쓰인다. 이 세 가지 항생제는 페니실린, 오레오마이신, 테라마이신이다. 권장 항생제의 투여율은 돼지 100만 마리당 15, 가금류는 그보다 약간 적다. 농무부에 따르면 항생제를 투여하면 성장률은 높이고 생체중 1파운드당 사료요구량은 낮출 수 있다. 그리고 의심의 여지없이 더 높은 이익을 창출할 수 있다고 한다. 이것이 일상적으로 항생제를 사료에 첨가하는 이유 중 하나일 것이다. 농부들이 수익을 올리는 게 못마땅한 것은 결코 아니다. 하지만 일상적으로 사용되는 항생제의 경구 투여가 장기간 동물에 미치는 영향을 그리고 그 연결 고리의 마지막인 인간에게 미치는 영향을 모두 자세히 연구해야 하지 않을까?

이런 문제를 연구하기 위해 1960년 농업협의회와 의학조사협의회가 연합해 위원회를 설립했다. 1962년 위원회는 연구 결과를 발표했다. 결과에 따르면 영국에서 항생제가 성장 첨가제로 사용되는 효과가 초기보다 성공적이지 않았다. 그러나 몇몇 다른 나라에서는 사료에 첨가하면 훨씬 더 효과적임을 인정했다. 또한 위원회는 유기체에 부담이 되어 내성이 생기고 유해할 수 있으며, 한 동물에서 다른 동물로 내성이 전해질 수 있고, 적절한 시기에 치료해도 듣지 않을 수 있다는 증거가 있다고 발표했다. 그러나 **경제적 이익을 위해서는 항생제를 계**

속 사용할 것을 권고했다. 위원회는 예견된 위험에 대한 농부들의 우려를 안심시키고 있지만, 위험은 이미 우리 곁을 스쳐 지나가고 있다.

> 수많은 농장에서 사육하는 돼지와 가금류를 검사해 보니, 테트라사이클린을 먹인 동물의 배설물에서 대장 섬모충이 발견됐고 대부분은 테트라사이클린 내성을 보였다.[8] 반면에 테트라사이클린을 투여하지 않은 농장의 동물 배설물은 대부분 테트라사이클린에 민감한 것으로 나타났다. 테트라사이클린을 막 투여하기 시작한 무리에서는 배설물 속 대장 섬모충이 테트라사이클린 민감성에서 테트라사이클린 내성으로 변화할 가능성을 보였다. 웰치균의 경우에도 비슷한 변화를 감지했다고 언급했다.[9]

한 수의사는 약물 사용 양상에 대해 이렇게 말했다.[10]

> 또다시 건강한 비육돈, 베이컨용 돼지, 특히 암퇘지가 대장균에 감염됐는데 항생제 치료에 반응이 없는 경우를 보았다. 원인은 간단했다. 하나 또는 여러 세균이 특정 항생제에 대해 강력한 내성을 형성했기 때문이다. 이런 강력한 내성은 소량의 항생제를 사료를 통해서 장기간 섭취해 생기는 것이다. … 어미 돼지에게 치명적인 대장균 내성균을 받아 태어난 지 며칠 만에 죽어 나가는 새끼 돼지를 몇 번이나 보았다. … 죽은 새끼 돼지들의 질병을 기록하고 감도 시험을 했는데, 균들이 최대

> 3~4가지의 가장 강력한 항생제에 내성을 보였다. 암퇘지에게 대장균 유선염과 자궁염이 발생한 대부분의 경우 닥치는 대로 치료해야 했다. 왜냐하면 가벼운 질병들이 강력한 약물 내성을 갖고 있었기 때문이다. 이런 경우 효과적인 치료법이 발견되기 전까지는 암퇘지의 유방이 망가지고, 번식이 불가능해진다.

이 수의사는 이런 상황이 아일랜드와 미국에서는 더 심각하기 때문에 자본이 낭비되고 있다고 지적한다. 대장균과 다른 균들은 모든 약물에 내성이 있었고, 그래서 농부와 수의사 들은 아스피린, 기도, 미신으로 돌아갈 수밖에 없었다. 돼지 폐렴도 위험한 수준에 이르고 있다. 폐렴을 일으키는 박테리아가 내성을 가졌고 극심한 폐렴은 폐사율을 높이고 있다. 내성은 돼지 단독균과 가금 단독균에도 형성됐다.

수의사의 말을 들어보자. "우리는 지금 심연의 끝에 아슬아슬하게 서 있다. … 확실히 가금류 질병은 점차 약물에 적응하고 있다. 앞으로 우리에게 닥칠 재앙은 그리 멀지 않다."

이런 사태는 농부에게 경제적인 이득을 가져다주지 않을 것이다. 오히려 경제적 도박처럼 느껴진다. 그렇다면 인간에게 무엇이 해로운 것일까? 인간 앞에 놓인 가장 분명한 위험은 인간 스스로도 항생제 내성을 형성해 가고 있다는 것이다. 소량을 계속해서 섭취함으로써 식품 안에 든 극소량으로도 항생제 내성 형성이 가능하다. 이와 똑같은 은밀한 방식으로 약품에 대한 알레르기도 발생하고 있다.

호주의 비크넬(Franklin Bicknell) 박사는 항생제가 소고기와 돼지고기 지육에 얼마나 남아 있는지 알 수 없었다. 성장률을 높이기 위해 어린 송아지에 투여하는 안정제라는 나쁜 약물이 인간에게 영향을 미칠 만큼 충분히 남아 있는지도 알 수가 없었다. 하지만 박사는 암탉과 관련해서는 프라이의 연구[11]를 인용해 이렇게 말했다.

> 오레오마이신, 테라마이신 또는 바시트라신을 0.001퍼센트 비율로 투여한 사료를 3주간 먹은 암탉은 고기에서 각각 1파운드당 0.1~0.2밀리그램, 0.05~0.1밀리그램, 0.07~0.09밀리그램까지 발견됐다. 0.0002퍼센트 비율로 오레오마이신을 투여한 닭이 낳은 달걀에서는 0.01밀리그램의 항생제가 발견됐다.[12]

위의 수치는 집중적인 약물 투여를 의미하는데 고기에 남은 비율은 소량인 듯이 보인다. 농무부 위원회 또한 항생제를 급이한 동물의 지육에서 소량의 항생제를 발견했다. 우리 대다수는 전문가가 아니기 때문에 이런 약물이 소량 함유되어 있다는 게 무엇을 의미하는지 알 수가 없다. 그러나 루이스 허버(Lewis Herber)의 말을 들어보면 그게 무슨 의미인지 감이 온다.[13]

> 페니실린에 민감한 사람에게 치료를 위해 페니실린을 투여하는 것이 생명을 앗아가는 지경에 이르렀다. 그런 사람의 수는 해가 갈수록 늘어나고 있다.

허버는 의사들이 0.00001퍼센트 비율의 페니실린에 대한 수동이입(passive transfer)에 반응을 보이는 환자와 페니실린 0.000003퍼센트 비율을 피부 검사했을 때 쇼크에 빠지는 환자에게 실시한 실험을 인용했다. 식품에 들어 있는 양이 그렇게 극소량이라면, 위의 경우 쉽게 사라질 수 있을까? 법률상으로는 약물 세 가지만을 가축에게 정상적인 사료 첨가제로 사용할 수 있다. 질병과 싸우기 위해 사용하는 약물 투여는 제한이 없다. 그래서 치료 목적이라면 어떤 약물이든지 마구잡이로 사용했을 수 있다. 강력한 약품이 아주 소량이라도 우리가 소비하는 달걀이나 고기에 남으면 위험할 수 있다는 사실을 이제 우리는 잘 알게 됐을까? 합리적으로 받아들여야 하는 그런 위험일까? 아니면 위험을 무시하고 맹목적으로 감수해야만 할까?

동물의 박테리아 저항성은 위험하다. 첫째, 박테리아는 동물에서 사람으로 직접 옮겨질 수 있다. 둘째, 생산된 식품으로도 옮겨질 수 있다. 다시 비크넬 박사의 말을 들어보자.

> 포도상 구균 내성이라는 새로운 질병이 일반인에게도 퍼져 나가 패혈증 사망률이 40퍼센트가 넘는다. … 가장 가능성 높은 원인은 감염을 항생제로 치료한 동물에서 농부에게 그리고 모든 사람에게 퍼진 것이다.[14]

비크넬에 따르면 병원이 다루는 주요한 문제는 항생제에 내성을 가지는 포도상 구균에 심각하게 감염된 장 질병이라고 한다. 어린아이들은 대장균이 원인이 되어 설사를 하는데 대장균은 항생제에 반응을 해야 한다. 그러나 이 대장균에서도 농장에서 흔히 발견되는 항생제 내성이 발견됐다.

인간의 진균 감염은 뇌, 폐, 장, 신장, 피부 등에 발생하는데, 요즘은 흔하게 나타난다. 진균의 성장을 억제하는 박테리아를 항생제가 죽여 버렸기 때문이다. 이러한 진균 감염은 오늘날에도 치명적이고 매우 불쾌한 질병이다. … 새로운 항진균 항생제가 출시되어 감염을 치료할 것이라는 희망이 있다. 그러나 이런 기대는 희미해지고 있다. 새로운 항생제를 사용하는 의사들보다 먼저 움직인 농부들에 의해 이미 진균에 대한 내성이 생기기 시작한 것으로 보인다. 내성은 발생하기만 하면 빠르게 발전한다.

진균성 질병의 발달은 이미 증가하는 추세이다. 이는 칠면조를 기르는 사람들에게는 또 하나의 걱정거리가 되고 있다. 좀 더 자세하게 이야기하면 식품 내 항생제는 인간 신체의 균 무리를 변화시킨다. 버밍엄(Birmingham) 대학의 프레이저(A.C. Frazer) 교수는 1962년 공공 보건 콘퍼런스 보고서에서 위장 장애와 위장의 기타 문제가 증가하고 있다고 경고한다. 루이스 허버는 항생제는 위험한 식품 첨가물이라고 했고, 《농부와 목축업자》에서 한 수의사는 너무 늦기 전에 경구 항생제를 버려야 한다고 했다. 의료 당국은 항생제가 위험한 내성을 발생시킬 수 있으니 매우 변별력 있게 사용하라고 독려하는 반면, 농림 당국은 더욱 광범위하게 사용하도록 권장한다. 매우 아이러니한 상황이다. 더 늦기 전에 두 당국은 이 문제에 관해 협의해야 한다.

기타 첨가물

항콕시듐증 제제 니카바진(nicarbazin), 술파닐아미도 퀴녹살린(suphanilamido-quinozaline), 니트로퓨란(nitrofuran)과 같은 기타 항감염성 물질도 가금류에게 정기적으로 먹이고 있다. 비크넬 박사는 니트로퓨란은 사람 피부에 바르면 피부병을 발생시킨다고 알려져 있지만, 사람이 항콕시듐증 제제를 조금씩 자주 섭취하는 것에 대한 영향은 알려진 바가 거의 없다고 했다. 흑두병을 예방하기 위해 칠면조 사료에 일상적으로 첨가하는 아시니트라졸(acinitrazole)은 질편모충 구충제처럼 사람에게 약간의 독성이 있다.

비소

비크넬 박사는 비소는 어떤 형태로든 농업과 원예에 사용되는 것이 금지되어야 하지만, 매우 충격적이게도 희망이 없다고 말했다. 그리고 레이첼 카슨은 비소가 최초로 발견된 단순 발암 물질이라고 지적하고, 비소와 인간, 동물의 결합은 역사에 남을 만한 일이라고 말했다. 두 사람 모두 비소가 농업 분야에 분사 방식으로 쓰이는 것에 대해 거론했지만, 비소는 여전히 영국과 미국에서 성장촉진제로 사용되고 있다.

> 미국 식약청(FDA)은 이미 사료 첨가제에 비소혼합물과 함께 다른 성장촉진제를 폭넓게 사용하는 위반 사례를 적발했다. 식약청에서 일찌감치 실시한 예비 조사에 따르면 도축 5일 전

에는 비소가 포함된 사료를 중지해야 하는데 일부 가금업자들 이 이를 위반했다고 지적했다.[15] 양돈업자들 역시 도축 5일 전에 비소가 든 사료를 중지해야 함에도 불구하고 계속 먹이고 있다는 사실을 확인했다.[16]

지난 10년간 악명 높았던 비소 중독 사건을 아는 사람이라면 누구나 앞에 언급된 5일 규칙에 놀라움과 의아함을 가질 것이다. 한 달 이상 작용하는 이 유명한 독살범은 치명적인 용량이 천천히 축적되고 몇 달이 지나 시체를 매장한 후 발굴해 검사해 보면 비소 중독이 판명되는 식이다. 아직 영국에서는 비소 혼합물이 돼지의 성장촉진제로 쓰인다는 것을 들어본 적이 없다. 그러나 가금류에 사용하는 것은 확실한 사실이며 당국이 우려할 만한 수준이다.

1961년 11월 윌트셔(Wiltshire) 측량부는 얼마 전부터 복합 사료에 비소 화합물을 성장촉진제로 추가하여 가금류 특히 육계의 사료로 사용하는 데 대한 우려가 있다고 보고했다.[17]

당국은 네 가지 실험을 실시했다. 세 번은 육계 사육장에서, 한 번은 비료로 사용되는 육계 사육장에서 나온 톱밥을 사용했다. 실험 결과 닭이 비소를 간에 저장하고 있다는 사실을 발견했다. 이를테면 사료 한 무더기에 비소 화합물 첨가제가 0.004퍼센트 들어 있지만, 사료를 먹은 닭의 간에서는 1백만 분의 0.2(0.0000002퍼센트)와 1백만 분의 1.6(0.0000016퍼센트)이 발견됐다. 이는 허가 용량을 초과하는 것이다. 톱밥을 비료로 사용한 곳에서는 낮은 비율의 비소가 풀에서 발견됐다.

농업 및 식품 분야 독성물질 자문위원회는 사료 제조사에 비소 화합물 성장촉진제를 복합 사료에 넣지 말 것을 **권고했다**. 보고서에는 이것이 영국에서 비소를 사용하는 마지막이 될 수도 있다고 쓰여 있으며, 나아가 인내심을 가지고 이 독성 물질을 지켜보아야 할 것이라고 희망을 담아 덧붙였다. 하지만 나는 이것이 정말 끝일지 궁금하다. 어느 날 농무부에서 받은 편지에는 육계의 간으로 만든 파테가 현재 판매되고 있고, 어떤 사람들은 푸아그라로 혼동할 수 있다는 내용이 담겨 있었다. 근처 정육점에 줄지어 전시된 파테를 보면 비소가 들어 있을 수도 있다는 것과 다른 화학물질과 독성 물질이 육계의 간에 쌓여 있을 수 있음을 기억하길 바란다. 그리고 정육점 주인에게 어느 것이 육계 파테인지 물어보는 것도 잊지 말길 바란다.

염료

염료를 비롯한 다른 첨가물은 식품을 더 맛있게 보이기 위해 사용된다. 이를테면 배터리 케이지에서 생산된 달걀의 단점을 보완하기 위해 염료를 사용하는 등 모든 방법을 시도한다. 색이 옅은 노른자를 보완하기 위해 건초나 노란색 염료를 닭에게 먹여, 사람들이 방목 달걀의 품질 기준을 떠올리게 하는 금빛 노른자를 가진 달걀을 만든다. 노란색 염료의 안전성에 대해 비크넬 박사는 의문을 제기했다.

> 사람은 모두 태어날 때 암을 유발하는 화학물질을 중화하는 데 사용할 수 있는 비축물을 가지고 있다. 화학물질을 먹을 때

마다 우리는 무엇으로도 대체할 수 없는 비축물을 쓰는 것이다. 비축물을 다 쓰면 암으로 죽게 된다. 그렇게 생각하면 암을 유발한다고 여겨지는 음식을 먹을 수가 없다. 안전하기 위해 가능한 모든 여유분을 지니고 암과 싸워야 한다. 비축물을 모두 사용하기 전까지는 세제와 달걀 등에 암을 유발하는 화학물질이 존재하는지 또는 피할 수 있는지 우리는 알 수 없다. 달걀은 닭이 낳기 전까지는 식품이 아니다. 그래서 배터리 케이지에서 생산된 색이 옅은 노른자를 위험하더라도 노란색 염료로 염색하는 건 합법인 것이다. 닭에게 염료를 먹이면 염료가 노른자 속으로 들어간다. 이렇게 대중을 기만해 배터리 케이지에서 생산된 염색된 노른자 달걀을 농장의 금빛 노른자 달걀로 둔갑시켜 판매하는 것은 사기 행각이며 이는 금지되어야 한다.

호르몬

가축에 사용할 수 있는 합성 호르몬은 다음과 같다. 스틸베스트롤, 헥세스트롤(hexoestrol), 디에네스트롤(dienestrol), 디아니실 헥산(dianisyl haxane), 디아니실 헥센(dianisyl hexene), 디아니실 헥사디에네(dianisyl hexadiene), 디에네스트롤 디아세테이트(dienoestrol diacetate), 갑상선 자극제. 이들 호르몬에 대해 비크넬 박사는 이렇게 지적했다.

> 적어도 하나는 유방암을 발생시킨다. … 유방암은 에스트로겐

이 원인이거나 에스트로겐에 따라 발생·성장한다. 에스트로겐은 여성 호르몬이다. 유방암에 작용하는 에스트로겐의 자극을 제거하려면, 엑스레이와 함께 외과적으로 난소를 제거하여 에스트로겐을 생성하는 분비샘을 제거해야 한다.

그 다음에는 에스트로겐을 생성하는 모든 기관을 체계적으로 제거한다.

유방암 치료를 받는 여성들은 물론 다른 건강한 여성들도 반드시 외부에서 에스트로겐이 체내로 들어오지 않게 해야 한다. 그러나 합성 에스트로겐으로 오염된 소고기, 양고기, 가금류가 늘어나고 있는 실정이다. 합성 에스트로겐은 동물을 살찌우거나 성장률을 높이기 위해 흔히 사용된다. 상업적으로 키우는 닭고기나 다른 고기에 에스트로겐 처치를 했다면 여성뿐 아니라 누구라도 섭취하지 말아야 한다. 합성 에스트로겐으로 처리한 동물을 굳이 변호하자면, 첫째, 스스로 에스트로겐을 생성하는 동물에는 에스트로겐을 주사하지 말아야 한다. **동물의 고기에 들어 있는 자연 에스트로겐은 인간이 먹고 소화하는 동안 사라지지만, 합성 에스트로겐은 사라지지 않고 체내에 흡수된다.** … 유방암을 제외하고 에스트로겐으로 발생하는 암은 남성의 경우 백혈병 또는 혈액암, 동물의 경우 신장암·방광암·고환암·자궁암·백혈병이다. 에스트로겐이나 다른 호르몬으로 처리한 동물은 인간의 식품으로 절대 판매해서는 안 된다. 법으로 금지되기 전까지는 사람들이 정육점 주인에게 판매하는 고기나 가금류에 호르몬 처리를 했는지 물어보아야 한다.

스틸베스트롤은 미국에서 닭의 목에 주사하는 합성 호르몬으로 널리 사용된다. 닭의 목이나 머리는 제거하기 때문에 안전하다고 추정되고 있다. 그러나 이는 많은 사람들이 스튜를 만들 때 닭의 목과 머리를 사용하는 경우를 간과하고 있다. 또한 스틸베스트롤은 한 알만 사용하는 것을 권장하지만, 가금류 농장에서는 두 알 또는 그 이상도 사용한다. 미국의 화학자 레너드 위킨든은 미국 식약청의 조사 보고서를 인용하면서 이렇게 말했다.

> 2백 마리의 닭들 무리에서 미처 흡수되지 못한 스틸베스트롤 알갱이 180여 개가 발견됐다. 닭 한 마리당 잔류 스틸베스트롤 양은 3밀리그램부터 24밀리그램까지 다양했다. 이는 인간에게 치료 목적으로 사용하는 경우, 하루 권장 투여량이 1밀리그램에서 5밀리그램임을 감안하면 매우 놀라운 수치다. 이런 보고서를 읽으면 틀림없이 많은 사람들은 마음속 한켠에 의문이 들 것이다. 만약 스틸베스트롤로 처치한 닭을 먹고 스틸베스트롤이 체내에 흡수되면 무슨 일이 일어날까? 이 질문에 대한 폭풍 같은 토론이 위원회에서 있었다. 제조업체와 가금 산업의 이해관계를 대표하는 과학자들은 사실상 소비자에게 위험하지 않다고 이의를 제기했다. 그러나 이해관계가 없는 명망 있는 과학자들은 그 위험성은 사실이고 매우 심각하다고

경고했다. 이러한 경고가 반대편 과학자들의 주장보다 우위에 있음이 확실해진 것은 밍크 사육자들이 증언한 사실 때문이었다. 이들은 밍크에게 닭의 머리가 포함된 내장을 사 먹였는데, 밍크 수컷이 불임이 되고 번식에 지장이 생겨 매우 놀랐다고 증언했다. 또한 밍크의 전반적인 건강에도 문제가 생겨 스틸베스트롤을 섭취한 밍크는 자신이 본 모피 중 가장 볼품없는 모피를 갖고 있었다고 발언했다.

스코틀랜드에서도 비슷한 사례가 있다. 가금류의 내장을 먹이로 사용한 밍크 사육회사가 보유한 수컷들이 불임이 되어 새끼를 낳지 못하고, 많은 수가 폐사했고 나머지 수컷들은 처리할 수밖에 없었다고 한다.[18] 위킨든은 딜레이니 위원회에서 밝혀진 스틸베스트롤은 불임을 유발한다는 사실을 보고하고, 스워스모어(Swarthmore) 대학의 동물학 교수 로버트 엔더스(Robert Enders) 박사의 말을 인용해 스틸베스트롤을 투여하면 어린이의 성장을 저해하고 난소 낭종·유선 낭포증·낭성 신장을 유발하며 배란을 억제한다고 말했다. 엔더스 박사의 지적에 따르면 이런 일이 발생하려면 닭고기를 먹어서 스틸베스트롤을 섭취하는 것보다 훨씬 더 많은 양을 섭취해야 한다고 한다. 박사는 또한 스틸베스트롤은 닭 간에 농축되는데 간을 따로 판매하는 사례가 있다고 경고했다. 그러면서 다음과 같은 말을 덧붙였다.

일정 기간 동안 동물에게 스틸베스트롤 0.005밀리그램을 투여하면 동물은 죽게 된다. 그러나 2밀리그램을 같은 기간에 같은 체중의 동물에게 투여하면 죽지 않는다. 엔더스 박사는 적은 양이 많은 양보다 훨씬 독성이 있다는 것을 의미한다고 말했다.

이런 영향에 대한 더 자세한 증거는 오소(Ortho) 연구소의 하트먼(Carl G. Hartman) 박사가 제시했다.

의료 업계에서 에스트로겐은 암을 자극하는 수단으로 잘 알려져 있다. 에스트로겐을 투여한 쥐는 3개월 안에 암이 발생했다. 다음은 하트먼 박사의 말이다. 에스트로겐을 조금 투여했다 쉬고, 조금 더 투여했다가 쉬고, 다시 투여하고 잠시 쉬는 방식이 계속해서 투여하는 것보다 암을 발생시키는 데 효과적이었다. 많이 투여하지 않고 조금만 투여한다. 많이 투여하면 암에 걸리지 않을지도 모른다. 사실 많은 양을 투여하면 암은 억제된다.

호르몬을 무분별하게 사용하면 매우 심각한 결과에 이를 수 있다는 증거가 있으므로 전문가들은 특별한 권고지침에 따라 사용하기를 권장한다.

위킨든 박사는 말을 이어나갔다. 분명히 사람들의 건강과 신체 기능은 위험에 직면해 있다. 낮은 가격에 더욱 영양가 있는 고기가 스틸베스트롤의 위험에 대한 보상으로 충분할까? 이렇게 큰 위험을 감수해야 한다면 상식적으로 받는 보상이 더 커야 하는 것 아닐까?

엔더스 박사는 호르몬 처리한 고기가 더욱 영양가가 있다는 데 꽤 단호한 입장을 보였다.

약물을 사용해 가금류를 살찌게 하는 게 경제적 사기라고 말하는 내분비학자들의 의견이 동의한다. 닭 사료를 아끼자는 것이 아니다. 닭에게 먹인 사료는 단백질이 아니라 지방으로 변한다. 미국식 식단은 지방이 풍부하기 때문에 더욱 바람직하지 않다. 가금류에서 섭취하고자 하는 건 단백질이다. 가금 종사자들이 약물을 사용하는 것은 가금류의 겉모양이 나아지고 지방이 증가하는 게 그들에게 이익이기 때문이다.

위킨든은 한발 더 나아간다.

엔더스 박사는 자신이 가르치는 한 학생의 연구를 인용하면서 스틸베스트롤을 사용하여 체중을 증가시킨 경우, 지방 속에 더 많은 수분이 함유되는 것으로 밝혀졌다고 지적했다. 스틸베스트롤로 처리한 가금은 일반 가금보다 훨씬 더 많은 수분을 함유한다. 그 약물이 닭의 체중을 더 나가게 하는지 묻자 엔더스 박사는 이렇게 말했다. '스틸베스트롤은 닭을 훨씬 더 무겁게 만든다. 일반적인 환경에서 4파운드가 나간다면, 스틸베스트롤을 사용하면 5파운드가 나간다.' 그러면서 박사는 무게가 더 나가는 이유는 수분과 지방 때문일 것이라고 덧붙였다. 또한 스틸베스트롤로 처리한다고 해서 가슴살이 더 나오는 것은 아니라고 한다. 그리고 스틸베스트롤을 투여한 동물의 피부는 매우 부드럽고 좋아지는데, 이는 피부 아래에 지방과 수분이 있기 때문이라고 지적했다. 이렇게 고기의 매력이 높아지게 되는 것이다.

위킨든 박사는 주어진 증거를 정리해 딜레이니 위원회에서 이렇게 지적했다.

정통한 전문가들이 잇따라 단호하게 경고했다. 스틸베스트롤이 매우 위험한 혼합물이고 지대한 영향을 미칠 것이라고 말이다. 스틸베스트롤은 반드시 처방을 받아 사용해야 하는 약물이며, 보통사람들이 사용하기에는 위험한 약품이다. 이 약물은 생물학적 다이너마이트나 다름없다. 여기에 덧붙여 전문가들은 영양분을 늘리지 않고 체중이 증가한다는 것은 '경제적 사기'라고 지적했다. 아울러 조금씩 자주 반복적으로 투여하는 것은 한 번에 많은 양을 투여하는 것보다 잠재적으로 더 위험하다고 말했다.

지금 미국인들에게 제공되고 있는 것은 스틸베스트롤 소량을 반복적으로 투여한 것 아닌가? 우리가 스틸베스트롤을 닭고기에서 약간, 소고기에서 약간, 양고기와 돼지고기에서 약간을

> 섭취하고 있다면, 이런 상황은 엔더스 박사와 하트먼 박사가 언급한 한 번에 많은 양을 투약하는 것보다 훨씬 더 독성 있는 것 아닌가?
> 이러한 모든 경고가 헌신짝처럼 여겨지고 있다. 마치 경고를 받은 적이 없는 것처럼 완전히 무시한다. … 식품 생산을 책임지는 사람들이 단기간에 더 빠르고 쉽게 이익을 창출하는 방법으로 무엇을 도입하든 우리는 놀라지도 분개하지도 않고 그저 무기력하게 받아들인다. 소비자는 거의 잊힌 존재이다. 이런 식품이 인간 건강에 미치는 영향이 그냥 웃고 넘길 만한 일인지 몇 달 또는 몇 년을 기다려 보면 알 것이다.
> 난소 낭종, 유선 낭포증, 낭성 신장이 광범위하게 사용되는 스틸베스트롤 때문이라는 결정적인 증거는 없다. 가능성만 있을 뿐이다. 인간의 불임에 대한 증거도 없다. 역시 가능성만 있을 뿐이다. 이런 미묘하고 엄청난 변화가 우리 몸속에서 발생해 얼마나 많은 사람을 슬픔에 빠뜨리고, 그들의 삶을 망가뜨릴 것인지 증거도 없다. 사심 없는 전문가들이 중대한 가능성이 있다고 말해준 것뿐이다. 결정적인 증거가 없으므로 우리는 이런 일이 **일어나지 않으리라는 증거도 없다**는 것을 알고 전속력으로 전진해야 한다.

위킨든은 탈리도마이드를 복용해 생긴 기형아들을 놓고 결정적인 증거가 없다고 썼다. 여전히 증거는 없다. 그러나 부적절한 시험을 거친 약물의 오용에 대한 끔찍한 실례가 있다. 소나 양에 사용하는 스틸베스트롤 알갱이는 어떨까? 만약 양만 한 크기의 알갱이나 거세한 수소 크기만 한 알갱이가 우리 집 식탁 위로 찾아온다면, 이 생물학적 폭탄은 어떻게 될까? 닭 크기만 한 스틸베스트롤 알갱이가 밍크에게 한 짓을 이제 우리는 알고 있다. 레너드 위킨든은 다음과 같이 물었다. '만약 사료를 먹이는 양을 줄이다가 급격하게 상승시키면 우리가 섭취하는 양은 늘어날까?' 위킨든은 이에 대해 부정적으로 생각한다.

> 만일 시장 경쟁으로 고기 가격이 낮아진다면 구매자들은 더 적은 돈으로 같은 양의 영양분을 얻게 되는 걸까? 아니면 고기 속에 더 많은 수분이 들어가게 되는 걸까? 소의 사료에 화학 약품을 약간 넣으니 사료가 11퍼센트 줄었지만, 단백질은 19퍼센트 늘었다고 주장하는 건 말이 될까? 과연 인간은 무에서 유를 창출할 수 있을까? 늘어난 무게가 어디서 왔는지 알아야 한다. 늘어난 무게가 수분이라면, 소비자들은 엔더스 박사가 말한 '경제적 사기'의 희생양인 것이다.

도살업자들조차도 그런 고기로는 품질을 논할 수 없다고 말한다. 위킨든이 《농장 저널》(Farm Journal)에 기고한 기사에 따르면 도축업자들은 스틸베스트롤을 사용하는 생산자들에게 스틸베스트롤을 먹인 소로 돈을 많이 벌지 못할 수도 있다고 경고했다. 다음은 시카고 정육업자들의 말이다.

> 이 문제는 스틸베스트롤만의 책임은 아니다. 가축을 살찌게

하는 지름길, 더 저렴한 방법을 권장하는 모든 농업 대학의 책임이다. 요즘 우리가 보는 소는 옛날에 옥수수를 먹여 키운 소에 필적하지 못한다. 겉모습은 통통하고 좋지만 도축해 열어 보면 고급 고기가 아니다.

마지막으로 1956년 1월 24일 워싱턴 D.C.에서 위킨든이 미국 건강·교육·복지부 회의 중에 발표한 대단히 흥미로운 보고서를 인용하고자 한다.

의학박사인 나이트(Granville F. Knight), 마틴(W. Coda Martin), 칠레의 이글레시아스(Rigoberto Iglesia), 스미스(William E. Smith)는 '소에게 디에틸스틸베스트롤을 급이함으로써 존재 가능한 암 위험'이라는 제목으로 논문을 발표했다. 그들은 이 강력한 약물이 암을 유발하는 것으로 알려져 있다고 언급했다. … 해당 약물은 조리 중 발생하는 열로는 파괴되지 않는다고 한다. 스틸베스트롤이 속한 약물을 투여한 실험동물 그룹에서 폴립, 유섬유종, 자궁경부암, 유방암, 수컷 동물의 경우 생식기에 심각한 변화가 발생했다고 알려져 있다. 동물에서 호르몬 알갱이를 제거하고 1년이 지나도, 다른 동물에 다시 주입할 경우 종양을 유발할 만큼 활동적이었다. 이들은 스틸베스트롤 양이 거의 극미량이어도 유효했다고 말했다. 매우 적은 양에 꾸준히 노출되는 것이 때때로 많은 용량에 노출되는 것보다 훨씬 더 위험한 것으로 밝혀졌다. 전립선암 치료를 위해 에스

> 트로겐 처방을 받은 남성 중에 유방암이 발생한 경우가 17건 있다는 기록도 있다. 그러나 미국 농무부는 국내 고기에 에스트로겐을 추가하는 게 걱정할 일은 아니라고 말했다.

물론 레너드 위킨든이 발표한 내용은 미국에서 벌어지는 호르몬 사용에 관한 것이지만, 영국도 마찬가지이다. 1959년 미국에서는 가금류에 호르몬을 사용하는 것이 법적으로 금지됐다. 그러나 소에 사용하는 것은 여전히 허용되고 있다. 〈타임스〉는 뉴사우스웨일스 의회에서 호르몬 사용을 금지한 것을 보도하며 오스트레일리아 농업협의회를 언급했다.[19]

> 몇몇 국가 특히 이탈리아에서는 고기 속 호르몬 잔여물이 어린이와 성인, 특히 남성 성인에게 기형을 유발한다고 알려져 있다. … 농무부 대변인은 어제 소비자와 노동자 들에게 발생할 수 있는 위험 가능성을 해당 부서에서 심각하게 논의했으며, 유해한 영향에 대한 증거가 발견된 바가 없다고 발표했다. 영국에서 호르몬의 사용을 금지할 필요성은 없다 생각한다고 대변인은 덧붙였다.

지금도 영국에서는 여전히 육우 송아지, 가금류, 양에 호르몬을 사용하고 있다. 농무부는 호르몬과 항생제 두 가지 모두에 대해 지나치게 걱정하지 않아도 된다고 말한다.

화학 살충제

지난 20년간 사람들은 화학 살충제를 아무 생각 없이 남용해 왔다. 가정에서 사람들은 수많은 스프레이를 사용했고, 밭에서 농부들은 거대한 기계와 헬리콥터를 사용했다. 그러나 해충 박멸은 초기에는 쉬울지 몰라도 나중에는 그렇게 쉽지 않다는 것이 당연하게 받아들여지지 않고 있다. 해충 박멸의 효과는 양면적이다. 약한 곤충은 죽지만 강한 곤충은 살아남아 살충제에 대한 내성을 갖는다.

살아남은 곤충은 번식해 결과적으로 더 높은 내성을 가진 자손을 남긴다. 살충제의 화학물질이 우리의 적군과 아군 모두에게 쏟아져 내린다는 사실을 깨닫는다면 해충 박멸도 실패할 것이 명확하다는 것도 깨닫게 된다. 이렇게 우리는 친구를 잃고 더 강한 적을 만나게 된다. 파리가 살충제에 대한 내성을 쌓는 동안 새와 꿀벌 들이 죽어 간 것처럼 말이다.

우리가 알고 있는 질병과 약물의 관계는 악순환과 같다. 강력한 살충제들이 앞다투어 빠른 속도로 시장에 출시되고 있다. 그리고 곤충도 살충제에 대한 내성을 경쟁하듯 발달시키고 있다. 그러나 인간은 꾸준하게 경쟁에서 지고 있다. 곤충은 우리가 생산하는 거의 모든 살충제에 내성이 있으며, 곤충을 죽이기 위한 화학 약품들이 빠르게 출시되고 있어 인간에게 어떤 위험을 미치는지 실험해 볼 시간도 없다. 우리는 지금 잠재적으로 매우 독성이 있는 화학물질 약 2백 가지를 무분별하게 사용하고 있다.

가축을 밀집해 가둔 폐쇄적인 사육장은 습도가 높고 따뜻한 환경이라 파리·닭진드기·이·그 밖의 다른 해충의 번식에 이상적인 공간이 된다. 이런 해충의 번식과 싸우기 위해서 우리는 염소와 그 외 살충제를 연무제로 뿌려 노출된 모든 표면에 가스 형태로 살충제를 도포하는 최신 강력 발생기를 발명했다. 이렇게 뿌려진 살충제는 동물의 피부를 통해 또는 사료를 통해 동물 체내에 들어가 지방에 저장된다.

살충제를 뿌리는 새로운 장비에는 '살충제를 뿌리는 동안 닭을 다른 곳으로 옮길 필요가 없다'라는 문구가 적혀 있다. 하지만 닭에 미치는 효과는 다양한 듯하다. BOCM의 블런트 박사는 염소를 포함한 살충제는 지난 두 달간 많은 육계가 유독성 지방 질병으로 죽은 사건에 책임이 있을 수 있다고 지적했다.[20] 미국에서는 가금류에 살충제를 먹여 분변에 모이는 파리를 없애기 위한 연구가 진행되었다고 한다.[21] "미국에서는 기꺼이 연구가 이루어졌다. … 그러나 영국 내 연구는 대립하고 있다. 가금류의 건강에 대한 부작용은 보고되지 않았고, 파리가 줄어들었는지는 측정할 수 없었다." 레이철 카슨은 알팔파 들판이 DDT(유기 염소 화합물의 농업용 제초제_옮긴이)로 뒤덮이고 난 후에 알팔파를 닭에게 먹이자 닭들은 DDT 성분이 들어 있는 달걀을 낳았다고 했다. 짐작건대 배터리 케이지 사육장의 파리를 없애기 위한 노력이 재고되지는 않을 것으로 보인다.

전국의 모든 현대식 양계장에 파리로 인한 질병이 퍼져 보건소장들의 근심이 쌓이고 있다. 한 보건소장의 설명에 따르면 닭을 철망 바닥 위에서 키우는 데서 모든 문제가 발생한다고 한다. "왜냐하면 파리는 언제나 닭의 배설물을 산란장소로 삼는데, 옛날에 이런 문제가 없었던 이유는 배설물에 구더기가 보이면 닭이 잡아먹었기 때문이다."[22]

그러면서 닭이 철망 케이지에 가둬져 배설물과 분리되어 살기 때문에 더 이상 이런 방식으로 해결할 수 없다고 덧붙였다.

> 닭이 낳은 달걀은 선반으로 가지만 그 아래 배설물 구덩이에서는 파리가 문제가 될 정도로 엄청나게 번식하고 있다. … 실험은 치체스터 지역에서 몇 종류의 파리에게 세균성 살충제를 이용해 진행됐는데, 일부 파리에게는 치명적인 질병을 유발했지만, 그보다 더 적은 수의 파리는 내성이 있는 것으로 보인다.

일부 기획위원회는 급증하는 파리로부터 사람들을 보호하기 위해 주거 지역 근처에 배터리 케이지 사육장 운영 허가를 내주는 것을 거부하고 있다. 파리로 인한 고충은 가축을 키우는 헛간도 마찬가지이다. 최신 네덜란드식 식육용 송아지 사육장 사진에는 이런 설명이 붙어 있다. "온통 파리이다. 사진을 자세히 보면 파리 수백 마리가 죽어서 홈통에 있는 것을 볼 수 있다. 유명 파리약에 대한 내성은 모두 네덜란드에서 키워지나 보다."[23]

레너드 위킨든은 인간의 간염과 소의 각막 비후증이 증가하는 현상이 살충제 사용 증가와 연관성이 있다고 주장하며, 모턴 비스킨드(Morton Biskind) 박사가 쓴 기사를 인용했다.[24] 기사 내용은 많은 다른 질병의 원인이 같은 원인일 수 있다는 것이다.

> 동물 중에서 소는 각막 비후증(또는 X병. 비슷한 증상을 보이지만 각막 비후증이 아닌 질환_옮긴이)과 구제역이 발생하는 동물

이다. 양은 청설병·면양 떨림병·장 중독증을 갖고 있고, 돼지는 수포성 발진증이 있으며, 닭은 뉴캐슬병 등이 있다. 개는 경서증, 치사율이 높은 X형 간염(A~E형 간염과 일치하지 않는 유형의 간염_옮긴이) 등이 발생한다. 구제역을 제외한 다른 질병들은 1942년에 발간된 미국 농무부의 종합 안내서 『건강한 가축 키우기』(Keeping Livestock Healthy)에 언급된 적이 없다. 이런 우연만으로도 사람과 가축 모두에게 환경 상의 어떤 새로운 변화가 발생할 것이라고 충분히 의심할 수 있다.[25]

소에게 X병 발병이 보고된 이후 1948년까지 23개 주에서 급속하게 퍼졌다. 1949년에는 6개월령 이하의 송아지는 치사율 80퍼센트를 보였고 6개월령 이상에서는 50~60퍼센트, 성체는 15퍼센트였다. 결국 이는 염소의 독성에 의한 질병으로 밝혀졌다. 염소가 인간의 간염 또한 증가시킨다는 사실을 확인한 비스킨드 박사의 논문을 발췌 인용한 위킨든은 병원 직원들 사이에 3년 동안 끈질기게 간염이 확산·전염된 이유는 클로르데인을 부엌과 식품 창고 같은 곳에서 일상적으로 사용하기 때문이라고 인용했다.

몸속에 DDT가 축적될 때 안전한 수준은 없다. DDT의 가장 무서운 특성은 지방 속에서 효과가 더욱 강력해진다는 것이다. 레이철 카슨은 어부들의 사랑을 한 몸에 받았던 캘리포니아 클리어 호수에 대한 이야기에서 이를 아주 설득력 있게 설명하고 있다. 성가신 존재였던 각다귀를 박멸하기 위해 어부들은 호수에 DDD(DDT의 분해 산물_옮긴이)를 뿌리기로 했다. DDD는 DDT와 비슷하지만 물고기에게 독성이 약한 약품이다. 1949년 어부들은 호수에 7천만 분의 1 비율로 희석한 살충제를 살포했다. 1964년 각다귀가 돌아오기 전까지 살충제는 효과가 있었다. 이번에는 5천만 분의 1 비율로 희석해 살포했다. 그리고 1957년 세 번째 살충제를 살포했을 때 호수 주변에서 서식하던 논병아리들이 죽어 나갔다. 그러고는 이상한 점들이 발견됐다. 호수의 플랑크톤이 DDD에 익숙해진 후 세대가 지나고 시간이 지나면서 호수가 점차 투명해졌다. 플랑크톤은 물고기의 먹이가 되는데, 플랑크톤을 먹은 물고기의 지방에는 1백만 분의 300 DDT가 축적되어 있었다. 이 물고기를 먹은 논병아리의 체내에는 1백만 분의 1,600 DDT가 농축되어 지방에 축적되어 있었다. 결국 논병아리들은 죽고 말았다.

우리 인간은 지금 이와 비슷한 생태계 사슬의 마지막에 와 있다는 것을 기억해야 할 것이다.

영국에서도 비슷한 사건이 있었다. 동물건강신탁에 따르면 파종을 위해 화학 처리한 씨앗을 가금류가 먹는 사건이 있었다. 이 사건은 가금류에 매우 심각한 영향을 미쳐 씨앗을 먹은 가금류의 70퍼센트가 죽었다. 그리고 그 가금류를 먹은 새끼 여우들도 죽었다. 우리가 새끼 여우를 먹지 않는다는 사실이 다행스러울 따름이다.

인간에게 명백하게 문제가 발생하기 전에 어느 정도의 약물이 허용 가능한지 그림을 그릴 수 있게 되려면 많은 세대가 지나야 한다. 비크넬 박사는 인간과 동물에게 급성 약물을 사용하는 것은 신경계를 과도하게 민감하게 만들고 뇌, 간, 신장, 부신, 갑상선, 내분비계의 손상, 식욕 감퇴, 골수의 손상에 이르는 영향을 미칠 수 있다고 말했다. 아울러 어머니가 가진 화학물질이 자궁 속 태아에게 전달되거나 모유로 아기에게 전달될 가능성도 있다고 덧붙였다. 이 두 가지 경우 모두 아직은 연구된 바가 없다.

아울러 지방에 축적된 살충제 성분이 질병을 일으킬 때 손상이 가장 커진다. 질병의 정도가 심각하고 길어질수록 체내의 지방이 대부분 소모되는데, 이때 지방에 축적되어 있던 DDT가 급격하게 체내로 방출된다. 이렇게 되면 몸이 약한 상태에서 훨씬 더 강한 독성을 띠게 된다.

레이철 카슨은 우리 몸에 축적된 많은 종류의 화학물질이 상호 작용해 발생하는 위험에 대한 설명 하나만으로 살충제의 위험을 합성 호르몬과 연결한다. 카슨은 과도한 자연 에스트로겐에 대한 보호막이 간에 있다고 했다. 그러나 간이 손상되면 체내 비타민B의 공급이 줄어들어 보호막을 잃게 되고 에스트로겐의 수치가 비정상적으로 높아진다.

> 즉, 암에서 살충제의 간접적인 역할은 간을 손상해 비타민B의 공급을 감소시키고 내생적 에스트로겐 또는 신체 자체에서 발생하는 에스트로겐을 증가시키는 데 있다. 여기에 우리가 점점 더 많이 노출되는 화장품·약품·식품 속의 합성 에스트로겐과 직업적으로 노출되는 양까지 더하면, 이 모든 것이 결합되어 발생하는 영향은 가장 심각한 우려가 될 것이라고 확신한다.

우리가 위험을 **깨닫지 못해서**가 아니다. 농업 분야에서는 화학물질을 어떻게 다루어야 하는지 충분히 경고하고 있다. 농무부가 만든 『농장에서 안전하게 독성 화학물질 사용하기』라는 아이러니한 제목의 소책자는 화학물질을 살포할 때 마스크를 쓰고 오버올 작업복을 착용할 것을 권한다. 그리고 화학물질이 손이나 음식에 절대 닿지 않도록 하고, 살포를 마치면 깨끗이 씻으라고 조언하고 있다. 몸이 불편하고 호흡이 약해지거나 경련이 일어나는 등 화학물질에 중독될 경우, 의학적인 도움을 받기 전에 응급처치 하는 방법까지 자세히 설명되어 있다. 소책자만 봐도 화학물질 살포는 잠재적으로 위험하다고 인정하고 있는 것이다. 그러나 영국은 화학물질의 위험성을 인정하는 단계에서 갑자기 멈추었다. 고기를 미국에 수출하는 뉴질랜드는 미국 보건당국이 안전 기준을 넘는 화학물질 잔여물을 발견하자 정부가 문제를 인정하고, 즉시 가축에 사용하는 130개의 살충제 제품을 금지했다.

> 금지된 제품은 앨드린, 디엘드린, BHC, 린덴, DDT, 메톡시클로르를 포함하고 있다. 이는 영국에서 제조되는 수많은 화학물질 상품에 포함되어 있는 것으로, 영국 농부들이 사용할 수 있는 것들이다. 뉴질랜드 정부는 이러한 화학물질로 처리한 가축으로 만든 제품에 잔여물이 남는 경향이 있으며, **적절하고 효과적인 대체품이 가능하다**고 발표했다.

보도에 따르면, 호주 역시 이에 대해 우려하고 있고 예방책 실시를 결정하는 중이라고 한다.[26] 이는 우리에게 달갑지 않은 위로만 남겼다.

영국의 주요 제조업자들은 **뉴질랜드에 수출하기 위해** 대체 살충제를 개발하고 있다. 기업 대변인은 영국에 비슷한 규제가 실시된다면, 효과적인 살충제 대체품은 아마도 현재 판매하는 화학물질보다 더 비싸질 것이라고 말했다.

영국 농무부의 태도는 늘 그렇듯이 대중을 안심시키려 한다. 샌더스 박사는 1963년 초에 방영된 BBC 텔레비전 프로그램 〈유독 물질에 대한 불신〉에서 영국에도 강력한 금지법이 있다고 말했다. 아울러 식품에서 위험한 수준의 살충제가 발견된 적이 없고, 실제로 잔여물은 수백 분의 1 정도가 위험하다고 덧붙였다. 그러나 이런 화학물질이 가공식품과 보존식품에 사용된 약품, 잔여물, 다른 화학물질과 함께 사람의 체내 지방에서 더 강력해지는 것은 아닐까?

영국 과학부의 헤일셤 경(Lord Hailsham)은 농업과 보존식품 분야에 사용되는 화학물질에 대한 불필요한 태도를 개탄하면서,[27] 위험을 감수하지 않고는 과학기술 사회의 이익을 누릴 수 없다고 말했다.

왜 그럴 수 없을까? 뉴질랜드가 보여준 것처럼 우리가 감수해야 할 위험이 단지 금전적인 것이라면 적절한 시기에 이익을 만들 수 있지 않을까 하는 의문을 제기할 수 있다.

맛과 품질

1962년 시드니에서 열린 세계 가금류회의에서 세계 가금류과학협회장 앨프(H.H. Alp) 박사는 가금류 연구가 다양한 측면에서 충분히 진행되지 않았다고 발표해 모두를 당혹스럽게 했다.

> 현재 진행 중인 연구들이 실패하는 방식을 사례로 들면서 박사는 영양 연구 대부분이 사료 1파운드로 달걀과 고기를 더 많이 얻는 데에만 중점을 두고 있다고 말했다. 앨프 박사는 이렇게 연구해서 생산한 더 무게가 나가는 고기와 달걀이 맛없고 품질이 낮다면 이런 연구가 다 무슨 소용이냐고 물었다. 이어서 세상은 돈으로 살 수 없는 연구가 있으며, 과학의 세계와 세계 가금류과학협회는 진리에 대한 믿음을 갖고 편견에서 벗어나야 한다고 말했다.[28]

품질이라는 단어는 일률적인 크기와 질감, 잡티 없음과 같은 피상적인 특징을 의미하는 경향이 있다. 영양의 품질과 연관되는 경우는 드물다. 그러나 영양을 기준으로 보면 영양과 맛 사이에는 어떤 연관성이 있을 것이다. 그게 아니라면 맛과 기호라는 기준만으로 음식을 선택해온 인간이 어떻게 수천 년 동안 생존할 수 있었겠는가. 여기서 밀턴 박사의 이야기를 들어보는 것이 좋겠다.

> 기호란 쉽게 정의할 수 없는 특징이다. 우리는 기호를 우연히 발견해 알게 됐다. 미뢰는 혀의 뒤쪽에 많이 있는데, 음식을 먹으면 여기서 음식을 씹을 가치가 있고 더 원한다고 느끼게 된다. 이것이 영양적인 품질이다. 왜냐하면 그런 음식을 섭취함으로써 욕구가 충족되는 느낌이 있기 때문이다. 우리가 음식

을 먹으면서 행복을 느낀다면 이것이 곧 건강해지는 것이라 고 우리는 확신한다. 그러나 보기 좋은 음식을 먹었는데, 입안에서 느껴지는 맛이 좋지 않고, 실망감이 솟아 온몸을 흐르는 느낌이라면 반대의 경우이다. 이것이 우리가 타고난 시스템에 영향을 미쳐 소화가 잘되지 않고 몸에 매우 해로운 것들이 연쇄 반응으로 생긴다.[29]

프랑스의 수의사 미셸 페랭(Michel Perrin)은 더욱 간단하게 설명한다. 파블로프에 따르면 음식의 맛은 소화성과 비례하고 영양적 가치에도 상당한 영향을 미친다. 페랭이 내린 실증적인 평가도 같은 결론에 도달한다. 육질은 부드럽지만 풍미가 약하거나 영양과 소화가 떨어지는 고기는 허기를 충분히 만족시키지 못하고 에너지도 충분히 나오지 않는다.

예나 지금이나 파블로프의 이론은 따로 설명할 필요가 없다는 데 이견이 없었다. 하지만 이제는 화학자들이 이룩한 발전으로 인해 맛이 과연 신뢰할 만한 품질 기준이 되는지 의심하게 됐다. 왜냐하면 맛은 마음대로 합성할 수 있기 때문이다.

육계에는 딱 한 가지 잘못이 있다. 말하자면 아무 맛이 없다는 것이다.[30] 나는 최초의 밀집사육장에서 생후 10주령 되는 육계가 처음 출시됐을 때부터 줄곧 이 말을 해왔다. 그런데 이제 육계 생산자들조차 스스로 하는 말이 됐다는 게 문제다. … 무려 BOCM의 블런트 박사까지 말했을 정도로 이런 소리들이 전국에서 나오는 건 육계가 맛이 없다는 뜻이다. … 만약 사람들이 루바브 맛 닭만을 먹기 원한다면 그에 반발해도 소용없다. 우리는 사람들이 원하는 걸 팔 것이다. … 미국인들이 우리를 닭 속에 파묻히게 해주겠다는 위협이 허무맹랑한 것은 아니다. 다양하고 새로운 풍미를 가진 닭을 소개하면 이런 일도 일어날 수 있다.

〈파이낸셜 타임스〉는 '닭이 닭 맛을 갖는 것'이 가장 중요하게 달성해야 할 일이라고 보도했다.[31]

밀집사육으로 생산한 옅은 색의 노른자 달걀(사료에 색소를 넣어 먹여서 생산)에 점령당한 업계는 밀집사육으로 아무 맛이 없는 닭을 생산한다는 비판을 받고 현재 '닭의 맛'을 실험하고 있다.

의심의 여지 없이 베이컨, 소고기, 양고기의 맛도 수순을 따를 것이다. 런던 퀸엘리자베스 칼리지의 유드킨(John Yudkin) 교수는 1962년 왕립 공중보건위생협회가 개최한 콘퍼런스 '삶의 위험'에서 우리는 점점 더 깊숙한 화학물질의 정글로 들어가고 있다고 말했다.

식품 업계는 다른 능력이 있다. 이 능력으로 식품을 농축할 수도 있고 섞을 수도 있다. 또 식품의 질감을 바꾸고 색소와 풍미를 첨가하면 기호성이 매우 높아진다. 식품 제조업체가 이런 능력으로 우리의 기호성에만 맞는 새로운 음식을 만든다면,

> 우리가 먹는 음식은 가장 위험한 것이 될 것이다. … 기호성에 따라 먹는다는 것은 우리에게 영양을 주는 식품을 섭취한다는 뜻이다. 그러나 이는 기호성과 영양적 필요가 분리되지 않을 때만 맞는 말이다. 식품 제조업체는 최신 기술을 이용해 기호성에 맞는 식품을 만들기만 하면 된다. 우리는 제조업체에 보기 좋고 맛도 좋고 질감도 좋은 식품을 요구한다. 우리가 그 이상을 요구하지 않기 때문에 제조업체들이 기호성은 좋지만 영양적 가치의 품질과는 동떨어진 식품을 만들고 우리가 이런 식품을 구매하게 되는 것이다. … 우리는 머지않아 **영양적 가치만 제외하고, 고기에 함유되어야 하는 것은 모두 들어 있는** 파이, 햄버거, 소시지를 먹게 될 것이다.

이렇게 보면 식품 업계가 우리에게 강요하다시피 하는 이런 식품들의 영양적 효과에 관한 연구가 가능하다는 것이 분명하다. 하지만 이런 연구는 놀라울 정도로 매우 적다. 이 책의 주제 역시 강요된 식품의 영양에 대한 연구이다. 이런 연구가 적은 주요한 이유는 독립적이고 관련 업체와 무관한 과학자들의 장기적 연구에 연구 자금이 오지 않기 때문이다. 오해하지 않기 바란다. 식품 문제에 대한 연구 자금은 모자라 보이지 않는다. 그러나 거의 모든 연구 활동은 후원 기업과 어떻게든 묶여 있으며, 따라서 소비자들을 위해 치우침 없는 답변을 하기란 쉽지 않은 상황이다.

나는 이렇게 업계가 너무 좁아 서로 얽힌 상황에서 어디에 얽매이지 않는 독립적인 과학자들이 달걀에 대해 수행한 연구 중에서 세 가지 소항목을 선택했다. 나는 그들의 판단이 편파적이지 않다고 믿는다. 첫 번째는 식량 거래 분야의 저명한 분석가인 밀턴 박사가 수행한 연구이다. 1959년 1년간 매달 분석을 진행했고 연구 결과는 다음과 같다.

표 4 배터리 케이지 달걀과 방목 달걀의 비타민A 함유 비교 (단위: 100g당 IU)

배터리 케이지 달걀	
비타민A	4,200
베타카로틴	310
총	4,510
방목 달걀	
비타민A	7,200
베타카로틴	1,630
총	8,830

베타카로틴은 체내로 들어오면 비타민A로 전환되는 물질이다. 비타민A는 항감염 비타민으로 인플루엔자 등으로부터 보호하는 데 도움을 준다. 이 연구를 함께한 로런스 이스터브룩은 "단백질을 설명하기보다는 영양가에 대해 알려주는 게 낫다. 화학 분석만으로는 아무것도 알 수가 없다"고 말한다. 아울러 1961년 8월에는 〈표 4〉의 수치가 의심의 여지 없이 확실하다고 말하면서 이렇게 덧붙였다. "밀턴 박사는 더 심도 있는 연구를 진행 중이다. 연구는 가금류의 사료에 무엇을 첨가하든 간에 가금류를 배터리 케이지와 같은 환경에서 가두어 사육함으로써 결핍되는 영양적 가치는 보완할 수 없다는 내용이 될

것이다."

영국 하트퍼드셔(Hertfordshire) 주 왓퍼드에 위치한 채식주의 연구센터의 프랭크 워크스(Frank Wokes) 박사는 버밍엄 대학 생화학과의 노리스(F.W. Norris)와 함께 식품 내 비타민B에 대한 논문을 발표했다. 이들도 배터리 케이지 달걀과 방목 달걀을 비교 연구했는데, 사람들이 먹는 음식에서 달걀이 얼마나 중요한지 알려 준다.

> 사람들이 먹는 음식에서 비타민B_{12} 상당량은 닭이 낳는 달걀이 제공한다. 최근 당국의 연구 결과(McCance and Widdowson 1960)는 성인이 하루에 필요한 비타민B_{12}의 절반인 1㎍을 일반 신선란에서 얻을 수 있는데, 이런 달걀을 낳은 닭은 일반적으로 영국의 상업적 사육업자들이 쓰는 100그램당 약 1.2㎍의 동물 단백질이 함유된 사료를 먹여 키운 닭이었다. 그러나 배터리 케이지에서 키우는 닭을 비롯한 많은 닭들은 비타민B_{12}가 훨씬 적게 든 사료를 먹고, 달걀에도 하루 필요량의 4분의 1 또는 5분의 1에 불과한 비타민B_{12}가 들어 있다. 반면에 방목 또는 평사 사육 환경에서 동물성 물질 또는 흙과 배설물에 포함된 적절한 미생물에서 충분한 비타민B_{12}를 공급받은 닭이 낳은 달걀은 평균적으로 하루 필요량보다 조금 더 많은 비타민B_{12}를 공급할 수 있다. … 그러나 이 수치는 매캔스와 위도슨이 예측한 대로 일반적인 저장 조건에서는 함유량이 하락했다.

표 5 달걀 1개당 비타민B_{12} 함량 비교

달걀의 비타민B_{12} 함량(㎍/ 달걀 1개)				
방목	7월	평균 함량		
	8월	1.24	±	0.15
	9월	0.83	±	0.03
	10월	0.70	±	0.16
	11월	1.05	±	0.03
평균		0.48	±	0.04
톱밥을 깐 방식	7월	0.77		
배터리 케이지	7월	1.28	±	0.18
평균	1월	0.43	±	0.02
일반 농장 달걀		0.34	±	0.04
	11월	0.39		
	12월	0.53	±	0.07
		0.27	±	0.01

* 참고로 위 수치는 달걀 12개의 평균값으로, 모두 갓 낳은 달걀이다. 상점에서 판매하는 달걀은 제외했다.

이 결과를 보면 배터리 케이지 달걀은 일반적인 환경에서 낳은 달걀보다 중요한 비타민B_{12}가 눈에 띌 만큼 적다는 사실을 알 수 있다. 이 실험은 규모가 작기 때문에 실험 자체로는 어떤 결론을 내리지 못하지만, 해당 주제에 대해 훨씬 더 큰 규모의 연구가 필요하다는 것과 그런 연구를 시작할 수 있도록 자금이 마련되어야 한다는 것은 알 수 있다. 여기서 최근 옥스퍼드 대학의 영양학자 휴 싱클레어 박사가 실시한 연구를 인용하고자 한다.

몇 년 전에 개인 연구실에서 소규모 연구를 진행했다. 배터리 케이지 달걀에서 부화한 지 며칠 된 병아리에게 동맥경화증이 발생했지만, 방목 달걀에서 부화한 병아리는 그렇지 않았다.

박사는《랜싯》(Lancet)에 이 실험에 대해 상세하게 설명했다.[32]

현재의 증거를 바탕으로 한다면, 나는 마당에서 키운 닭이 낳은 달걀을 배터리 케이지 닭이 낳은 달걀보다 더 선호한다. 이런 선택은 1956년 여름에 실시한 소규모 실험을 근거로 하고 있다. 각각의 유정란을 병아리로 부화시켰는데, 배터리 케이지에서 생산된 달걀에서 부화한 1일령 병아리에서 수단 4(sudan iv)로 염색된 대동맥을 발견했다. 방목 달걀에서 부화한 병아리는 그렇지 않았다. 전자의 경우 어떤 병아리들은 실내에서 사육하고 상업 사료를 먹였다. 이런 경우 사후 검사 시 지방 침착물이 훨씬 더 많았다. 반면에 같은 배터리 케이지 달걀에서 부화한 병아리라도 방목으로 키우면 지방 침착물이 없었다. 나는 이 연구를 계속하고 싶다. … 왜냐면 달걀은 우리 식생활에서 매우 중요하기 때문이다. 그리고 틀릴 수도 있지만, 지방 침착물이 든 달걀이 혈청 콜레스테롤을 상승시킨다는 의심이 들기 때문이다.

영국에서는 동맥경화증이 꾸준히 증가하고 있는데, 반드시 이를 감소시킬 방법을 찾아야 하며 이 문제를 규명할 진지한 연구를 실시해야 한다. 비크넬 박사는 우리 식단에서 필수 지방산이 얼마나 중요한지에 대하여 다음과 같이 설명한다.

> 콜레스테롤은 비타민D와 유사한 물질이다. 성호르몬과 유사하며, 부신피질의 호르몬, 암을 일으키는 탄화수소와도 유사하다. … 고형 동물성 지방 또는 경화유기 많은 마가린 같은 식품이 많은 식단은 혈중 콜레스테롤을 높이는 주요한 원인 중 하나이다. 그러나 필수 지방산이 든 식물성 기름 또는 필수 지방산은 고형 지방으로 발생한 높은 콜레스테롤을 반전시킨다. … 수소화된 기름은 필수 지방산을 파괴할 뿐 아니라 필수지방산을 항 필수지방산으로 바꾼다. 이렇게 우리 몸이 요구하는 것이 올바르지 않은 식단 때문에 제대로 보충되지 않는 것이다. 돼지고기, 달걀, 우유로 우리에게 전달되어야 하는 필수 지방산이 부족한 이유는 돼지, 소, 닭을 필수 지방산이 부족할 수 있는 농후 사료를 먹여 키우기 때문이다. 그래서 필수 지방산이 인간에게 전달되지 않고 질병이 발생하게 되는 것이다.

추측해 보면 당국은 밀집사육으로 생산한 달걀의 품질이 낮다는 사실을 인정하고 있다. 비크넬 박사는 『배양과 부화』(Incubation and Hatchery)에서 다음과 같이 지적했다.

> 배아의 생존과 성공적인 성장은 분리되어 있다. 마치 식료품 가게에서 하루하루 식품을 구입하는 것과 같다. 배아의 생존

> 과 성장은 달걀 속에 기체 산소를 제외한 모든 필수 영양소가 정확한 함량으로 들어 있는지에 달려 있다. … 상업적 목적의 산란계가 다양한 산란계용 사료를 섭취하고 달걀을 잘 낳는 건 사실이다. 그러나 농부들에게 산란계에 맞는 사료를 종계에게 먹여도 된다는 인상을 주어서는 안 된다. 안타깝게도 산란계에게 맞는 사료를 종계에 먹여도 되는 건 아니다. 이렇게 먹이를 주게 되면 머지않아 문제가 발생한다. 알을 낳는 종계가 유정란을 낳더라도 달걀 부화를 장담할 수 없고, 부화하더라도 병아리가 잘 자랄 것이라고 장담할 수 없다. 사료 성분을 제한하면 달걀에 비타민과 미네랄이 부족해진다. 부족한 정도에 따라 부화력이 결정되고 닭의 건강과 생산성에 나쁜 영향을 미친다는 것은 추측할 필요도 없는 문제라는 걸 깨달아야 한다.

밀턴 박사는 식품의 질을 "유기체가 건강한 상태를 유지할 수 있는 하나의 요인"으로 정의한다. 아울러 이것은 식품에서 자연스러운 맛을 제거하고 합성 물질로 대체하고 난 이후에 그리고 우리의 기호와 음식의 식감을 약물과 호르몬으로 조작하고 난 이후에 음식의 질을 결정하는 유일한 수단이 될지도 모른다고 지적한다.

10
동물 학대와 법률

ANIMAL MACHINES

동물 학대에 관한 논쟁이 모호한 이유는 건강하지 못한 두 가지 생각이 기본이 되기 때문이다. 동물애호가는 동물을 의인화해서 사람과 동물을 모든 면에서 동일시하거나 동물을 사람보다 우선해 걱정하고 배려한다. 이런 사람들은 가만히 있지 못하고 나서서 도움을 주려한다는 바로 그 이유 때문에 백해무익하다. 한편 동물에 대해 합리적이고 비감상적인 태도를 가진 사람들도 있다. 이들은 동물이 감정이 거의 없고 지능이 떨어지기 때문에 오직 사람이 이용하기 위한 존재라는 결론을 내린다. 이런 생각을 바탕으로 인간이 동물에게 가하는 고통이 명확하게 비난 받을 정도로 잔혹한 학대가 아닐 경우 그에 대한 개인적 책임은 외면한다. 이렇게 잔혹함의 수준과 받아들이는 정도가 다양하기 때문에 법률을 제정해야만 하고 또 엄격하게 강제해야 한다. 우리가 사는 '문명화된' 세계에도 여전히 그렇다.

동물이 고통과 통증을 분명히 느낄 수 있는 존재라는 것은 고등 동물의 감각 기관과 신경계가 인간과 매우 비슷하다는 사실에서 알 수 있다. 지능이 높은 동물은 기억과 예측 능력이 있어 지능이 덜 발달된 종보다 고통을 더 극심하게 느낀다. 그러나 고통 초기의 통증은 두 종 모두 동일하게 느낀다. 옥스퍼드 대학의 동물학 강사 존 베이커(John Baker) 박사는 이에 대해 상세하게 설명하고 있다.

> 지능과 고통을 느낄 수 있는 능력 사이에는 어떤 상관관계가 있는 듯하다. 지능이 있는 동물은 즐거움과 고통, 인지, 기억에 수반되는 감각을 느끼고 이에 따라 행동을 바꾼다. 똑똑하거나 그렇지 않은 동물 모두 동등하게 고통을 느낀다. 그러나 행동의 변화는 그 수준이 매우 다르다. 말하자면 어리석은 동물은 행동을 전혀 바꾸지 않기도 한다. 고통을 수반하는 자극에 대한 즉각적인 지각은 모두 같다. 더 똑똑한 동물은 기억으로 고통 받고 또 기억으로 인한 불안으로 더 고통 받는 경향이 있다. 일반적으로 대뇌 반구가 크고 복잡할수록 동물은 고통을 극심하게 느낄 수 있다.[1]

동물이 순전히 안 좋은 기억 때문에 불편하고 고통스러웠던 상황에 빠지는 것을 싫어하는 게 가능할까? 예컨대 닭들 사이에 쪼기 서열이 유지되는 것을 보면, 닭들은 사회 체제 안에서 누가 자기보다 위인지 아래인지 기억해야 한다. 아울러 서열 싸움이 고통스러운 것이 아닐 수도 있지만, 사회적 체제가 일단 결정되면 어떤 닭도 체제를 쉽게 깨지 않는다. 이는 닭이 경험한 기대치가 있는 것처럼 보인다. 닭은 정복자 닭이 다니는 통로로 다니는 것을 피한다. 왜냐하면 정복자 닭에게 쪼여서 아팠던 것이 두렵기 때문이다. 배터리 케이지에서 키우는 닭은 방목하는 닭처럼 지능을 발달시킬 기회조차 없는 것이 사실이다.

그러나 나는 이 책에서 다루는 가장 열등한 유형의 가축인 닭들에게서 삶을 다채롭게 만드는 즐거움과 두려움의 힘을 빼앗지는 않을 것이다. 그리고 이것은 의식이 있는 유기체와 식물, 기계의 차이점이기도 하다.

영국에서는 동물이 모든 형태의 학대로부터 법적 보호를 받아야 한다는 것에 대해 막연하게 생각하는 분위기이다. 여하튼 관련법을 살펴보자. 동물 학대 보호에서 가장 중요한 법률은 〈동물보호법〉(The Protection of Animals Act 1911)이다. 물론 이 법은 가망 없을 정도로 구식이다. 이 법의 입안자들은 현대식 동물사육에 끊임없이 따라다니는 은밀한 학대에 대해서는 예상하지 못한 듯하다. 1911년 〈동물보호법〉의 조항을 조사해 보고, 해당 법률 내에서 현대적인 방식의 학대로부터 동물을 보호하기가 얼마나 어려운지 알아보자.

1. (1) 다음과 같은 행위를 한 자

(a) 잔인하게 동물을 때리거나, 차거나, 가혹하게 대하거나, 과도하게 타거나, 과도하게 몰거나, 과도하게 짐을 지우거나, 고문하거나, 동물에게 화를 내거나, 동물을 두렵게 하거나, 또는 이런 행위를 유발 또는 알선하는 행위, 또는 동물의 소유자나 동물을 이용할 수 있는 허가를 가진 사람이 이런 행위를 제멋대로 또는 타당한 이유 없이 하거나, 이런 행동에 대해 아무런 조치를 취하지 않는 경우 또는 동물에게 불필요한 고통을 주는 경우 또는 소유자로서 동물에게 불필요한 고통을 유발하도록 허가한 경우

(b) 동물에게 불필요한 고통을 주는 자세나 방식으로 운송하거나 운반 또는 이를 유발, 알선하는 것 또는 동물의 소유자로서 동물이 그러한 방법으로 전달 또는 운반되도록 용인하는 행위

(c) 동물을 싸우게 하거나, 미끼가 되도록 유발하거나, 이를 알선하거나 돕는 행위

(d) 합리적인 원인이나 이유 없이 고의로 독성이 있거나 손상을 주는 약물 또는 물질을 동물에게 투여하는 행위를 집행하거나, 이를 유발하거나, 알선하는 행위 또는 고의로 합리적인 원인이나 이유 없이 이런 물질을 동물이 섭취하도록 하는 행위, 또는

(e) 주의를 기울이지 않거나 인도적이지 않은 방법으로 동물이 수술을 받도록 하거나, 이를 유발 또는 알선하는 행위

위와 같은 사람은 이 법률이 의미하는 학대에 대하여 유죄이며, 즉결재판의 처벌을 받을 수 있다.…

(2) 이 항목의 목적은 소유자가 동물을 보호하기 위해서 위와 같은 학대로부터 합리적인 보살핌과 관리를 하지 않았을 경우 이 법률에서 의미하는 학대를 허용한 것으로 간주한다.

(3) 다음 항목은 제외된다. …

(e) 죽이는 과정이나 죽이기 위해 준비하는 과정이 불필요한 고통을 가하는 경우가 아니라면, 인간의 식품으로 사용되는 모든 동물을 죽이는 과정 또는 죽이기 위해 준비하면서 하는 행위, 혹은

(b) 사로잡힌 동물을 쫓거나 사냥하는 경우 …

(1)(c)와 (3)(b)를 제외하고, 이 조항들은 밀집사육 방식과 오늘날의 상황에 이런 조항이 적합한 것인지 논하는 우리에게는 우려되는 부분이다.

학대는 절대적인 기준으로 정의할 수 없으며, 법은 그 해석의 범위가 매우 넓다는 것에 주목해야 한다. 예컨대 물리력을 동원하여 때리는 것도 죽여서 고기를 얻기 위해 키우는 동물들과 연관된다면 학대로 정의하기가 망설여진다. 만약 어떤 사람이 동물을 모질게 대한다면 학대로 여겨진다. 그러나 특히 상업이라는 미명 아래 수많은 사람이 수많은 동물을 모질게 대하는 것은 용인된다. 그리고 큰돈이 걸린 문제라면 마지막까지 똑똑한 사람들이 나서서 학대를 옹호한다.

관습법에 의한 판례가 있다면 성문법 내에서 학대의 정의가 허술한 것은 크게 문제가 되지 않는다. 하지만 동물과 관련해서는 그런 판례가 없다. 나는 왕립 동물학대 방지협회(Royal Society for Prevention of Cruelty to Animals)의 고위층으로부터 100퍼센트 승소한다는 확신이 있지 않은 한, 사건을 맡지 않는다고 들었다. 이것이 바로 관습법 하에서는 어떠한 법적 조치도 취하지 않는 이유라고 추측할 수 있다. 동시에 나는 이러한 관습법이 100퍼센트 성공적이지 않더라도, 성문법의 부족함과 불일치를 정확히 보여 주기 위해서 언론에서 토론을 하는 것보다 이 방법이 효과적일 수 있다는 생각이 들었다. 동물을 밀집사육하면서 밀집 상태를 극단적으로 운영하는 농부들에 대해서 아무런 행동을 취하지 않는다는 사실은 농무부가 이를 비판하는 모든 사람들에게 이미 마련해 놓은 답변, 혹은 '오류'를 태연자약하게 내놓는다는 의미일 것이다.

> 이런 상황이 학대에 이르러 사법 당국의 문제가 되므로 1911년 〈동물보호법〉에 따라 결정한다. …

이런 진술을 보면 농무부는 공장식 사육이 성장할 것이라는 점을 예상한 것 같다. 필요한 부분에 대한 개정 없이 법률이 통과되었기 때문이다. 농무부는 동물들이 잘 자라고 있으므로, 동물들이 고통 받거나 불편하다고 볼 이유가 없으며, 모든 농업은 어느 정도는 자연에 개입하는 것이라고 주장했다. 아울러 이 나라에서 성행하는 극단적 축산 환경에 대해서는 들어본 바가 없다고 주장했다. 동물들이 안전을 누리도록 한다는 것과는 모순되는 말이었다.

축산 업계가 지금 행하고 있는 '자연에 대한 개입'은 동물의 생득권인 자유, 햇빛, 푸른 초원을 박탈하기에 이르렀다. 이제는 살아남으려는 본능만 제외하고 동물이 가진 자연스러운 본능까지 억제하는 지경이다. 그러나 밀집사육 시스템에서는 생존 본능마저도 위태롭다. 부츠(Boot's) 농장의 스티븐 윌리엄스 박사는 사육 밀집화가 일으키는 전반적인 문제를 다룬 토론에서 자신의 논문인 "동물들에게 뭔가 일이 벌어지고 있음을 보여 주는 관찰"을 인용하며 이렇게 말했다. "동물들은 살려는 의지와 질병에 저항하고자 하는 의지가 적어 보였다." 한발 더 나아가 박사는 이렇게 덧붙였다. "가축을 대규모로 키우게 되면 개중 소심한 개체들은 최하층 존재로 전락하게 된다. 그리고 규모가 클수록 동물들이 자살하는 경향이 커진다."[2]

모든 가축의(돼지 제외) 본능 중 농부가 좌절시키는 첫 번째 본능은 갓 태어난 새끼들이 어미에게 의지해 편안함과 보호 그리고 먹이를 먹으려는 본능이다. 부화기에서 태어난 병아리들은 어미 암탉을 본 적도 없고, 수컷 송아지와 육우의 새끼도 태어나자마자 어미에게서 분리되어 비육된다. 그리고 아기 돼지도 전보다 훨씬 빨리 젖을 뗀다. 이를 지배하는 것은 대부분 경제성이다.

우리가 좌절시키는 두 번째 본능은 동물이 스스로 먹을 것을 선택하지 못하게 하는 것이다. 야외에서조차 들판의 울나리에 갇힌 동물들은 온전한 식사를 하지 못한다. 특히 이제는 제초제로 풍성한 생울타리를 제거하고 있다. 먹이를 찾아다니는 것은 동물에게 순수한 즐거움을 주며, 관리를 잘하면 이런 행동은 다른 먹이를 훌륭하게 보충한다. 미국의 동식물연구가 로이 베디체크는 배터리 케이지 안에서 사육되는 닭은 바닥을 쪼는 본능은 물론이고 "바닥 쪼기에 반응하는 신경과 근육 메커니즘"도 떨어진다고 지적했다.[3]

동물들이 끊임없이 먹고 있는 제조 사료인 펠릿은 충분하지도 않고 또 동물에게 만족감을 주지도 못한다. 이는 육우 송아지가 "너무나 섬유소를 갈망한 나머지 울타리의 나무 부분을 물어뜯는다"[4]는 사실, 그리고 식육용 송아지고기로 키우는 송아지는 닿는 것이면 무엇이든, 사육장 바닥에 고인 자신의 오줌까지 핥고 빤다는 사실이 잘 보여준다. 동물을 움직이지 못하게 하고, 그 앞에 동일한 사료를 단조롭게 공급하는 것은 우리가 그들의 삶에서 즐거움을 빼앗는 것이다. 이렇게 밀집식으로 사육되는 모든 동물은 권태라는 극심한 고통을 겪는다. 동물은 기질적으로 무슨 일이 일어나고 있는지 궁금해하며, 세상이 어떻게 돌아가고 있는지 지켜보는 것을 우리만큼이나 좋아한다.

베디체크는 배터리 케이지에서 사육되는 닭들에 대해 다음과 같이 지적했다. "닭들은 놀라서 도망가 버린다. 배터리 케이지 사육장 전체를 휩쓰는 히스테리 물결의 원인이 없어 보이는데 말이다. 사나워지고, 부자연스럽게 구구거리고, 혼란스럽게 비명을 지르며, 마치 모든 닭들의 깃털 하나하나가 신들리고 미친 것처럼 파닥거린다." 그러고는 이에 대해 유력한 설명을 제시한다.

> 닭의 신경 메커니즘은 그리고 그 닭이 속한 모든 구성원의 신경 메커니즘은 평온한 시간이 지나고 이어지는 공포라는 기제에 맞춰져 있다. … 그런데 배터리 케이지의 닭이 이렇지 못한 것은 그 본능이 왜곡됐기 때문이다. 닭들이 이렇게 이유 없이 갑자기 패닉 상태에 빠지는 것은 생물학적으로 결정된 습관을 표출하거나 사용하는 것이 부정당하고 좌절되기 때문이다. 이렇게 되면 닭들은 조만간 비정상적인 행동을 보인다.

권태는 밀집식 사육의 나쁜 점으로, 과도하게 밀집된 시설의 특성이다. 생산자들은 권태를 없애는 것에 제일 애를 먹는다. 권태는 '악행'을 일으킬 가능성을 갖고 있으며, 결국에는 '악행'으로 이어진다. 모든 생산자들은 닭들 사이의 깃털 쪼기와 카니발리즘, 돼지들의 싸움과 꼬리 물기를 매일 걱정한다. 왜냐하면 손상된 지육은 심각한 이익의 감소로 이어질 수 있기 때문이다.

어떤 가축도 선천적으로 자신의 배설물 가까이에 눕거나 다가가지 않는다. 태어난 지 하루 된 새끼 돼지가 초조하게 화장실로 가는 모습은 정말 놀랍다. 그러나 우리는 밀집사육방식으로 가축을 사육하면서 자신의 배설물을 피하고자 하는 동물의 본능 또한 부정한다. 당연히 우리는 배설물보다 그들의 존재를 미덕으로 여기고 우선한다. 경제적인 이유에서이다. 동물을 따뜻하게 키움으로써 연료를 절약할 수 있고, 돼지 먹이를 바닥에 뿌려 먹이통이 차지하는 공간을 없애고, 돼지들이 바닥을 깨끗하게 핥게 해 농부가 하기 싫은 잡일을 없앴다.

닭의 자연적인 수면 주기도 가장 흔하게 부정당하는 본능이다. 배터리 케이지에서 키우는 닭을 대상으로 조명을 조절하는 실험은 언제든지 할 수 있다. 닭의 모든 기능은 달걀을 낳기 위해서 작동하고, 목적을 위해서 닭장에 갇힌 채 그 목적에 맞는 양이라고 여겨지는 빛을 받고 있다. 어떤 농장에서는 하루 23시간 동안 빛을 쪼이는 실험을 한 적도 있다. 육계는 삶의 3분의 2를 어둠 속에서 보낸다. 식육용 송아지는 평생을 어둑한 조명 또는 칠흑 같은 어둠 속에서 보낸다. 종종 돼지는 어두운 축사에서 사육된다. 이유는 간단하다. 축사에 조명을 설치하지 않는 게 돈이 적게 들기 때문이다.

하지만 농무부는 1911년에 제정된 〈동물보호법〉의 규제를 받지 않는 학대는 없다고 말한다.

최근 특히 우제류(偶蹄類) 동물들은 딱딱한 바닥에 딱 붙어서 살고 있다. 슬랫 바닥 위에서 동물들은 불안하고 불편하다. 그러나 경제성 때문에 밀집식 사육 동물들은 거의 모두 슬랫 바닥에서 자란다. 1961년 슬랫 바닥을 사용하는 것을 놓고 전국적으로 열띤 토론이 벌어졌다. '로열 쇼'(Royal Show)에서는 슬랫 바닥에서 우제류 동물 키우는 것을 특집으로 다루어, 농부들이 이에 대해 공부하고 또 슬랫 바닥을 사용할 것인지를 스스로 결정하게 했다. 농업 전문 잡지에서도 논란이 일었다. 《농부와 목축업자》 편집자는 논란들을 정리하고 나름의 해결책을 제시했다. 가축에 대한 우리 시대의 태도를 전형적으로 보여주는 해결책이었다.

> 지금 가축을 슬랫 바닥에서 키우는 것에 대한 로열 쇼의 집중 조명을 놓고 격한 논란이 있다. 한쪽에서는 짚과 노동력을 아낄 수 있고, 동물들도 만족해한다고 말한다. 다른 한쪽은 가축을 슬랫 바닥 위에서 키우는 것은 가축의 다리에 좋지 않고, 외풍이 있어 바람직하지 않다고 말한다. … 마음을 열고 이 논쟁을 심사숙고하여 상식적으로 생각해 보면, **한 번 키우고 버리는 가축**을 위해서는 슬랫 바닥이 단점보다는 장점이 많은 것 같다. **동물은 보통 심각한 기형이 발생하기 전에 도축되기 때문이다**. 다른 한편으로는 종계와 같이 오래 살아야 하는 가축은 다리가 건강하게 자라고 유지되어야 한다. 손상될 위험이 있거나, 곧 발굽에 피해가 갈 것 같은 동물을 판자 바닥에 키우는 것은 그 모든 장점보다는 단점이 더 많다.[5]

〈사진 17〉(본문 194쪽)에서 송아지고기용 송아지의 사진을 보면, 이렇게 '한 번 키우고 버리는 가축'은 슬랫 바닥에 앉기 때문에 다리 관절 주위로 지방 침착물이 있는 것을 볼 수 있다.

하지만 농무부는 1911년에 제정된 〈동물보호법〉의 규제를 받지 않는 학대는 없다고 말한다.

《농부와 목축업자》의 수의사는 암소를 두 무리로 나누어 연구를 진행했다. 한 무리는 슬랫 바닥 사육장에서, 다른 한 무리는 전통적인 쇠마구간에서 2년간 먹이를 주고 돌보면서 키웠다. 그런 다음 조사를 위해 가까운 운동장에 암소들을 모았다.

> 결과는 거의 믿을 수 없을 정도였다. 일반 쇠마구간에서 키운 소들은 슬랫 바닥 사육장에서 키운 소들보다 한 마리당 체중이 76~101킬로그램이 더 나가 보였다. 전통적인 사육장에서 키운 소들은 눈빛이 살아 있었으며, 젊고 활기찬 모습이었다. 슬랫 바닥을 깐 사육장의 소들은 활기가 없었다. 지치고 나이 든 모습이었다. 소들 대부분이 뻣뻣했다. 많은 소의 구절과 비절이 부어 있었으며, 몇몇은 굽힘 힘줄이 늘어져 있었다. 슬랫 바닥에서 사육된 소들은 다들 마치 뜨거운 벽돌 침대 위에 있기라도 한 듯 불안하게 마당을 돌아다녔다.

수의사는 슬랫 바닥에서 키운 소들의 우유 산출량이 그렇지 않은 소들과 비교해 눈에 띄게 적었다고 보고했다. 돼지를 슬랫 바닥 사육장에서 키운 경우에도 비슷한 차이가 관찰됐다.

> 불안신경증이 아니더라도 우제류 동물들을 슬랫 바닥에서 키우면 안 되는 생리적인 이유가 있다. 소, 양, 돼지의 다리 힘줄의 전체 메커니즘은 둘로 갈라진 발톱의 움직임에 적합하게 되어 있다. 이런 메커니즘이 적절하게 기능하기 위해서는 두 개의 발톱이 확실하게 통일성 있는 바닥에 위치해야 한다. 그

> 래야 동물의 체중을 고르게 분산시킬 수 있다. 슬랫 바닥을 두 개의 발굽이 누르면, 어쩔 수 없이 무게는 균일하지 않게 가해지고, 모든 힘줄과 관절에 과도하게 압박이 더해진다. 그러면 자연적으로 기형이 발생한다.[6]

소들은 웬만하면 슬랫 바닥에 있는 것을 싫어한다는 보고가 세계 곳곳의 농업전문가들에게서 나오고 있다. 한 보고서에서는 소들이 슬랫 바닥 위로 가기보다 사료 더미에 앉아 버렸다고 보고했다. 《농업》 1961년 12월호는 국립 낙농연구소에서 진행한 젖소의 슬랫 바닥 사용에 대한 연구를 다루었다. 연구 결과 젖소들은 짚이 있는 사육장에서는 편안히 앉은 데 반해, 최초 48시간 동안은 슬랫 바닥에 앉지 않았으며, 그 후에도 거의 앉지 않았다. 하지만 연구진의 관찰 결과는 《농부와 목축업자》의 수의사의 결과와 달랐다.

> 비록 동물들이 다리, 발굽, 젖꼭지에 상처를 입긴 했지만, 젖소들을 슬랫 바닥 위에서 사육해 우유 생산량이 감소했다는 보고는 매우 드물었다. 아울러 슬랫 바닥에서 소들을 비육해도 생체중 증가가 낮아진다는 보고는 없었다.

생산자의 상업적 이윤 앞에는 장사가 없다. 이제는 슬랫 바닥에 동물을 사육하는 비율이 높아지고 있으며, 한발 더 나아가 청소를 쉽게 하기 위해 금속으로 된 그물망식 바닥의 사용을 모색하고 있다. 송아지 사육을 위해 슬랫 바닥을 이미 사용해 본 한 농부는 이렇게 말한다.

"송아지들이 선뜻 앉기는 하지만, 일어날 때 무릎에 닿는 바닥이 무척 딱딱해 보인다. … 이 금속 바닥 위에서 이틀이 지나고 나니, 모든 송아지들이 일어날 때 요즘 유행하는 이른바 '말처럼 행동하기'를 따라 하기라도 하듯 '앞 다리를 먼저' 사용해 일어났다."[7]

슬랫 바닥의 상업적인 장점은 가벼이 무시하기에는 너무나 크다. 웨일스 대학 부속 단과대학에서는 절충점을 찾는 연구가 성공적으로 이루어졌다.[8] 소들이 먹이를 먹는 구역은 짚을 아끼고 쉽게 청소하기 위해 슬랫으로 바닥을 하고, 휴식 공간에는 짚을 두는 것이다.

> 이 시스템은 키우는 소들이 건초로 접근할 수 있는 통로도 함께 만들었다. 소들은 크게 소란을 부리지 않고 줄을 섰다. 식사 시간에 괴롭힘이 줄어든 것이 주목할 만하다. 아마도 모든 소들이 다른 종류의 바닥보다 슬랫 바닥에 훨씬 더 신뢰감이 없었기 때문인 것 같다. 한번은 소들이 건초 식사를 마친 다음 모두 휴식 공간으로 돌아갔다. 이 시스템에서 사육한 총 9개월의 실험 기간 동안 소들이 슬랫 바닥에 앉은 시간은 없었다. 매우 드물게 이상한 녀석이 한밤중에 바닥에 서 있는 것이 발견된 적은 있었다. 소들에게 선택의 자유를 준다면, 아무도 슬랫 바닥 위에 서 있지 않을 것이 분명하다.

마지막으로 《농부와 목축업자》의 수의사는 널리 쓰이고 있는 캐틀 그리드(cattle grid, 가축들이 더 이상 앞으로 나가지 못하도록 바닥에 설치한 구름다리 형식의 장치_옮긴이)는 우제류 동물들에게는 매우 부적절하게 만들어졌다고 지적했다.

> 양, 돼지, 소 들이 사육장에서 나가지 못하도록 하기 위해 계속 해서 귀찮게 문을 열었다 닫았다 하고 싶지는 않다. 그래서 구덩이를 파고, 구덩이의 옆 벽면은 벽돌, 콘크리트로 쌓은 후 캐틀 그리드로 구덩이 위를 덮는다. 아니면 슬랫 바닥으로 덮을 수도 있다. 그렇게 하고 나면 아무 걱정을 할 필요가 없다. 어떤 우제류 동물도 캐틀 그리드나 슬랫 위를 밟으려고 하지 않는다. 어떤 상황에서도 동물은 그리드 위에서 돌아다니지 않을 것이다.[9]

캐틀 그리드에서 막힌 부분 대비 빈 공간의 비율은 동물들이 불안정하게 느끼도록 설계되었다. 슬랫 바닥의 비율도 동물들이 충분히 불안정하게 느끼는 비율로 만들어졌다. 격자 형태는 막힌 바닥처럼 생긴 그물망에 가깝게 만들어져 배설물을 처리하는 데 비효율적이다. 여기에 문제가 있다. 그리하여 깃털이 없고, 목이 없고, 다리가 거의 없는 새를 개발하는 유명한 유전학자들은 낙타의 발처럼 넓적한 발을 가진 소를 개발하여, 이 문제를 한 번에 해결하려고 한다.

농무부가 이런 형태의 학대를 인지하지 못하고 있다는 것은 분명하다. 왜냐하면 1963년 6월 모든 동물(젖소 제외)에게 보조금 자격을 주기 위해 개선된 콘크리트 슬랫이 설계되었기 때문이다.

동물의 밀집식 사육이 가장 크게 비난 받는 것은 **동물들은 죽기 전까지 살지도 못한다**는 것이다. 동물들은 그냥 존재할 뿐이다. 이제 가축

사육 산업은 어떤 온기도 찾아볼 수 없다. 많은 생산자들은 솔직히 자신이 키우는 동물이 싫다고 말한다. 이런 상황에서 피해는 곧장 동물에게 돌아간다. 동물을 사육하는 것은 많은 부분이 동물을 돌보는 사람들에게 달려 있기 때문이다. 업계에서 가축관리자의 자질은 이제 약품이 대신하고 있다고들 한다. 그러나 이 문제를 온전히 가축관리자의 자질 문제라고 탓하기는 어렵다. 관리자가 엄청난 수의 동물을 돌보게 되면 비교적 적은 수의 동물을 돌볼 때와 같은 감정을 가질 수 없고, 동물들에게 무엇이 필요한지 본능적으로 알기가 어렵다.

또한 사육 시설이 어둑하거나 암흑 속에 있다면 뭐가 잘못됐는지 볼 수도 없다. 이는 가축관리자에게 너무 많은 것을 요구하는 것이다. 물론 동물도 엄청난 압박 속에서 참고 견뎌야 한다는 것은 더 말할 것도 없다.

> 아픈 닭들만 골라내 격리하여 치료하는 것은 불가능하다. 그러므로 질병의 창궐을 통제하는 적절한 방법은 사료 첨가물을 사용하는 대량 약물요법이다.

우리가 제약 회사로부터 듣는 말이다. 그러나 《컨트리맨》(The Countryman)의 다음 기사는 그 이상의 위험을 지적했다.[10]

> 공장식 축산 시스템에 들어맞지 않는 가축이나 닭들이 항상 있기 마련이다. 키우는 가축 수가 비교적 많음에도 이윤이 적으면, 이들 가축은 관리를 부족하게 받기 십상이다. 다행히도

> 닭 한 마리보다 훨씬 큰 이익을 가져다주는 송아지의 경우는 이런 일이 덜 발생한다. 그러나 병든 육계들이 눈에 띄지 않게 죽어 가는 육계 사육장은 확실히 존재한다.

BOCM의 블런트 박사는 책 『산란계 배터리』에서 다음과 같이 인정했다.

> 일부 닭들, 운이 좋게도 약 1천 마리 중 한 마리는 케이지로 들어가지 않는다. 이들 닭은 식음을 전폐한다. … 체중이 빠지고, 혼자 두면 수척해지다 결국 죽는다. (이런 '까칠한' 닭들을 쉽게 감지할 수 있고, 빨리 도태시킬 수 있다는 것을 기억하라.) 사후 검사에서는 어떤 비정상적인 현상도 발견되지 않는다. **불행한 닭들이다**. 그런 닭들을 장에 가두는 것은 잔인한 일이다.

결과적으로 단지 닭장에 있을 때 불행하다는 이유로 연간 2만 8천 마리의 닭이 죽음을 맞는다.

하지만 농무부는 1911년에 제정된 〈동물보호법〉의 규제를 받지 않는 학대는 없다고 말한다.

수백 년 동안 농장 가축들은 인간이 원하는 것을 저렴하고 빠르게 생산하는 목적에 맞도록 만들어져 왔다. 좋지 않은 환경에서 이와 같은 본질적 메커니즘을 견뎌야만 하는 상황이 즉시 무너지지는 않을 것 같다. 시간이 걸릴 것이다. 생산자와 그의 지지자들은 계속해서 동물이 고통받으면 잘 자랄 수 없다는 논리로 방어하고 있다. 하지만 정말 동물이 잘 자라지 않는다면 생산자는 이익을 창출할 수 없는 것일까? 어디까지가 진실일까?

동물들이 잘 자란다는 것이 왕성한 발육과 건강함 모두 함축하고 있다면, 이 기준으로는 다음에 예시를 드는 가축들이 잘 자란다고 생각하기란 불가능하다. 식육용 송아지를 예를 들어 보자. 생산자는 송아지를 **빈혈에 걸리게 해** 이익을 본다. 송아지를 병들게 해 이익을 창출한다는 말이다. 농무부도 '흰 살코기'의 생산을 위해서라면 피할 수 없는 것이라고 인정했다. 어떤 육우 송아지는 1년간의 감금 사육으로 눈이 멀고 간이 손상되었으며, 다른 문제들도 발견됐다. 그러나 눈이 먼 이 송아지조차 도축장에서는 A등급을 받았다.

하지만 법에서와 마찬가지로 건강의 정의에서도 동물의 건강과 인간의 건강 사이의 불일치를 발견할 수 있다. 『옥스퍼드 사전』에서 잘 자란다(thrive)는 의미는 '번영하고(prosper), 번창하고(flourish), 풍성해지는(grow rich)' 것이라고 정의하고 있다. 그러나 동물이 잘 자란다는 것은 '활발하게 자란다'는 의미이다. 어린 동물들은 어떠한 조건에서도 활발하게 자랄 것이다. 최근 국립낙농연구소 낙농업 부문 수장을 맡고 있는 스티븐 바틀릿 박사는 이렇게 말했다.

> 살아 있는 동물의 성장과 발달은 매우 복잡한 과정이어서 이를 간단하게 설명하면 왜곡될 수 있다. 하지만 다음과 같은 말은 사실이다. 모든 갓 태어난 동물들의 놀라운 특징은 **어떻게든 성장하는 경향**이 있다는 것이다. 반 기아상태에서도 성장이 방해를 받을 수는 있지만, 성장이 멈추지는 않는다.[11]

하지만 나는 '어떻게든 성장하는' 자연스러운 경향은 살을 찌우는 것밖에는 할 수 있는 게 없는 가축의 무기력함과 연관시키는 것이 타당하다고 생각한다. 왜냐하면 가축들은 살을 찌우는 것이 삶의 유일한 목적이고, 가축들을 관리하는 것도 완전히 이 목적에 맞춰져 있기 때문이다. 동물이 가진 모든 에너지를 사료를 고기로 바꾸는 데 사용해야 하므로, 동물들이 살이 찌는 것은 놀라운 일이 아니다. 하지만 살이 찐다고 해서 동물이 만족하고 건강하다는 이야기는 아니다. 삶이 만족스러운데 광범위하게 높은 사망률 때문에 계속해서 항생제로 목숨을 이어 나가야 할까? 육우 송아지들이 1.3제곱미터짜리 공간에서 행복하다면 왜 송아지 사료에 안정제를 넣어야만 할까? 동물들이 빨리 살이 찌는 것은 동물에게 호르몬을 먹이는 미심쩍은 관례 때문이 아닐까. 로런스 이스터브룩은 1961년 7월 〈데일리 메일〉에 다음과 같은 글을 썼다.

> 옳든 그르든 나는 닭을 배터리 케이지라고 부르는 철망으로 된 서랍장 같은 것에 감금하는 것이 싫다. 이런 방식은 잔인할 뿐만 아니라 저질의 식품을 만들어낸다고 생각한다. 내게 닭들이 행복하지 않으면, 이렇게 잘 자랄 수가 없을 것이라고 말하지 마라. 내가 제일 살이 많이 쪘을 때는 더럽고, 축축하고, 두렵고, 비참한 참호 속에서 1년간 앉아 있을 때였다.

생산자들이 동물의 행복과 편안함에 대해 평가하는 유일한 때는 이익과 관련이 있을 때뿐이다. 동물들이 기계 부품처럼 살면서 삶을 견

떠내고 있는 동안에도 생산자는 이런 방식으로 사육하기 위해 자신의 권리를 마지막까지 옹호할 것이다.

법이 존재하지만 어디에서도 이러한 동물들을 돕지 못하므로, 나는 법의 테두리 안에서 다른 방법을 건의하고자 한다. 시범 사례를 통해 승소할 수 있을 것 같은 느낌이 든다. 〈조류보호법〉(1954) 8조는 다음과 같이 언급하고 있다.

> (1) 새가 날개를 자유롭게 펼치는 것이 허락되지 않는 높이, 길이, 넓이의 새장과 용기에 가두거나 감금하는 자는 이 법에 반하는 범죄를 저지른 것으로 간주하고 특별법에 의하여 유죄이다. **이 세부항목은 가금류에게는 해당하지 않는다.**

가금류를 제외한 새들이 새장 안에서 홰를 칠 수 있다는 법을 왜 만들었을까? 이와 같은 법은 스스로 비웃음을 자초하고, 이 법률을 제정한 사람들은 궤변으로 문제를 풀려고 하기 쉽다. 경멸을 담아 이 나라를 '장사꾼의 나라'라고 부르는 것도 좋겠다.

이런 단서 조항은 배터리 케이지 산업의 방패가 되어 닭의 생활공간을 날개는 물론이고 목조차도 펼 수 없을 정도로 계속해서 옥죄는 것을 허용하고 있다.

배터리 케이지의 제작자들은 1962년 '왜 공간을 낭비하십니까?'라는 슬로건을 내걸고 발빠르게 움직였다. 4단 케이지의 높이를 2.4미터에서 1.9미터로 줄였다. 참고로 케이지와 케이지 사이는 배설물 벨트 공간이 있다. 케이지 높이만 38센티미터다. 앞쪽은 겨우 30센티미터고, 뒤쪽이 더 높았다. 닭은 낳을 달걀을 굴려 보내기 위해 5분의 1정도 기울어진 케이지에서 살 수밖에 없는 운명이다. 케이지의 전면과 후면의 높이 차이가 있는 이유는 바로 이 때문이다. 집 거실이 5분의 1 정도 기울어져 있다고 상상해 보자. 계속해서 균형을 잡기 위해 근육에 부담이 갈 수밖에 없다. 높이 38센터미터, 폭과 깊이가 각각 40센터미터 공간에 3마리, 닭이 작으면 4마리까지 집어넣는다. 자로 크기를 측정해 보자. 닭 한 마리당 폭은 13센티미터다. 닭 3마리가 이곳에 갇히면 목을 뻗을 수 있는 방법은 케이지의 철망 바깥으로 목을 내미는 것뿐이다.

이런 산란계와 한 마리당 24제곱센티미터의 공간에서 사는 육계들이 서로 해를 입힐까 봐 부리를 절단하는 건 놀랄 일도 아니다. 부리 자르는 기계로 닭의 위쪽 부리의 절반을 절단한다. 경력이 있든 없든 누구나 할 수 있다. 부리 자르기는 그 자체로 닭에게 위험하다. "비전문가가 실시하면 통증이 상당할 수 있다. 부리를 자르는 수술 후에 닭은 고통으로 멍해져 머리를 내리고 있었다."[12]

베디체크는 『박물학자와 함께하는 모험』에서 배터리 케이지에 대하여 분명하게 비판했다.

> 나는 배터리 케이지 방식으로 키워지는 닭들을 주의 깊게 바라보았다. 닭들은 불행하고 건강하지 않아 보였다. 노려보는 눈빛은 말할 것도 없고 볏의 색이 선명하지 않았고 생기가 없었다. 그리고 자연스럽지 않은 색상이 군데군데 보였다. … 내가 관찰한 배터리 케이지 닭은 닭이라면 보통 갖는 기억을 잊

어버린 것 같았다. 어미와 어린 시절을 보낸 후 스스로 잡초 속의 메뚜기를 쫓아다니는 그런 기억들 말이다. 배터리 케이지 사육장은 가금류의 정신병원이었다. 배터리 케이지의 철창 사이로 보이는 닭의 눈빛이 마치 미친 사람의 눈빛 같았다. 손을 가까이 대기만 해도 순식간에 열 군데를 사납게 쪼았다. 보통 닭들이 하듯 호감으로 쪼는 것이 아니었고, 호기심으로 머뭇거리며 쪼아 보는 것도 아니었다. 광기에 사로잡힌 닭들이 살과 피를 갈망하며 쪼는 것이었다. 등에 난 깃털을 부리로 잡아당기거나, 서로의 깃털을 먹거나 아니면 깃털이 있던 자리에 붙어 있는 작은 살 조각이나 핏덩어리를 게걸스럽게 먹었다.

가금류 산업계는 배터리 케이지에 갇혀 있는 닭들이 만족스럽게 지내기 때문에 해마다 수많은 달걀을 생산하는 것이라고 주장한다. 모든 닭은 평생 낳을 달걀을 잠재적으로 난소에 지니고 있다. 배터리 케이지 사육 생산자들은 닭이 모든 에너지를 알을 낳는 데 쏟게 한다. 특히 가능한 빨리 낳게 한다. 사료와 조명 패턴의 자극으로, 어떤 시설에서는 끊임없이 나오는 잔잔한 음악으로, 모든 것이 달걀 생산에 초점이 맞추어져 있다. 닭은 도계하기 전까지 1년밖에 살지 못한다. 그전까지 최대로 알을 낳아야 하는 것이다.

영국 달걀마케팅이사회의 놀스(Knowles) 박사는 이런 안타까운 논란 속에서 기억해야 할 가장 중요한 것은 바로 **어떤 환경에서도** 1등급 달걀을 낳기 위해 최선을 다하는 닭이라고 말했다. 이에 대한 확신은 바로 산란계 피로증에 대한 논쟁에서 나왔다. 케이지에서 키우는 산란계는 급사하기 전까지 알을 낳는다는 것이 논쟁에서 지적되었다. 왜 닭들이 죽기 직전까지 알을 낳는지는 모른다. 산란의 자연적 특성들을 보여주는 어떤 징후는 아닐까? 아울러 산란계를 키우면서 '강요하는' 수준을 알려 주는 건 아닐까? 고기를 위해 키우는 동물이 주어진 시간 동안 살을 많이 찌우는 것처럼 닭이 많은 달걀을 낳는 것을 행복의 기준으로 보아서는 안 된다. 배터리 케이지 닭도 어쩔 수 없이 살이 찐다. 하지만 건강한 건 아니다.

1년간 단독으로 배터리 케이지에서 사육된 닭의 실험군을 연구한 블런트 박사는 이들 닭에서 심장암, 폐암, 난소암, 난관암, 신장암, 다리근육암, 간암, 복부암[13]이 있었다고 기록했다. 암은 닭이 겪는 질병 중 하나일 뿐이다. 닭의 폐사율은 일반적으로 12~15퍼센트 사이이며, 도태를 포함하면 20퍼센트에 이른다. 5마리 중 1마리는 잘 자라지 못하는 것이다.

덴마크에서는 배터리 케이지가 법적으로 폐지됐다. RSPCA의 팸플릿은 다음과 같이 전하고 있다.

> 코펜하겐에 있는 덴마크 S.P.C.A.에 따르면 정부가 배터리 케이지를 폐지하는 법률을 통과시킨 이유는 동물애호가들의 항의 때문이었다. 닭들은 케이지에 박힌 듯 앉아 있고, 선반에 물건처럼 얹혀 있으며, 절대 밖으로 나오지 못한다. 발은 케이지 바닥의 철사 때문에 손상됐고 발톱을 갈 수도 없다. 동물 경찰과 동물 건강 당국은 여러 동물보호단체의 법안을 법무부 장관에게 추천해 달라는 요청을 받았다.

이는 덴마크가 세계에서 가장 큰 달걀 생산국임을 감안할 때 매우 적절한 압박이었다. 덴마크는 이렇게 방목 시스템 또는 날씨가 좋을 때 방목장으로 나갈 수 있는 평사 시스템, 이를테면 경제적이고 닭들도 잘 자랄 수 있는 산업을 만들었다.

도계장

도계장은 배터리 케이지 산란계와 육계를 죽여 이익을 창출하기 위해서라면 모든 법과 인도주의를 무시하는 것 같다. 〈살아 있는 가금류 운송 명령〉(1919)은 육로로 가금류를 운반할 때, 판매를 위해 내놓을 때 가금을 보호하기 위해 다음과 같은 항목을 명시하고 있다.

> 3.iii. 가금의 다리를 불필요하게 묶거나, 필요 이상으로 오랜 시간 다리를 묶어 두거나, 불필요하게 가금의 머리를 아래쪽으로 하여 운반하는 행위를 할 수 없다.

이 법은 도계장에 대해서는 아무것도 모르는 사람이 제정한 것이 틀림없다. 도계장에서는 〈사진 8, 9〉(본문 185~186쪽)에서 보는 것과 같이 닭을 상자에서 꺼내 다리를 위로, 머리를 아래로 하여 컨베이어 벨트에 매단다. 어떤 도계장에서는 죽기 전 단 몇 초간만 매달려 있으면 되지만, 다른 곳에서는 죽기 전 5분까지 매달려 있기도 한다. 컨베이어 벨트에 매달려 있으면 닭의 피가 머리로 몰려 최종적으로 죽을 때 방혈이 더 빠르다. 이렇게 거꾸로 매달면 닭을 죽이기가 수월하고,

죽일 때 다루기도 쉽다. 그러나 편리하고 경제적이라 하더라도 이것은 장시간 닭을 잔인하게 다루는 것임을 인정해야 한다. 여기서 잔인한 것은 다른 곳에서도 잔인한 것이다.

서섹스 D.P.K.[14]의 비판은 한층 격렬하다.

> 나는 몇몇 가금 사육자들이 닭을 잡거나 운반하는 올바른 방법을 모른다는 데 놀랐다. 어제만 해도 어떤 젊은이가 거칠게 날개를 퍼덕이는 수탉 다리를 거꾸로 들고 우리 집 뒷문에 서 있었다. … 대체로 꽤 차분한 편인 나도 이런 일은 언제나 불편하다. 이는 가금류를 다루는 무지하고 잔인한 방법이다.

또한 〈살아 있는 가금류 운송 명령〉을 보면 상자 안에 가금류를 가두는 것도 다루고 있다.

> 9. 대영제국 내 어떤 사람도, 그의 소유 또는 책임 아래 관리하는 가금류의 운반과 관련하여, 합리적으로 필요한 기간보다 더 오랫동안 용기 등에 감금하는 자는 1894년 법률에 따라 유죄로 간주한다.

내가 방문했던 도계장의 주인은 닭을 상자에 넣기 위해 새벽 1시에 밴을 타고 나가 닭들을 상자에 넣어 차에 싣고 돌아와서 건물의 옆쪽에서 농장이 열기를 기다렸다가 컨베이어 벨트에 매단다고 했다. 닭들은 상자를 열어 풀어 주기 전까지 최소 8, 9시간을 갇혀 있었다.

일반적으로 닭은 별로 똑똑하지 않고, 같은 종의 다른 개체가 죽는 것을 봐도 영향을 받지 않으며, 자신의 죽음도 예측하지 못한다고 알려져 있다. 하지만 어떻게 확신할 수 있는가? 이런 사실을 알아낼 수 있는 실험을 실제로 한 적이 있는가? 지능이 높든 낮든 죽음이 다가오는 것을 아는 것은 본능이 아닌가? 나는 도계장에서 살아 있는 닭들이 죽은 닭들 앞을 지나가는 약 30초 동안 다른 때보다 더 겁에 질린 모습을 봤다. 상자 안의 닭들은 관람석에서 지켜보듯 자신의 차례가 오기 전까지 상당한 시간 동안 도살자가 작업하는 모습을 지켜보아야 했다.

내가 보기에 '처리' 부문은 가장 의도적이고 불필요한 학대가 일어나는 곳이다. 도계장 환경을 설명한 부분에서 보았듯이, 동물건강신탁의 라이트 씨는 닭을 사전에 기절시키지 않고 도살 작업을 진행한 것을 본 적이 있다면서 이렇게 말했다.

> 닭을 사전에 기절시키지 않고 경정맥을 절단하는 것은 역겹도록 비인간적인 행위이다. 상당한 시간 동안 닭은 완전히 의식이 있으며, 엄청난 고통을 겪는다고 망설임 없이 말할 수 있다.

인도적도축협회(Humane Slaughter Association)의 요청으로 라이트는 그렇게 도살되는 닭의 심장박동과 호흡에 대한 심도 있는 연구에 착수했다. 그리고 5마리 중 2마리가 산 채로 탕박조에 들어가 산 채로 털을 뽑힌다는 사실을 발견했다.

정말 믿을 수 없는 것은 가금류 업계가 사전 기절 없이 도살하는 것은 잔혹한 행위이고, 도살 동물의 수를 따라잡을 만큼 효과적인 충격기가 나오지 않았다는 사실을 알면서도 팔자 좋게 시간당 처리량을 늘리는 계획을 세우고 있다는 점이다. 학대는 거대한 규모로 태연하고 의도적으로 이루어지고 있다. 상업적 경쟁이라는 미명하에 이루어지는 이 학대에서 돈이 오가는 업계는 학대를 무시할 수 있는 자격을 가진 듯하다.

설마 도계장이 닭 처리량에 적합한 충격기를 보유하면 되고, 경제적인 이유로 보유하지 못한다면 기형적인 법의 테두리 안에서 '불필요한 고통을 유발'한 것으로 고발할 수 있을까? 이것이 학대가 아니라면 무엇이 학대인가.

식육용 송아지와 육우를 위한 송아지

RSPCA는 '(시장에서) 일부 사람들이 동물을 막 대하는' 것을 피하기 위해 눈먼 육우 송아지를 농장에서 도축장으로 곧바로 보낸 사실을 보도한 적이 있다. 당시 헐 지역의 RSPCA 조사관이었던 히스의 말을 들어보자.

> 그런 동물들을 시장에서 보는 건 정말 안타깝다. 낯선 환경에 둘러싸여 문에 부딪히기도 하고 사람들 사이로 걸어가기도 한다.

하지만 〈요크셔 포스트〉(Yorkshire Post)는 이렇게 썼다.[15]

단체가 고소를 진행하지는 않았다. 동물보호법 내에서 중요한 쟁점인 '고통을 겪었는가'의 여부를 입증하는 것이 어렵기 때문이다. 송아지는 눈에 큰 고통이 있어 보이지는 않았다. 단지 자신이 어디 있는지 모르는 것일 뿐이다.

확실히 이들 동물은 눈이 멀었기 때문에 고통을 겪는다. 아무리 우연적인 것이라 해도 동물에게 가해진 학대는 눈이 멀도록 만든다. 눈이 먼 사람이라도 꼭 눈에 고통을 느끼는 것은 아니다. 고소를 진행하기 위해 왜 **상당한 고통**이 필요한가? 법에 있는 단어는 **불필요한 고통**이다.

고속 사료공급 방식으로 소고기용 소를 사육하는 데 따른 고충을 토로한 편지를 보면, 이렇게 키우는 송아지들에게 폐렴은 불가피한 것처럼 보인다. 사육 시설에서는 송아지들이 기침하는 것을 당연히 여긴다. 시력 상실, 기침, 간 손상. 이런 증상이 있는 동물에게 주는 사료에 항생제, 안정제, 호르몬 첨가제를 넣으면 빨리 살이 찌고 '고급' 고기로 등급이 분류된다.

결핍된 먹이

법률적 의미에서 동물 건강에 필수적인 성분의 결핍을 유도하는 먹이를 주는 것은 어느 정도까지 학대로 해석할 수 있을까? 확실히 이는 어느 법에서도 불필요한 고통을 유발하는 것에 포함되어 있지 않다. 이 점에 대해 보리 비육 소고기용 송아지와 식육용 송아지를 함께 논하고자 한다.

보리 비육 소고기용 송아지라고 불리는 이유는 뭉크러진 보리와 어분 그리고 비타민과 약물이 첨가된 농후사료만 먹이고, 건초는 절대 먹이지 않고 키우기 때문이다. 식육용 송아지는 더욱 심각하다. 의도적으로 완전히 우유 대용품만 먹여 키운다. 고기의 색이 짙어질까 염려하여 원래 반추 동물인 송아지가 반추하지 못하게 하는 것이다. 두 동물 모두 섬유질을 갈망하게 된다.

《수의학 기록》 1962년 12월 22일자에 실린 편지를 보면, 이런 갈망을 생리학적으로 설명해 준다. 다음 내용은 영국 왕립수의대학 회원이자 콤튼에 있는 농업연구위원회 현장연구소의 연구원 브라운리(A. Brownlee)가 작성한 것이다.

> 반추하고자 하는 '욕구'는 다음과 같이 나타난다.
> ① 우유 대용품만 먹는 송아지가 잠자리로 깐 짚을 먹거나 기호성이 낮은 물이끼 깔개까지 먹어 반추위에서 꽤 많은 양이 발견되는 경우, ② 12주간 27마리의 송아지에게 합성 우유만 먹이고 잠자리로 짚을 깔아 주지 않은 경우, 모두 반추위에서 헤어볼이 발견됐다. 이런 헤어볼은 반추위가 적극적으로 털을 채우려고 한 결과로 발생한다고 추측한다. ③ 먹이를 주지 않아도 반추위가 비지 않는다.[16]

브라운리는 망설이며 결론을 내렸다.

> ① 충분한 섬유질을 먹이면 어떤 농후사료라도 반추위에 비교적 오래 머문다. ② 섬유질이 충분하지 않은 경우, 반추위의 부분을 채우고자 하는 '욕구' 때문에 반추위에서 과도하게 발효되는 농후사료의 양을 측정하여 알 수 있다. 발효된 농후사료는 결과적으로 PH를 낮춘다.

또 다른 수의사는 "아직 증명된 것은 아니지만, 장내 독성물질의 영향으로 간이 훼손될 수도 있다. 간은 혈액의 여과지로 혈류 속에 들어온 모든 독성물질을 간 속에 농축하여 세포의 지방변질을 일으킨다"고 설명했다.

보리 비육 송아지가 눈이 먼 것은 농후 복합 사료에 비타민A가 부족하기 때문이라고 추측된다. 물론 아직 증명되지는 않았다. 소의 비타민A 부족증에 관해 연구한 케임브리지 대학 수의학 임상연구과 출신의 수의사 4명은 이렇게 말했다.

> 여전히 놀라운 점은 비육 사료에 비타민A가 전혀 첨가되지 않는다는 것이다. 성장이 빠른 어린 동물들은 비타민A가 더 많이 필요하다. 다른 영양소들도 마찬가지다.[17]

식육용 송아지의 우유 대용품에 극도로 비타민A가 부족한 이유는 찾을 수가 없었다. 영국 수의사협회가 발간한 소책자 『아픈 송아지 돌보기』에는 하루에 최소 5,000IU(인터내셔널 유닛)를 권장하고 있다. 영국산 우유 대용품을 분석해 보니 1,300IU, 덴마크산 우유 대용품은

200IU만 들어 있었다. 비타민A는 항감염 안전장치이며 부족하면 시력을 상실한다는 사실이 증명됐다. 사료에 첨가하는 비용도 싸다. 그런데 도대체 왜 이렇게 소량을 첨가한 것일까? 사정이 이런데도 농무부는 1911년에 제정된 〈동물보호법〉의 규제를 받지 않는 학대는 없다고 말한다.

식육용 송아지를 위한 우유 대용품은 **빈혈을 유발하도록 설계됐다**. 농무부는 도살된 송아지의 헤모글로빈 수준이 매우 심각한 빈혈 수준인 혈액 100밀리리터당 5~7그램이었다고 인정했다. 왜 동물을 건강하지 못하게 하는 것을 먹여 키우는 행위를 처벌할 수 없는 걸까? 고통을 주는 행위에 포함되지 않는다고 해서 법을 위배하는 행위가 아니란 말인가? 송아지에게 생리적으로 필요한 섬유질 섭취를 차단하고, 고의적으로 철분 공급을 제한하고, 짧게 묶어 놓지 않으면 자신의 오줌까지 핥아 먹는 상태, 식육용 송아지가 반추하지 못하도록 미리 막는 것, 자연스러운 성장을 막아 동물의 신체에 생리학적인 변화를 일으키는 것, 이런 행위는 동물에게 고통을 유발하는 것임을 우리는 인정해야 한다.

하지만 농무부는 1911년에 제정된 〈동물보호법〉의 규제를 받지 않는 학대는 없다고 말한다.

이제는 더욱 미묘하고 악의적으로 동물에게 학대가 가해지고 있으며, 동물보호법의 법률가들이 예상할 수 없을 정도로 이루어진다는 사실을 받아들이고 인정해야 한다. 단순히 색깔이 연한 고기라는 속물적인 요구사항을 만족시키기 위해 동물에게 질병을 일으키는 것을 볼 때, 인간의 동물 지배는 이미 그 한계를 넘었다고 생각한다. 식육용 송아지 사육자들은 학대 사실을 순순히 털어놓는다. 방법 중 일부는 비인간적인데도 그들은 사람들이 원하는 것을 생산하고 있다는 조악한 변명을 해댄다. 우리는 더 이상 무지한 대중에 영합하지 않아야 한다. 동물을 괴롭혀 쾌감을 얻는 변태적이고 무지한 어린이를 처벌하는 법률이 있다. 동물에게 고통을 주어 생산된 사체가 미각을 자극한다고 말하는 사람들에게 이런 법들을 적용할 때이다.

동물보호법에서 빠진 또 하나는 식육용 송아지를 키우는 방법에 대한 논쟁에서 자주 언급되는 물이다. 앞서 식육용 송아지에게 갈증을 유발하면 비정상적으로 많이 우유 대용품을 마시게 된다고 했다. **혹서기에도 송아지는 물을 마실 수 없다**. 송아지는 비정상적으로 많은 양의 우유 대용품을 마시기 때문에, 땀을 흘리고 다시 갈증이 나면 또 다음 먹이 시간에 비정상적으로 많은 양을 마시게 된다. 이런 방법은 동물이 빨리 살찌게 되므로, 생산자에게는 정말 훌륭하다. 그러나 동물에게는 전혀 그렇지 않다. 혹서기 동안 의도적으로 수분을 제한하는 것은 불필요한 고통을 유발하는 것이다.

그러나 농무부는 1911년에 제정된 〈동물보호법〉의 규제를 받지 않는 학대는 없다고 말한다.

더 나아가 전혀 운동하지 못하게 하는 것은 송아지에게 고창증을 유발해 고통 받게 한다. 부츠 농장의 윌리엄스 박사는 그 이유를 이렇게 설명한다.[18]

> 송아지에게는 단체생활과 운동이 좋다. 윌리엄스 박사는 이렇게 주장한다. '송아지들은 질주하며 뛰어놀아야 한다.' 박사의

업무는 송아지들이 건조 먹이를 먹기 시작하는 때에 그들과 함께 커다란 울타리 안에서 뛰는 것이다. 건조 먹이는 반추위로 들어가자마자 발효된다. 그러나 달리기를 하면 가스가 완화된다.

식육용 송아지 사육에서 가장 인도적인 것은 실제로 온기밖에 없다. 따뜻하게 하지 않으면 마치 인내력을 시험하는 듯한 극도의 불편한 환경에서 송아지의 수명이 짧아지기 때문이다.

송아지들은 묶여 있는 것을 견디지 못한다. 짧게 묶여 있는 송아지들은 고개조차 돌리지 못한다. 이런 방식이 이제는 육우 산업에 번지고 있다. 육우들은 자연스럽게 앉을 공간조차도 갖지 못한다. 10일령 송아지가 자연스럽게 반달 모양으로 앉으면 가로 55센티미터가 꽉 찬다. 식육용 송아지들은 12~14주령이 될 때까지 55센티미터의 공간만 허락되는데, 송아지들이 비정상적으로 살이 찌고, 나이에 비해 상대적으로 몸이 커지면서 상황은 더 나빠진다. 식육용 송아지는 감금 상태에서 다리를 뻗기보다 몸 아래에 집어넣고 견디는 데 적응한다.

그러나 농무부는 1911년에 제정된 〈동물보호법〉의 규제를 받지 않는 학대는 없다고 말한다.

송아지를 깨끗하게 씻기는 일은 결코 없다. 경제적이지 않기 때문이다. 씻지 않으면 송아지는 꼬리 부근에서 왱왱거리는 파리 때문에 더욱 불편해진다.

마지막으로 송아지들은 어둠 또는 어둠이나 다름없는 사방이 막힌 상자 안에서 송아지에게 필수적인 소속감을 상실한 채 갇혀 있다. 이 책에 실린 모든 식육용 송아지 사진은 빛이 밝은 쪽에서 찍어야 했다는 것을 강조하고 싶다. 사진은 송아지가 짧은 생을 보내는 동안 겪는 무관심과 비참함을 진실하게 담지 못했다. 붉고 긴장한 눈이 비참함과 건강하지 못함을 보여주었을 뿐이다. 《농업 신문》의 과학 고문 존 해먼드 경(Sir John Hammond)의 말은 네덜란드산 식육용 송아지의 기이한 삶을 보여준다.[19]

> 이런 밀집사육 시스템 속에서 송아지들은 12주간 사치스러울 정도로 잘 먹는다. 원래라면 이런 삶을 누릴 수 없었을 것이다. 송아지들은 누워서 배부르게 실컷 먹고, 점점 살이 찌면서 만족해한다.

위의 언급으로 말문을 연 존 해먼드 경은 이어서 실제 사육 환경에 대한 설명을 덧붙였다.

> 송아지들은 흰 살코기를 만든다는 철분이 부족한 사료를 먹으며 어두운 사육장에 미동도 없이 갇혀 있다.

이런 방식으로 송아지고기 생산을 최초로 시작한 네덜란드에서는 많은 동물단체가 수년간 제출한 항의서를 받고 드디어 1961년 9월 아래와 같은 내용을 보장하는 법을 통과시켰다.

> ① 일출과 일몰 사이에 동물들과 주변환경이 분명하게 구별될

수 있는 정도까지는 빛이 들어와야 한다.

그리고

② 사육 공간의 규격은 어떤 송아지든 양옆으로 방해받지 않고 눕고 일어날 수 있는 충분한 공간이 있어야 하며, 일어났을 때는 방해받지 않고 머리를 움직일 수 있어야 한다.

나는 네덜란드 담당관에게 이 법으로 울타리의 규격에 새로운 지침이 생기는 것인지 물어보았다. 답변은 다음과 같았다.

송아지 울타리 크기와 관련해 새로운 동물학대방지법이 의무적으로 적용되지는 않는다. 법에 따르면 송아지가 양옆으로 누울 수 있어야 한다는 것뿐이다. 농업농장건물협회는 사람들에게 폭 60센티미터, 길이 1.5미터, 후면은 50센티미터로 칸막이 없이 지으라고 조언하고 있다. 칸막이의 높이는 1미터다.

철분이 부족한 송아지 먹이를 고려한 법은 만들어지지 않았다. 동물복지단체의 우려는 귀에 들어오지 않는 듯하다. 법은 상업적인 이익만 고려하는 것 같다. 그러나 1960년 8월 15일자 〈타임스〉는 "네덜란드 국내 시장은 … 네덜란드가 수출하는 다른 나라들에 비하면 흰 살코기에 대한 선호가 덜하다"고 보도했다. 네덜란드는 살코기의 색이 얼마나 흰지가 품질을 나타내는 것이 아니라 일시적인 유행이라는 것을 깨달았다. 단지 수출을 위해 이런 요구사항을 만족시키는 것이다.

돼지

밀집사육 시스템에서 돼지를 가장 괴롭히는 것은 과밀한 사육장 안에 잠자리가 없다는 것이다. 돼지는 희미한 불빛과 어둠 속에서 화장실이나 다름없는 바닥에 뿌려진 먹이를 먹는다. 태생적으로 깨끗하고 활발하고 지적인 동물 돼지에게는 더없이 고통스러운 상황이다.

일반적으로 돼지는 열대지역 동물의 후손으로 정글처럼 어둡고 습기가 많은 것에 익숙하다고 알려져 있다. 하지만 클로드 밀러(Claud Miller)가 1963년 6월호 《동물 생활》(Animal Life)에 제시한 가정이 더 그럴듯해 보인다.

> 오늘날 키우는 집돼지는 모두 아시아와 유럽의 멧돼지(*Sus scrofa*) 후손인 것 같다.

우리가 키우는 돼지들이 선천적으로 그 기후에 익숙해져 있고 이런 기질은 수백 년의 가축화로 강화됐다는 말이다.

밀러는 돼지가 선천적으로 더러운 동물이기 때문에 진흙에서 뒹구는 것을 좋아하는 게 결코 아니라며 다음과 같이 말한다.

> 돼지는 땀 분비선이 부족하다. 게다가 두꺼운 지방층이 주위 환경과 체내 온도 변화의 전달을 간섭하는데, 마치 몸을 감싸는 단열재처럼 작용한다. 그래서 날씨가 매우 더울 때 돼지는 혈액 온도를 낮춰 편안하게 유지하는 데 어려움을 겪는다. 돼

> 지는 더울 때면 그늘을 찾거나 바람을 쐬는데, 그래도 시원하지 않으면 가까운 물웅덩이로 가서 구르며 피부에 물기를 끼얹는다.

말하자면 더러운 돼지는 가축 관리인이 적절한 그늘을 제공하지 않았다는 반증이다.

사우나식 양돈장은 돼지의 생리적인 본능을 전혀 고려하지 않은 시설이다. 이런 시설은 단열이 잘 되어 있고 돼지들로 꽉 차 있으며, 환기도 시키지 않아 온도는 26도 상대습도는 90~96퍼센트 정도가 쉽게 유지된다. 1962년 3월 13일자 《농부와 목축업자 부록》(Farmer and Stockbreeder Supplement)의 한 기사는 "이 수치는 실제로 비가 내릴 때와 같다고 생각하면 된다"[20]라고 지적하면서 양돈장 환경에 대해 이렇게 묘사한다.

> 열기는 숨이 막힐 듯했고 공기는 꽉 막혀 있다. 바닥은 똥과 오줌으로 더럽고 벽과 천장에서는 물방울이 떨어졌다. 주변은 온통 곰팡이 천지였다.

돼지는 땀을 충분히 분비하지 못하기 때문에 체온을 내리지 못하는데, 이런 양돈장에서 산다는 것은 매우 불편하고 비참한 일이다. 이 책에 실린 모든 사진 속의 돼지들은 기력 없이 다닥다닥 붙어 바닥에 누워 있다. 방금 인용한 기사에 돼지의 비참한 삶을 보여주는 더욱 현실적인 증거가 나온다. "뜨거운 사육장에서 키워지는 돼지들의 경우 잠자리 구역에서 똥오줌을 눈다. 먹이통에도 눈다.”

그러나 농무부는 1911년에 제정된 〈동물보호법〉의 규제를 받지 않는 학대는 없다고 말한다.

돼지에게는 안타까운 일이지만, 돼지는 살아 있는 동안은 살이 찐다. 돼지가 천천히 살이 찐다면 덜 먹기 때문이다. 《농부와 목축업자》의 기사는 어떻게 한 사육시설에서 ‘모든 기대치를 넘어서는 생산’을 할 수 있었는지 그리고 더 나아가 왜 돼지들이 질병에 걸리지 않았는지 그 이유를 알려준다.

> 돼지의 사육 밀도를 높이면 바닥에서 엄청난 열기가 나온다. 뜨거운 공기가 위로 올라가 배출되어야 하므로 더 자주 환기해야 한다. 환기하는 시간이 늘어날수록 건물 내 박테리아의 수는 줄어든다. 습도가 높아지면 먼지가 쌓인다. 그러면 먼지 매개 박테리아도 발생한다. 이것 또한 높은 사육 밀도가 부분적인 요인이다. 환기를 자주 해서 돼지의 건강을 위협하는 적군을 밖으로 내보내지 않으면 완패당하는 것이다.

이 이론은 아일랜드 농무부 수의학 부서의 고든 박사가 양돈 시스템에 대한 면밀한 연구 후에 제기한 것으로, 케임브리지 대학교 수의학과의 세인즈버리 교수도 논의한 바 있다. 우리는 아직은 밀집사육 방식으로 돼지를 키우는 것에 대한 장기적인 영향을 연구해야 한다. 이렇게 돼지를 키우면 돈벌이가 된다는 것이 생산자들에게 알려진 후 인기가 높아지고 있으며, 이런 방식의 근원지라고 할 수 있는 북부 아일랜드에서 영국 전역으로 퍼지고 있다.

돼지와 관련한 문제를 마무리하기 전에, 사료회사 돼지부문장의 연구 내용 중 일부를 언급해야겠다. 그는 어미돼지가 새끼돼지들에게 젖을 빨러 오라고 꿀꿀거리는 소리를 녹음했다가 밤에 틀어 주니, 새끼돼지들이 더 자주 젖을 빨고 결과적으로 더 빨리 체중이 증가했다며 자신의 발견을 엄청나게 자랑스러워하며 보고했다.

나는 동물들에게 가해지는 몇 가지 학대에 관하여 이야기했을 뿐이다. 하지만 훨씬 더 많은 분야에서 밀집식 사육방법이 시행되고 있으며, 동물의 과잉 수용, 운동 부족, 권태와 암흑 속에서, 슬랫 혹은 철망 위에서 사육하는 비인도적 방식이 '사료를 고기로' 변환하는 기능만을 수행할 뿐인 모든 동물에 당연시되며 적용되고 있다.

마지막으로 동물들에게 잠재적인 위험이 있는 사육 방식에 대해 이야기하고자 한다. 이 방식으로 농장 일에서 주 5일 근무 시대가 열렸다. 1961년 8월 10일자 《농업 신문》은 이미 이 방식을 적용한 농장을 소개하고 있다.

> 이제부터는 산란계 3만 마리, 병아리 8천 마리, 종자닭 3,500 마리를 토요일 정오부터 월요일 아침까지 돌보지 않아도 된다. 모든 농장의 근로자들이 주 5일 또는 주 5.5일만 일하면 된다.

1961년 4월 1일자 《농부와 목축업자》는 이렇게 보도했다.

주 5일 동안 소고기 생산하기. 이 혁명적인 방식은 로윗 연구소의 프레스턴 박사가 고안한 것으로, 그는 거대한 소고기 '공장'을 구상하고 있다. 타이머 스위치로 작동하여 자동으로 동물에게 농후사료를 공급하는 호퍼가 있어 주말에는 일을 하지 않아도 된다.

만약 기계가 고장 나면 어떻게 될까? 금요일 저녁에 동물이 아프면 어떻게 될까? 어떤 경우든 월요일 아침까지 극도의 고통에 시달릴 것이다. 특히 이런 환경에 동물을 2박 3일 동안 내버려두거나 돌보지 않는 건 비도덕적인 일이다. 만약 어린 아이를 그렇게 둔다면 충분한 음식과 물을 먹을 수 있을까? 이런 시스템이 정착되고 모든 세부사항을 따르기 전에 확인할 시간이 필요하다.

1961년 존 더그데일은 버든, 앤서니 그린우드, 킹 박사, 토머스 무어 경, 모일, 러셀의 지지를 받아 '동물(식품 생산을 위한 밀집식 사육방법의 통제) 법안'(Animal's Bill)이라고 불리는 법안을 발의했다. "농무부, 어업부, 식품부와 스코틀랜드의 장관의 인가를 받아 인도적인 환경에서 식품 생산의 목적으로 건물 내에서 키우고 사육하는 동물과 관련한 관행, 이들 동물의 도축 등과 그 목적에 부합하는 행위를 인도적으로 확고히 하는 법률"이다. 이 법안은 정부의 지지를 얻지 못했고 두 번째 청문회를 열지도 못했으며, 이후로 법안에 대한 청문회를 열려는 노력도 없었다. 스로스미스는 《농부와 목축업자》에 1960년 9월 30일자에 이렇게 썼다.[21]

이 업계는 좀 더 많은 이익을 얻기 위해서라면 약간의 비인도적 행위는 너무 쉽게 저지른다.

11
결론

ANIMAL MACHINES

공장식 축산을 반대하는 주장은 본질적으로 인도주의와 품질을 기반으로 하고 있다. 공장식 축산을 옹호하는 주장은 늘 그렇듯 경제성을 기반으로 한다. 우리는 이 논리에 휘말리지 않아야 한다. 우리 사회에는 항상 경제성과 사회적 배려를 놓고 충돌이 있어 왔다. 이런 충돌은 최초의 공장식 축산농장 관련법부터 일어났다. 법률의 제정은 인간들이 싸구려 방법을 사용하는 것을 막는 인도주의적 근거를 담은 사례들로 가득하다. 따라서 공장식 축산 방식을 채택하는 것에 반대하는 분명한 인도주의적 근거를 확립하기 위해서는 옹호자들이 좋아하는 경제성이 가진 장점을 알아야 한다.

경제성 주장에는 두 가지 형태가 있다. 첫째, 공장식 축산은 비용이 적게 든다. 경제적이라서 더욱 효율적이라는 것이다. 둘째, 세상은 더 많은 음식이 필요하며, 공장식 축산이 가장 좋은 결과를 내는 방법이라는 것이다.

이 논리를 순서대로 살펴보겠다. 경제성 논리가 개인 생산자에게 적용 가능한지를 보자. 노동력은 부족하고 또 비싸다. 밀집식 사육은 노동 비용을 최소로 줄일 수 있게 해준다. 밀집식 사육장은 건물 자체가 비싸기 때문에 최대한 동물을 많이 넣어 키운다. 배터리 케이지 산란계 분야에서 건물과 시설을 합친 자본비용은 달걀 생산의 8퍼센트를 차지한다. 가금류 사육에 쓰이는 이런 건물과 시설은 매우 복잡한 설비로, 더 단순한 사육시설은 가금 생산비용의 8퍼센트도 되지 않을 것이다.

우리는 가축의 종류에 따라 수치를 비교해 볼 수 있다. 돼지를 예로 들어 보자. 〈표 6〉의 비용 수치는 《농부와 목축업자》 1962년 3월 13일자에서 가져온 것이다.

표 6 돼지 한 마리당 사육 비용과 그 비율 단위: %

새끼돼지 구입비용 (30킬로그램 돈 한 마리당)	7파운드 15실링	60.8	–
먹이	4파운드 10실링	36.0	91.6
노동	3실링 4펜스	1.3	3.5
사육시설	3실링 4펜스	1.3	3.5
간접비	1실링 6펜스	0.4	1.4
합계	12파운드 13실링 2펜스	100.0	100.0
평균 돼지 판매 가격	16파운드 10실링		
돼지 마리당 이익	3파운드 16실링		

이러한 수치는 가금류에서 산출한 수치보다 충격적이다. 돼지 사육 전체 자본 중 돼지를 수용하는 데 드는 비용은 1.3퍼센트밖에 되지 않는다. 시설 운영비용 중에 새끼돼지 구입비용을 제외하면 3.5퍼센트밖에 되지 않는다. 돼지 한 마리당 이익 중에서 이는 4.3퍼센트에 불과하다.

이 수치가 비현실적으로 보일 수 있으므로, 다른 방법으로 답을 구해 보자.

표 7 면적당 돼지 사육 비용

건물 비용	1평방피트당 1파운드	1평방피트당 2파운드	1평방피트당 3파운드
돼지가 사용하는 장소에 대한 비용			
마리당 3.5평방피트	3파운드 10실링	7파운드	10파운드 10실링
마리당 5평방피트	5파운드	10파운드	15파운드
마리당 10평방피트	10파운드	20파운드	30파운드 10실링

* 1평방피트는 약 30제곱센티미터이다.

표 8 건물의 수명(12.5년) 동안 돼지 처리량 50마리

돼지 한 마리당 비용			
3.5평방피트	1.4파운드/–	2.8파운드/–	4.2파운드/–
5평방피트	2파운드/–	4파운드/–	6파운드/–
10평방피트	4파운드/–	8파운드/–	12파운드/–

표 9 건물의 수명(25년) 동안 돼지 처리량 100마리

돼지 한 마리당 비용			
3.5평방피트	0.7파운드/–	1.4파운드/–	2.1파운드/–
5평방피트	1파운드/–	2파운드/–	3파운드/–
10평방피트	2파운드/–	4파운드/–	6파운드/–

이 수치에 자본과 유지비의 이자를 더해야 하지만, 이 둘을 합한 것이 위 비용의 10퍼센트를 초과해서는 안 된다.

양돈장에서 1평방피트당 쓰는 돈으로 3파운드는 큰 금액이다. 영국에서 학교를 짓는 데 1평방피트당 4파운드가 드는 것과 비교해 보면 알 수 있다. 사육장을 짓는 데만 1평방피트당 2파운드 10실링이 든다. 더욱 현실적인 수치는 첫 번째와 두 번째 칸에 있는 수치이다.

이 수치들은 앞선 예들을 한 번 더 확인해 주고 있으며, 더 많은 가축을 밀집사육해 전체적 경제성이 높아지는 것을 보여 준다. 예컨대 10평방피트에서 5평방피트로, 5평방피트에서 3.5평방피트로 낮아질 때마다 경제성은 높아진다. 그러나 전체 생산비용과 비교해 보면 매우 미미하다. 건물 비용이 평방피트당 3파운드로 얼마 되지 않는 것처럼 보이지만 12.5년간 상환한다면 문제가 달라진다.

이런 비용 수치에서 가장 눈에 띄는 점은 노동과 시설 문제는 사육비용에서 중요한 것이 아니며, 비합리적으로 동물을 건물 안에 밀집시켜 키우는 것을 방어하는 경제적인 논리가 없다는 것이다. 동물을 키우는 데 가장 큰 비용은 먹이이다.

다양한 연구들이 노동력 절약을 강조하는데, 노동력의 절약은 실내에 동물을 집약적으로 가두어 키우는 것에 집중하면서 이루어진다. 동물을 외부에서 키우면서 노동력을 아끼려 노력하는 경우는 거의 없었다. 과학적 창의성을 발휘해 더 자연스러운 방식으로 가축을 키워 비슷한 결과를 얻는 것은 불가능한 것일까?

몇 가지 예를 들어보자. 실내 사육을 위해 개발된 자동 급이·급수 시설은 엄청나게 노동력을 줄여주며, 또 이 시설은 손쉽게 밖에서 키우는 가축을 위해 사용할 수 있다. 더욱이 공장식 축산으로 절약한 노동력을 다른 방식으로 사용한다는 증거가 늘어나고 있다. 가금류 산업에서는 닭의 부리를 자르고 반복적으로 백신을 투여하는 데 노동력을 사용하고 있으며, 밀집식 사육 동물은 대부분 질병 발생 빈도가 높아져 수의사나 질병에 관련한 일로 더 많은 시간을 소비한다. 모든 부수적 서비스 비용과 건물, 기계 장비, 사료, 약품 등을 노동력으로 환산하면, 농업에 쓰인 노동력을 쉽게 능가하는 사실을 증명할 수 있다. 이렇게 되면 인력을 늘려 노동력 부족을 보충하는 것보다 싸지 않을 수도 있다는 생각이 든다.

영국에서 일어나고 있는 밀집식 사육에 대한 전반적인 경제성 논리는 다음과 같다. 영국은 많은 인구가 살고 있는 작은 섬나라이므로, 필요한 식품을 생산하기에는 국토가 충분하지 않다. 따라서 국내에서 최대한 많이 생산해야 한다. 동물을 사육하는 이 새로운 방법으로 동물을 토지에서 몰아내고, 수입 사료를 먹여 필요한 것만 공급하면서 생산성을 증가시킬 수 있다. 그리고 빈 토지에 작물을 심어 전체적인 식품 생산성을 높일 수 있다.

전체 논리가 가축이 떠난 토지를 동등하게 적절한 방법으로 재사용할 수 있다는 것이다. 하지만 제대로 실행되고 있는가? 텅 빈 땅에서 무엇이 생산되고 있는가? 이 논리에 적용된 자급자족이라는 편협한 관념은 이미 구식이다. 연간 3억 4천만 파운드의 보조금으로 겨우 유지되고 있는 것을 보면, 비싸고 부적절해 보인다. 보조금으로만 유지되는 생산성 향상은 바람직해 보이지 않는다. 이는 곧 생산성이 향상될수록 세금을 더 많이 내야 한다는 뜻이다. 침체된 생산성을 향상시키려고 노력하기보다는 식품을 저렴하게 수입하고, 다른 제품을 수출해 그 비용을 충당하는 것이 더 건강한 경제성인 것으로 보인다.

농업 지원은 인구 1인당 매주 2실링 6페니, 한 가구 평균은 매주 10실링에 이른다. 수입 과일과 같은 품목을 제외한 식비에 가깝다.

보조금은 박애주의적인 방법이다. 보조금은 나라를 위해 궁극적으로는 개인을 위해 써야 한다. 그러나 우리는 동물을 학대해 품질이 낮은 식품을 불필요하게 많이 생산하고 있다는 것을 알게 됐다. 영국은 국토가 좁기 때문에 품질이 좋은 식품을 최대한 생산하는 데 집중하는 것이 더 중요하다. 식품 생산 능력을 질 낮은 식품을 생산하는 데 낭비할 수 없으며, 우리가 생산한 것이라면 사소한 것 하나라도 남김없이 보호해야 한다. 보조금의 전체 기준을 재조정하여 무분별한 식품보다 좋은 식품을 생산하도록 격려해야 한다.

하지만 축산업계는 가금류 통구이, 송아지고기 커틀릿, 저렴하고 넘쳐날 정도로 풍부한 닭고기와 달걀 등 대중의 눈에 보이는 결과물을 생산하기 때문에 자신들의 생산활동이 정당하다고 느낄 수도 있다. 대중의 무지 덕분에 이러한 식품들이 증가하고 있다. 매주 1인당 소비량도 증가하고 있는데, 달걀은 1950년 3.46개에서 1960년 4.64개로, 가금류는 1950년 약 10그램에서 1960년 약 47그램으로 늘었다. 영국은 전 세계에서 가장 호화롭게 먹는 나라 중 하나이다. 하지만 식품 자체가 품질이 낮다면, 이렇게 먹은들 무슨 소용이 있을까? 업계는 '닭고기의 가격을 15실링 8펜스에서 8실링 6펜스로 내렸습니다'와 같은 문구로 계속해서 소비자들을 유혹하려 노력하고 있다. 우리는 그 제품이 싸다는 것을 확신할 수 있을까? 일반 소비자에게는 똑같아 보일 수 있지만, 사실 영양가는 훨씬 낮다.

국가가 농업에 주는 주요한 혜택 중 하나는 세금을 모두 면제하는 것이다. 최근까지 공장식 축산 운영자들은 이 혜택이 당연히 공장식 축산도 해당한다고 생각해 왔다. 그러나 지방 당국은 공장식 축산 운영자들이 업계의 걱정거리라는 것을 깨닫고, 〈등급과 평가법〉(1928)에 따라 감세권을 제외했다. 예컨대 건초나 기계를 보관하는 헛간과 같이 토지에서 농업용으로 사용하는 건물은 평가에서 감세 받는다. 그러나 공장식 축사는 토지에서 분리되어 있어 가축들은 땅을 밟지 못하고 제조 사료를 먹으며 사육된다. 배설물조차 토지에 되뿌리지 않는데, 이를 농업과 관련됐다고 보기 힘들다는 것이다. 따라서 공장식 축사는 다른 산업부지처럼 평가한다.

우리는 공장식 축산의 비료 보조금 때문에 어리석은 상황에 처해 있기도 하다. 매년 2,000만 파운드어치의 비료를 수입하면서, 보조금 3,500만 파운드를 지급한다. 반면 밀집식 사육장에서 나오는 많은 동물 배설물은 지방 당국이 보유한 공설 하수구로 흘려보낸다. 지방 당국은 처리 비용으로 꽤 많은 비용을 부과해, 배설물을 쓸모없이 버리는 데 세금을 사용하고 있다. 닭 한 마리가 매년 배설물 1cwt(50킬로그램)을 생산한다고 한다. 토양을 기름지게 하는 데는 1에이커당 1톤의 닭 배설물이 필요하다. 닭 20마리로 1에이커의 땅을 기름지게 할 수 있는 것이다. 1962년 7월 19일자 《가금 세계》에 실린 편지가 이를 매우 잘 설명하고 있다.

> 여기서 가금류 배설물이 꽤 낭비되고 있음을 말하고자 한다.

매년 가금류 배설물 수백만 톤이 낭비되고 있다. 깊은 구덩이 속, 산골짜기, 도시의 쓰레기 처리장, 소각장 등에서 다양한 방법으로 폐기되고 있다. 하수 처리 시설이 닭 배설물로 막힌 적도 있다. 놀라운 일이다. 그러나 나는 이 폐기물이 값비싼 농장 토지비료라고 생각한다. 지난해 산란케이지를 세 배로 늘렸을 때, 벽에 구멍을 뚫어 기계식 청소 장치를 퇴비사 두 군데로 연결했다. 그 기계로 청소한 배설물이 구덩이 두 개에 가득 차면 나는 일반 트랙터로 끌 수 있는 살포기로 배설물을 목초지에 뿌렸다. 결과는 정말 놀라웠다. 이후 동일한 규모의 목초지에서 소를 70퍼센트 늘려 키울 수 있게 됐다. 소 한 마리당 우유 생산량도 증가했고, 건초 수확량도 두 배가 됐다. 소들은 소 배설물이 시간이 지나 풍화될 때까지 피해 다닌 반면에, 땅을 기름지게 해주는 닭 배설물은 그러지 않았다. 우리 지역에 심각한 가뭄이 있었는데, 건초를 수확하니 작년의 두 배에 이르렀다. 농부 모임과 같은 여러 모임에서 나는 이 일을 이야기했지만, 그럴 때마다 사람들은 소리를 지르며 고약한 냄새가 나는 것을 다루기 싫다고 말했다. 가금류 배설물은 유기물이다. 화학비료는 그렇지 않다. 땅이 있다면 어떤 것이 좋은지 시험해 보기 바란다. 닭 배설물을 제한된 지역에서만 얻을 수 있는 게 아니라면, 보조금으로 받는 비료를 사용하는 농부는 없을 것이라고 나는 장담할 수 있다. 닭을 키우는 사람도 큰 이익을 볼 것이다. 닭 배설물을 처리하는 데 드는 비용을 걱정하는 대신, 적절한 때가 오면 지금은 걱정거리인 배설물을 팔 수 있을 것이기 때문이다. 최근 우리 농장의 한 도급자와 닭 배설물에 대해 이야기를 나누었다. 중간 정도 규모로 농사를 짓는 사람들 중 소출이 상위권에 있는 농부인 그는 실제로 가금류를 많이 키우고 있으며, 시간을 낼 수만 있다면 계속 키울 것이라고 한다. 그의 경작지에 뿌린 배설물의 가치 때문이다.

경제성 논리는 이렇게 요약할 수 있다. 공장식 축산으로 생산한 제품이 저렴하고, 또 최종 완제품이 전통적인 농장의 제품과 같다면 경제성 논리가 가능하다. 그러나 최종 완제품의 품질이 낮기 때문에 이 논리는 통하지 않는다.

이제 우리가 이 장을 시작하면서 지적했던 두 번째 논리에 대해 알아보자. 동물을 밀집사육방식으로 키우는 것은 우리 식단의 동물성 단백질을 증가시키고 늘어나는 인구의 수요를 충족시키기 때문이라고 말한다. 이 논리는 서구세계에서는 더 이상 통하지 않는다. 영양학자들은 서구세계가 이미 너무 많은 동물성 칼로리를 소모하고 있다고 말한다. 또한 밀집식 사육 산업의 주인공들은 가축의 밀집사육이 저개발 국가의 식량 문제를 해결하는 방법이라고 주장한다. 1960년을 기준으로 전 세계 인구는 30억 명을 초과했고 20세기 말에는 그 두 배가 될 것이라고 예상한다. 아울러 유엔의 조사에 따르면 13억 5,200만 인구가 고칼로리 국가에, 50억 8,900만 인구가 저칼로리 국가에 살게 된다고 한다.

저칼로리 또는 저개발 국가를 원조하는 의무는 자연스럽게 서구세계의 더 부유하고 기술적으로 앞선 국가로 쏠릴 것이다. 저개발 국가 생산자에게 안정적인 가격을 보장하기 위해 서구세계의 시장에서 과잉되는 식량을 보내는 것이 단기적인 구호 조치로는 현실적이고 도움이 된다는 사실이 밝혀졌다. 그러나 장기적으로 볼 때 진정성 있는 구호 조치로 보기 어렵다. 1962년 세계가금류의회는 과잉 생산된 가금류와 달걀을 아시아로 보내 처리하는 것이 경제적으로 부적절하다고 인정했다. 다음 보도를 보자.[1]

> 몇몇 대표들은 과잉 생산 국가에서 남아도는 생산품을 식량 부족으로 고통 받는 국가에 보내는 행위가 불확실한 가격을 해소하려는 일시적 처방에 불과하다고 주장한다. 생산품의 지급 문제를 떠나, 구제 계획상 달걀과 가금류 고기의 양이 식량 부족을 효과적으로 해결하기에는 너무 적다. 영국 대표가 지적하듯, 영국 내 달걀 생산량이 5퍼센트 상승한다 해도, 중국인 1인당 달걀 1개에 불과하다. 또한 가금류 축산에 앞선 국가가 이런 식의 식량 구제 업무에 관여하게 되면, 저개발 국가가 생산성이 향상되었을 때 선진국을 경제적인 혼란에 빠뜨릴 것이다. 오늘날 우리는 수입 달걀의 가격이 0.5퍼센트만 인상되어도 영국 시장에 어떤 영향을 미치는지 알고 있으므로 중요성을 간과할 수 없다.

세계의 식량 문제는 너무나 거대하고 긴박한 문제로, 가장 빠르고, 가장 경제적인 방법으로 해결되어야 한다. 식물성 단백질은 동물성 단백질과 비교해 에이커당 5~10배 많이 생산할 수 있다. 그리고 전문가들은 이것이 식량 문제의 첫 번째 해답이라는 것을 알고 있다. 궁극적으로 영양 결핍 상태에 있는 사람들에게 우리가 줄 수 있는 가장 좋은 지원책은 그 나라의 자원에서 생산성과 이용 범위를 넓히고, 나아가 그들이 가진 자원을 현명하게 사용하는 방법을 알려주어 그들이 스스로 돕는 방법을 찾을 수 있도록 하는 것이다. 이런 방식으로 낭비가 많은 서구세계의 전례를 피할 수 있기를 바란다. 식품으로 제조하기 위해 자연의 좋은 점을 과도하게 가공하지 않고, 첨가제를 넣을 때는 완전히 안전하다고 증명된 것만 소량 넣기를 바란다.

비타민B를 발견한 지 70년이 지난 지금도 식량농업기구는 아시아인에게 고도로 정제된 흰쌀을 먹으라고 교육하고 있다. 흰쌀은 사람들 사이에서 인기가 있지만, 영양적으로는 현미보다 떨어진다. 흰쌀은 필수 티아민을 제거해 각기병을 초래한다. 서구세계의 우리도 영양가 없는 흰 빵에 대한 교육이 필요하다.

단백질 부족은 비타민 부족보다 더 심각하다. 특히 아시아에서 단백질 부족은 유아 사망률을 높이는 질병인 콰시오르코르(단백질 결핍 영양실조)의 원인이 된다. 식물과 씨앗에서 우유를 생산하는 현실적이고 매우 성공적인 방법이 개발되고 있으며, 이는 엄마 젖을 뗀 후 기아에 허덕이는 아이들의 비극적인 문제를 해결하는 데 도움이 될 것이다. 다른 방법으로는 자연 자원을 최대한 이용하는 방법으로, 영국 왕립학술회원이자 로담스테드 실험연구소의 피리(N.W. Pirie)에 의해 개발됐다. 자세한 내용은 책 말미의 문헌 목록을 참고하라. 이 방법은 잎 단백질을 이용하는 것으로 인도를 비롯한 여러 다른 지역에서 실제로 사용하는 가공 방법이다. 이렇게 처리하면 버리는 부분도 이용할 수 있다. 피리에 따르면 기름을 짜고 난 지방 종자의 찌꺼기를 제대로 보존하고 분배하면, 전 세계적으로 단백질 필요 인구 3분의 1에 공급할 수 있다고 한다.

1962년 9월 19일자 〈파이낸셜 타임스〉 '과학과 식품' 섹션에는 지금까지 인간에 의해 충분히 연구되지 않은 식품이 언급되어 있다.[2]

> 바로 효모균과 어떤 해조류이다. 이들은 식용 가능하고 단백질 함량도 높다. 또한 빨리 키울 수 있다. 단백질을 기준으로 식품 가치가 있는 효모균 2백 톤은 거대한 공장식 축사에서 일주일 동안 생산할 수 있는 거세한 수송아지 500마리에 비견되는 양이다.

리치 칼더는 〈선데이 타임스〉에서 이렇게 말했다.[3]

> 생산량을 증가시키고, 사막을 회복하고, 기후가 부적합한 지역까지 경작을 확장하고, 지구의 70퍼센트를 덮는 대양을 농장으로 키우려는 인류의 지식과 노력이 모두 결합하여야 할 것이다. 이 모든 것이 가능하다. 심지어 새로운 과학이 필요한 것도 아니고 우리가 예상할 수 없는 장애물이 있는 것도 아니다.

제안

나는 앞서 보조금은 양이 아니라 품질을 기준으로 지급되어야 한다고 강조했다. 다음 방안들은 이 책에 쓴 바람직하지 못한 방법으로부터 인간과 동물 모두 보호하도록 추진되어야 할 것이다. 인간의 건강을 보호하기 위해서는 다음의 세 가지 독립된 방안이 필요하다.

1. 흙에서 식탁에 오르는 식품을 잘 알지 못하고, 실험을 거치지 않은 첨가제로부터 철저하게 보호해야 한다.
2. 소비자가 식품에 대해 선택권을 가질 수 있는 정보를 제공해야 한다.
3. 식품의 올바른 품질에 대하여 재평가해야 한다.

첫 번째 방안을 시행하기 위해서는 영국도 미국의 딜레이니위원회(American Delaney Committee)에 상응하는 조직이 필요하다. 비크넬이 지적한 것처럼 1,000여 가지의 낯선 화학물질이 국내외 식품에 고의적으로 첨가되고 있다. 화학물질의 수는 점차 증가하고 있다. 몇 가지 첨가제를 제외하고는 소비자나 보건 당국에 알리지 않고, 장기간 섭취 시 그 독성이나 영향에 대한 사전 조사도 없이 식품에 첨가되고 있다. 딜레이니위원회의 유일한 기능은 모든 첨가제를 조사하고, 아직 철저하게 테스트되지 않은 첨가제로부터 식품을 안전하게 보호하는 것이다. 이것은 이제 막 설립된 새로운 소비자위원회에 추가적으로 필요한 점이다. 소비자위원회의 권한이 너무 광범위해 첨가물 조사

같이 철저함을 필요로 하는 문제를 적절히 포괄하기를 바라는 게 가능하지는 않을 것이다. 따라서 다른 모든 요구 사항들보다 우선으로 다루어져야 한다. 이 방안을 소비자위원회의 하위 위원회에서 시행하는 것이 더 편리할 수도 있다. 물론 그에 대한 충분한 권한이 주어져야 한다.

두 번째 방안을 시행하려면 새로운 법이 필요하다. 영국에는 이미 대중에게 판매하기 위해서는 특허받은 약품과 약물의 구성 성분을 공개해야 하는 법이 있다. 이를 식품까지 넓혀야 한다. 미국은 식품의 모든 구성 성분을 식품의 포장이나 통조림의 뒷면 라벨에 표기해야 한다. 독일은 이 범위가 더욱 포괄적이다. 1961년 봄 당시 서독 하원의 모든 여성 의원이 식품의 모든 비영양적인 첨가물과 불순물의 공개를 강제하는 법안을 통과시켰다. '라벨 속의 진실'이라는 슬로건 아래 모두가 함께했다. 그리하여 버터와 치즈 속에 든 색소, 사과에 뿌린 스프레이를 공개해야 했고, 통조림용 채소에는 더는 염료를 쓸 수 없었다. 식당에서도 메뉴에 사용된 모든 색소와 기호성 물질을 표시해야 했다. 이러한 법 때문에 소매업자들과 식당들은 식재료를 조달하기 어려워져 자연적으로 키운 식품을 찾게 됐고, 표기할 수 없는 재료를 추가하지 않기 위해 신선한 소스와 풍미를 즉석에서 만들어야 했다. 이는 우리가 먹는 것이 무엇인지 알아야 한다는 소비자의 권리 중 하나다. 우리는 책임을 지고, 선택할 수 있도록 해야 한다. 그동안은 전혀 그렇지 않았다. 달걀마케팅이사회는 밀집식 사육 달걀과 방목 달걀을 나누는 것에 너무 많은 노동력이 필요하다고 불평한다. 정육점 주인들은 자기네가 판매하는 고기가 밀집식 사육으로 생산됐는지 호르몬을 투여했는지조차 모르고 있다.

세 번째 방안은 법이 아니라 교육의 문제이다. 이것은 근본적인 문제이다. 영양적 가치에 대한 지식이 충분하고, 더불어 일시적 처방으로 쓰고 있는 두 가지 방안이 광범위하게 시행되고 있다면, 거의 필요하지 않을 것이다.

밀집식 사육방법으로부터 동물을 보호하는 데 가장 필요한 것은 새로운 동물보호법이다. 더그데일 법안(Mr Dugdale's Bill)은 밀집식 사육환경을 관리하는 법을 찾으려고 했다. 그러나 내가 보기에는 현재 존재하고 있는 사육환경을 너무 많이 인정하는 것처럼 보인다. 식육용 송아지를 보호하기 위한 최근 네덜란드의 방안도 현재 존재하고 있는 극단적인 사육환경을 기정사실로 인정하고 있으므로 충분하지 않다. 새로운 동물보호 헌장에 다음과 같은 내용이 포함되기를 바란다.

1. 산란계의 배터리 케이지 사육 완전 폐지.

2. 식육용 송아지고기 생산을 위해 현재 사용되고 있는 밀집사육방법 완전 폐지. 이 두 가지 모두 바람직하지 않고 불필요한 방식이다.

영국에서 이런 방식으로 달걀과 식육용 송아지고기를 생산하는 것을 폐지하는 것은 동일한 방법으로 생산된 달걀과 송아지고기의 수입도 금지하는 것을 뜻한다. 다른 곳에서 같은 방법으로 생산된 수입품을 지지하면서, 국내에서만 폐지하는 것은 진정한 의미를 가지기 어렵다.

3. 영양 부족 식단으로 동물사육 법적 금지. 이렇게 하면 식육용 송아지에게 고의로 빈혈을 일으키고, 보리 사육 육우 송아지의 눈을 멀

게 하는 사료들은 금지될 것이다.

4. 영구적인 매어 두기 금지

5. 슬랫 바닥 금지

6. 어두운 조명 또는 어둠 속에서 동물사육 금지. 이는 나쁜 사육방식의 징조이며, 이런 방식으로는 동물이 만족하는 환경을 만들 수 없다.

법률 제정만으로는 동물에게 적절한 헌장을 만들 수 없다. 우리는 오직 인간의 이익을 위해 태어난 동물에 대한 기본적인 태도를 재검토할 필요가 있다. 여기서 다시 한번 우리 사회 전반에 걸쳐 교육이 필요하다.

농장동물의 세계에서는 모두 다 잘 지내고 있다는 조작된 확신이 팽배해 있다. 그리고 미래에도 그런 거짓된 확신은 사라지지 않을 것이다. 많은 분야에서 밀집사육의 압박이 우리의 어깨를 무겁게 할 때, 전문가들과 대중을 안심시키고자 하는 이들은 우리 곁에서 밀집식 사육방식과 관련된 학대는 없다고 설득하고 있다. 만약 학대가 발생한다면 동물보호법이 적절하게 보호해줄 것이라고 설득하고 있다. 우리는 밀집식 사육방식의 제품이 과거보다 더 영양가가 많고 낫다고 믿기를 강요받고 있다. 그리고 우리는 세계에서 가장 잘 먹는 국민이며, 매일 더 좋은 것을 먹는다고 믿기를 강요받고 있다. 다 잘 지내고 있는 것이 아니라고 의심하는 사람들은 소수의 까다로운 사람으로 그리고 더욱 극단적인 관점을 가진 사람은 괴상한 사람으로 치부될 것이다. 우리를 안심시키는 세력은 가공할 만하다. 자격으로 무장하고, 미소로 우리를 무장해제시키는 무미건조한 얼굴들이 티브이에 계속 등장해 불안 요소가 될 수 있는 모든 것에 대해 우리를 안심시키는 상투적인 말들을 쏟아낼 것이다. 이에 대항하여 내가 할 수 있는 일은 내가 본 대로 사실을 말하는 것이다. 그리고 결론을 내리는 일은 이 책을 읽는 당신에게 달려 있다.

감사의 말

밀집사육에 대한 연구를 하면서 나는 영국 전역의 농장과 낙농 시설을 방문했다. 도움을 준 많은 농부들과 농업 지도자들, 열광적인 밀집사육 지지자들에게도 감사한다.

농무부의 여러 부서는 사실 확인을 하는 데 가장 인내심을 가지고 도움을 주었으며, 토양협회, 왕립수의대학 외과, 잡지《농부와 목축업자》그리고《주간 농부》로부터 친절한 도움을 받을 수 있었다. 나는 몇 년간 정기적으로《농업》과《가금 세계》그리고 다른 농업 관련 잡지를 구독하고 있다. 논문을 쓰는 데 칼럼을 자유롭게 인용할 수 있게 해준 것에 감사한다. 그러나 어떤 경우에도 책에 쓴 이들 잡지의 인용문이 잡지 발행인과 편집자들의 시각과 의견을 대표하는 것은 아니라는 점을 말씀드린다.

수많은 자료를 만들어 준 그웬 바터, 바쁜 와중에 시간을 내어 이 책에 코멘트를 적어준 시드니 제닝스에게도 큰 빚을 졌다. 제닝스는 나에게 많은 용기를 주었다. 또한 도움이 되는 조언을 준 웨스트레이크 박사, 프랭클린 비크넬 박사, 프랭크 워크스 박사, 매리 샤프 부인, 프랭크 블랙비, 로런스 이스터브룩과 크리스틴 스티븐스에게도 감사한다.

서신을 인용할 수 있도록 허락해 준 밀턴 박사와 책에서 인용할 수 있게 허락해 준 레이철 카슨과 비크넬 박사에게 감사드리며, 해미시 해밀턴, 파버 앤드 파버, 데빈 아데어 컴퍼니, 배일리어 틴덜 앤드 콕스, 미국 응용영양학회, 토양협회, 《수의학 기록》의 발행인과 위의 편집자들에게도 감사드린다.

마지막으로 참고 기다려 준 나의 가족, 특히 지치지 않고 한결같이 도움을 준 남편 덱스에게 다시 한 번 감사를 전한다.

우리가 『동물 기계』를 읽어야 하는 이유

마리아나 스탬프 도킨스(영국 옥스퍼드 대학교)

1964년 『동물 기계』가 출판된 이후 동물 복지에는 많은 변화가 일어났다. 그리고 이 수많은 변화는 루스 해리슨의 이 선구자적인 책에서 시작되었다. 50년 전, 루스 해리슨은 산란계를 키우기 위해 점차 증가하는 배터리 케이지의 완전한 철폐를 요구했다. 수년간 배터리 케이지는 합법적인 방법이었고 널리 퍼져 있었지만, 지금은 많은 곳에서 금지됐다. 스웨덴과 스위스가 가장 먼저 나섰고, 2012년 1월 1일자로 27개 국가로 이루어진 EU도 배터리 케이지를 금지했다. 미국은 산란계 대부분이 여전히 배터리 케이지에서 사육되고 있지만, 2012년 캘리포니아주가 단독으로 금지했다. 그리고 2013년 법안이 의회를 통과하여 모든 연방에서 금지될 예정이다. 존 웹스터가 헌사에서 지적한 것처럼 루스 해리슨은 이러한 변화의 매 단계에 영향을 미쳤을 뿐만 아니라 영국의 농장동물 복지 의회의 설립부터 다양한 유럽 협의회를 통해 동물법을 바꾸도록 한 끈질긴 노력까지 다른 변화들에서도 흔적을 찾아볼 수 있다. 돼지, 송아지, 거위, 육계와 다른 식용 동물은 적어도 이 세상의 한 곳에서는 1964년과는 매우 다르게 키워지고 있다.

아울러 『동물 기계』는 현재의 농장동물 복지 관련법과 규정에도 영향을 주고 있을 뿐만 아니라 대중의 가슴과 마음에 직접 이야기한다. 이 책은 사람들의 생각을 영원히 바꾸어 놓은 책 중 하나이다. 『동물 기계』가 출판되기 전에는 가축을 실내로 들여와 더욱 밀집적이고 효과적으로 키우는 농업 혁명에 대하여 많은 사람이 전혀 모르고 있었다. 하지만 『동물 기계』가 출판되고 언론이 주목하면서 더는 밀집사육에 대해 몰랐다고 변명하는 것이 불가능해졌다.

버나드 롤린이 헌사에서 이야기한 것처럼 루스 해리슨의 책은 세계적인 반향을 일으켰고 동물에 대한 윤리적 사고의 철학적 토대에 영향을 미쳤다. 또한 데이비드 프레이저와 도널드 브룸이 서로 다른 관점에서 설명했듯 결국 동물복지 자체가 과학적인 증거에 매우 확실하게 근거하고 있다는 주장으로 이어졌다. 감상적인 몇몇 사람의 관심사였던 동물복지는 대중들의 중요한 문제가 됐다. 과거 동물복지는 과학 연구 분야에서는 냉랭한 대접을 받았지만, 오늘날 동물복지 과학은 번성하고 있다. 해리슨은 당시 연구자금이 아예 없거나 매우 적은 상황에서 동물복지의 과학적인 연구를 위해 모금을 했지만, 지금은 '동물복지의 향상'은 과학자들이 자신의 연구의 중요성과 영향을 입증할 수 있는 주요한 주제가 됐다.

어떤 의미에서 『동물 기계』는 당대의 책이다. 현재가 아니라 50여 년 전 환경이 어떠했는지 읽을 수 있는 책인 것이다. 따라서 이 책의 재발간은 그 후 우리가 어디까지 왔는지를 상기시키고, 동물복지 역사에서 획기적인 의미가 있는 책에 대한 존경을 표하는 의미도 있겠다. 그러나 또 다른 의미에서 『동물 기계』는 우리 시대의 책이다. 해리슨의 연구는 아직 끝나지 않았다. 우리는 여전히 그가 필요하며, 그와 같은 유력한 인물이 보편적인 논리로 세상을 흔들고 변화시키는 기술이 필요하다.

우리는 세계적으로 고기의 소비가 폭등하는 시대에 살고 있다. 사람들은 부유해질수록 더 많은 육류를 원하는 경향을 보인다. 그 결과 점점 더 많은 동물이 식용으로 키워지고 있다. 동시에 인구도 급격하게 증가하여 2050년에는 지구의 인구가 90억 명이 될 것으로 예상한다.[1] 이렇게 많은 사람을 먹이기 위해서, 유엔과 세계 각국 정부는 가축 생산을 더욱 효과적이고 더욱 집약적으로 해야 한다고 말한다.[2] '지속 가능한 집약'이 오늘날 농업의 좌우명이 되어야 한다는 이야기다. 따라서 우리가 그때의 해리슨처럼 경계하고 통찰력을 갖지 않으면 지난 50년간 동물복지 분야에서 이루어 온 것들을 잃어버리게 되거나 심지어 더 나빠질지 모른다.

『동물 기계』 첫 페이지는 집약적 동물 생산에 대한 간결한 묘사로 시작한다. "빠른 회전율, 고밀도 비육, 높은 기계화 비율, 저노동, 판매 가능한 제품으로의 효과적인 변환."

그러고는 이와 같은 집약적인 방법이 산란계와 고기용 닭, 송아지, 낙농제품을 생산하는 소, 돼지와 토끼에 미치는 영향을 써 내려갔다. 대중의 반응은 격렬했다. 고밀도 축산은 오늘날에도 여전하다. 우리가 해야 할 일은 동물복지 기준을 유지하고 향상시키면서 식량 생산을 효율적으로 하는 것이다. 또 다른 지속 가능한 밀집사육이 세상이 원하는 것이라면, '지속 가능'이라는 불안정한 말을 뒷받침하는 충분한 뼈대를 세우고, 동물복지의 높은 수준을 대표하도록 그리고 이것이 주춧돌이 되도록 확실히 보장해야 할 것이다. 이것이 『동물 기계』

가 우리 시대와 직접 관련이 있는 점이자 지금의 우리에게 닥친 딜레마이다.

해리슨의 책에서 가장 놀라운 것 중 하나는 동물복지의 더 나은 기준을 뒷받침하기 위해 제기한 다양한 주장들이다. 물론 그는 학대 방지와 동물의 삶의 질 향상을 강조했다. 그러나 동물복지가 인간에게도 얼마나 더 좋은지를 설명하는 데도 많은 부분을 할애했다. 한 장 전체를 인간의 식품 품질에 관한 내용으로 채우기도 했다. 인간의 삶에 영향을 미치는 환경에 대해서도 다루었다. 그리고 마지막 장의 대부분은 비용 그리고 올바른 동물복지를 통하여 얻을 수 있는 재정적인 이익에 관해 다루고 있다. 그런 점에서 이 책은 보기 드물 정도로 실용적인 책이다. 해리슨은 모든 사람이 자신에게 동의하지 않는다는 것을 인정했고, 각 주장마다 논리에 동의하지 않는 사람들을 위해, 그들이 관심 있는 돈, 건강, 누리고자 하는 삶의 질을 이용하여 설득하기 위해 노력했다. 이렇게 볼 때 해리슨은 시대를 앞서간 사람이었다. 오늘날에 와서야 우리는 환경 영향, 인간의 건강과 같은 다른 사안들을 온전히 통합하여 동물복지에 접근하는 것이 중요함을 인정하기 시작했다.[3] 여전히 우리는 오래전에 해리슨이 했던 말에서 배울 점이 많다.

나름의 시각을 가지고 또 다른 기념비적인 책인 『침묵의 봄』(1962)의 작가 레이철 카슨에게 『동물 기계』의 서문을 요청한 해리슨은 이를 통해 환경 영향과 동물복지가 밀접한 관계가 있음을 강조했다. 분명히 레이철 카슨은 루스 해리슨의 책에 영향을 받았을 것이다. 카슨은 이렇게 썼다. "어디에서 읽든 간에 혐오, 역겨움, 분노의 감정이 들 것이다." 레이철 카슨은 또한 "끈기 있게 연구하고, 변치 않는 용기를 가진 사람"이었던 해리슨은 본인의 주장을 입증하기 위해 다양한 논쟁들(인도주의, 인간 건강의 위협, 경제)을 한데 모아 이토록 강력한 책을 세상에 내놓았다고 말한다.

해리슨이 말한 통합적 방식의 동물복지가 가진 온전한 잠재력은 아직 완전히 실현되지 않았다. 우리는 해리슨이 변화를 끌어내기 위해 사용한 수많은 다양한 방법들을 이해하지 못하고 있다. 과학적 증거를 강조하고, 인간이 동물을 대하는 방식이 사회에 미치는 영향을 폭넓은 시각에서 바라보고, 다른 견해를 경청하고 자신의 주변에 있는 모든 분야 사람들의 생각을 모으기 위해 체계적으로 노력하는 것 말이다. 해리슨은 다방면에서 진실을 찾기 위해 노력했고, 자신이 찾은 진실에 모두가 다가가기를 바랐다. 설득하고 주장했으며, 절대로 포기하지 않았다. 절대로. 그는 당시 통용되는 언어로 세상을 '변화시켰다.' 오늘날 이런 변화를 만들고 싶은 사람은 이 책을 읽으면서 훌륭하게 시작할 수 있을 것이다. 당시와 오늘날의 다른 점은 무엇을 성취하느냐가 될 것이다. 비슷한 점은 오늘날 우리가 무엇을 해야 하는지에 대해 해리슨의 책은 여전히 영감을 준다는 것이다.

루스 해리슨, 영감을 주는 친구에게 바치는 헌사

존 웹스터(영국 브리스톨 대학교)

영국 사람들은 자기들이 동물에게 친절하다고 생각하고 싶어 한다. 1822년 이후, 영국에는 농장동물을 보호하는 법이 존재했다. 그전에 동물은 생명이 아닌 사유 재산으로 규정됐으며, 고유의 권리를 법적으로 보호받지 못했다. 1822년 영국 의회는 소에게 잔인하고 부당한 대우를 하는 것을 예방하는 이른바 '마틴법'(Martin's Act)을 통과했는데, 이 법은 세계 최초의 동물복지를 위한 의회법이었다. 가장 강력한 법은 '어떤 행동을 하거나 하지 않음으로써 불필요한 고통을 일으키는 것'을 범죄행위로 명시한 1911년의 〈동물보호법〉이었다. 법률의 해석과 추진은 사법부에 달려 있다. 그러나 법 자체는 정치인에 의해 만들어진다. 민주주의에서 정치는 공정한 사회를 만들기 위해 사람들의 인식 변화를 반영하고 받아들이고 진화하는 것으로 여겨진다. 여기서 말하는 사람은 종종 '합리적 남성'이라 해석되기도 한다.

그럼에도 불구하고 하트(Hart)의 말마따나 다행스러운 점은 "법의 발전에 관습적 도덕과 특정 사회집단의 이상 모두가 심오하게 영향을 미쳤다는 것, 아울러 일반적인 수준을 넘어 당대에는 받아들일 수 없는 도덕 수준을 가진 사람들이 제기하는 깨인 도덕 비판도 법의 발달에 영향을 주었다는 데는 정말 의심의 여지가 없다"[4]는 것이다.

종종 깨달음을 얻은 도덕적 비평가들은 합리적인 남성이 아니라 엘리자베스 프라이(N.L. Elizabeth Fry), 에멀린 판커스트, 레이철 카슨, 루스 해리슨과 같은 뛰어난 여성들이었다. 지대한 영향을 끼친 『동물 기계』(1964)에서 루스 해리슨은 이렇게 썼다. "만약 어떤 사람이 동물을 모질게 대한다면 학대로 여겨진다. 그러나 특히 상업이라는 미명 아래 수많은 사람이 수많은 동물을 모질게 대하는 것은 용인된다. 그리고 큰돈이 걸린 문제라면 마지막까지 똑똑한 사람들이 나서 학대를 옹호한다." 이 한 문장은 숱하게 자행되는 밀집사육을 합리화하는 인간들의 무감각과 고의적인 위선을 보여 준다. 사실 생산자와 소비자는 (즉, 우리 모두는) 하나의 독립된 개체로 알게 된 동물들(이를테면 반려동물과 같은)에게는 흔쾌히 삶다운 삶을 보장한다. 이런 이율배반과 부조리함을 지적한 사람이 루스 해리슨이었다. 해리슨은 우리에 갇힌 모든 새는 날개를 펼 공간이 반드시 있어야 한다고 명시된 1954년 영국의 조류보호법을 지적하며 이렇게 썼다. **"세부항목은 가금류(식용 또는 다른 이유로 이용하기 위해 키우는 닭, 오리, 메추리, 거위, 칠면조 등의 조류)에는 해당하지 않는다."**

해리슨이 동물들의 실태를 조사하고 『동물 기계』를 쓰게 만든 동인이었던 진실에 대한 추구와 일관된 분노는 그의 삶에서 조금이나마 예감할 수 있다. 해리슨은 비건(vegan)이 아니라 베저테리언(vegetarian)이었다. 그러나 내가 기억하기로는 1961년 전까지 해리슨은 동물에 대하여 특별히 감정적인 애정을 보이지 않았으며, 생산적이고 예술적인 도시의 삶을 즐겼다. 그의 활동에 방아쇠를 당긴 것은 '동물에 대한 모든 학대에 반대하는 운동(Crusade Against All Cruelty to Animals)'이 나누어 준 한 장의 전단이었다. 이 전단을 보고 그는 식용으로 키워지는 송아지, 육계, 배터리 케이지에 갇힌 산란계 등의 고통에 관심을 가지게 되었다. 해리슨은 자신이 행동에 나선 것은 기본적으로 동물에 대한 사랑 때문이 아니라 지각이 있는 존재를 부당하게 대하는 것에 대한 분노였다고 말한다. 동물들은 인간의 만족을 위해 도살되기 전까지 그저 있는 존재가 아니라 삶을 누릴 가치가 있는 피조물이었다.

오늘날 『동물 기계』는 아리스토텔레스의 책이나 성경을 읽듯 읽어야 한다. 존경의 마음을 가지고 책의 힘과 통찰을 읽어내되 절대적 진리인 것처럼 대해서는 안 된다. 해리슨이 책에서 묘사한 내용은 작게는 새로운 법률 제정을 통해, 크게는 시민들의 직접적인 힘으로 많은 부분에서 변화가 있었다. 이는 자율 방목 달걀 수요의 엄청난 증가 사례가 아주 잘 증명한 바 있다. 그가 내린 몇 가지 결론은 당시에는 적절했지만, 농장동물의 생리학적, 행동학적인 욕구에 대한 새로운 이해로 재해석되어야 한다. 또 어떤 부분은 틀리기도 했다. 이 부분은 독자 여러분들이 발견해 내기를 바란다. 그럼에도 불구하고 돼지, 송아지, 닭과 같은 농장동물의 복지는 영국과 EU의 법률로, 미국에서는 주마다 돼지 감금틀을 금지하는 법률을 통해 주요한 개선을 이루며 발전하고 있다. 또한 프리덤 푸드(Freedom Foods), 글로벌 애니멀 파트너십(Global Animal Partnership)과 같은 높은 동물복지 기준의 개발과 동물복지 과학(범유럽 복지 품질 프로그램)의 연구와 적용을 위해 모이고 있는 엄청난 후원금은 모두 모계 미토콘드리아 DNA처럼 공통의 선조인 해리슨에게로 거슬러 올라간다.

다시 『동물 기계』를 읽으면서 책의 저력에 새삼 충격을 받았다. 루스 해리슨은 자신이 펼치는 주장의 감정적인 영향을 극대화하기 위해 공장식 축산의 가장 나쁜 언어적, 시각적 이미지를 주저 없이 제시한다. 그는 이미지의 힘을 완전히 이해하고 있었던 것이다. 배터리 케이지 안에서 혹사당하는 산란계의 사진은 산란계의 복지에 대한 수천 개의 연구보다 여론에 더 많은 영향을 주었다. 해리슨은 이런 이미지들을 세심하게 증거로 뒷받침했다. 대부분 공장식 축산 농장을 방문하고 생산자들과 이야기하면서 수집한 자료였다. 아울러 책에 쓰고 설명한 것들 그리고 이를 뒷받침하는 타당한 근거 대다수를 직접 가져와 상세하게 인용했다. 책에는 동물복지 과학에 대한 내용은 적지만, 당시를 생각하면 나름의 사정이 있어 보인다. 당시 동물 과학은 거의 생산성의 향상을 위해서만 진행되었다. 이것은 내가 『동물 기계』가 출판된 해에 연구 경력을 시작한 과학자로서 하는 말이다. 마지막으로 해리슨은 산업계를 무턱대고 비난하지는 않았다. 증거를 제시하면서 매우 공정한 태도로, 마음을 바꾸기만 하면 된다고 제안했다.

나는 농장동물복지회의(FAWC, Farm Animal Welfare Council)의 전신인 농장동물복지자문위원회에서 해리슨을 처음 만났다. 1979년으로 기억한다. 당시 애버딘에 있는 로윗 연구소의 전임 연구직을 맡다 브리스톨 대학 수의학과에서 축산업 학과장을 맡기 위해 막 이사한 참이었다. 로윗 연구소에서 나는 흰 송아지고기 생산에서 무기질(주로 철분, 구리)의 필요 요건을 독자적으로 검토하고 있었다. 연구의 주요 목적은 생산성을 크게 해치지 않으면서도 고기의 품질을 보장할 수 있는가였다. 이를 계기로 나는 처음으로 최악의 동물 생산을 접하게 되었다. 나는 식육용 송아지 문제의 해법은 철분 공급의 문제일 뿐 아니라 임상적 빈혈을 피하는 것이라고 결론 내렸다. 완전히 틀렸다! 섬유소가 부족한 식단은 소화불량을 일으키는 만성질병을 일으키며, 속발성 폐렴을 일으키는 경향이 있다. 사육시설은 온도가 적절하지 않고 송아지에게 육체적인 불편함을 주어 고통을 준다. 송아지는 구강의 자연스러운 욕구와 편안함 그리고 사회적인 행동까지 부정당한다. 농장에서 듣고 보는 경험이 정상적이지 않다 보니 송아지들은 아주 작은 놀람에도 극심한 공포를 느꼈다. 바로 앞에 쓴 네 문장은 바로 동물의 5대 자유 침해에 관한 것이었다.

브리스톨에 도착해서 가장 먼저 지원한 농업연구의회(ARC, 지금의 BBSRC) 연구는 좀 더 인도적이고 비교적 효율적인 대안 축산시스템을 개발해 식육용 송아지의 건강과 복지를 개선하는 작업이었다. 당시 ARC는 연구 지원을 거절했는데, "현재 이 프로젝트는 충분히 알려져 있지 않았으며, 우리는 이 연구가 미숙한 것으로 보인다"는 것이 그 이유였다. 따라서 해리슨과 내가 처음 만났을 무렵 우리 둘은 공통적으로 엄청난 분노를 가지고 있었다. 이렇게 최초의 연구비 모금이 진행됐으며, 이 결과로 나온 것이 해리슨이 세운 농장동물 보호신탁(Farm Animal Care Trust)이다. 현재는 규모가 커지고 국제적으로 존경받는 브리스톨 대학의 동물복지와 행동센터가 됐다. 농장동물 보호신탁은 클레어 새빌(현재는 위키스)과 내가 식육용 송아지의 주요 복지 문제를 다루는 연구프로그램을 시작할 수 있게 해주었다. 이 연구의 주요 결론은 데이비드 웰치먼과 동물건강신탁(또 다른 뛰어난 여성인 알렌이 기금을 마련했다)의 지원으로 완성됐다. 그리고 이 연구 결과는 영국(후에 EU)에서 식육용 송아지를 키우기 위한 먹이와 축사의 최소 기준을 정하는 법률을 제정할 때 글자 그대로 옮겨졌다.

FAWC에서 일할 당시 루스 해리슨은 언제나 열정적으로 정의를 위해 뛰었으며, 합리적인 논쟁 그리고 과학 분야와 현장에서 떠오르는 새로운 지식에 공정하게 열려 있었다. 하지만 위안을 주는 확신에 대해서는 회의적인 태도를 유지했다. 또한 직접 실험 대상을 자처해 실험에 참여해 초창기 생리학자들에게 진실한 용기를 여러 차례 보여주었다. 인도적 실험이라 홍보하는 이산화탄소 기절 실험과 전기 마비 실험에 직접 참여한 해리슨은 첫 번째 실험은 정말 두려웠고, 두 번째 실험은 고통이 극심했다고 털어놓았다. 해리슨은 믿고 따를 만한 그런 사람이었다.

지칠 줄 모르는 열정과 사회적 캠페인 활동의 유연함을 겸비한 해리슨은 자신의 매력(그는 소박하면서도 빛나는 웃음을 가졌다)과 상대방의 논리를 예의 바르게 기꺼이 경청하는 모습으로 캠페인을 더욱 효과적으로 만들었다. 그러나 상대가 공장식 축산업자든 과학자든 간에 그들의 논리를 액면 그대로 받아들이는 경우는 드물었다. 감정적으로 드러내놓고 부정하는 것이 아니라, 상대방만큼 정보를 잘 알고 있다는 사실에 자신감을 가지고 구체적인 오류와 결점을 지적하고, 논평과 처리 방안을 중심으로 논리를 주장했다. 우리가 FAWC에서 보고서 초안을 만들 때, 하루를 마치고 가볍게 한잔할 때나 집으로 갈 때도 그는 주로 만족스럽지 않은 분야나 아쉬운 일 그리고 분발해서 해야 할 일에 관해 이야기했다. 이게 정말 짜증나는 일일 수도 있지만, 내 생각에는 그는 언제나 거의 옳았던 것 같다. 해리슨은 정말 훌륭한 사람이라는 것을 인정할 수밖에 없었다.

『동물 기계』의 출판이 계기가 되어 농장동물의 복지 문제를 가장 중요한 정치적 안건으로 올린 〈브람벨 리포트〉(1965)가 나오게 된 것은 역사적인 기록으로 남을 일이다. 또한 이 책은 지난 50년간(특히 지난 10년간) 농장동물의 복지에 실제적이고 커다란 발전을 이루어낸 농장동물복지 운동이라는 불꽃에 불을 붙인 횃불이었다. 이런 발전으로 그가 가장 걱정한 감금 사육 식육용 송아지, 돼지, 산란계와 같은 밀집식 사육 동물들에 대한 최소한의 기준을 법률적으로 정하게 됐다. 하지만 변화의 주요한 힘은 동물복지 문제를 깨닫는 대중에 의해 이루어져왔으며, 앞으로도 그럴 것이다. 또한 동물복지의 향상을 요구하고 수준 높은 동물복지를 통해 생산된 양질의 제품을 구매해 인도적 방식의 가축 사육을 보상하는 방식이 될 것이다. 우리는 여전히 갈 길이 멀다. 그러나 개인적 예상을 훨씬 뛰어넘는 범위와 속도로 동물복지 분야에서 진전이 이루어지고 있다. 동물복지에서 본격적인 진전이 시작되기 전에 해리슨이 세상을 떠났다는 점이 너무나 안타깝다. 하지만 그의 유산은 불멸할 것이다.

『동물 기계』의 예언과 철학

버나드 E. 롤린(콜로라도 주립대학교)

'선지자'라는 단어는 종종 오용된다. 오늘날 이 단어는 초자연적인 수정 구슬을 보고 미래를 점치는 사람이나, 찻잎 점(占)을 해석하는 사람을 의미하기도 한다. 그러나 역사적으로, 성서 속 시대로 가 보면, 선지자는 이를테면 예레미야가 초강대국 바빌론에 계속해서 적대감을 일으키면 이스라엘이 파괴될 것이라고 합리적으로 예언한 것처럼 다른 사람들이 간과하거나 무시하는 사회적 시기를 선명하고 또렷하게 깨닫는 사람이다.

후자의 의미에서 루스 해리슨은 의심의 여지 없이 세상의 진실한 선지자였고 지금도 그렇다. 1964년 『동물 기계』가 출판되었을 때 나는 학생으로 영국에 있었다. 내 기억에 단 한 권의 책이 전 사회를 그렇게 열광시킨 것을 본 적이 없다. 이 책은 내가 매혹과 공포가 뒤섞인 감정으로 읽은 엘스페스 헉슬리(Elspeth Huxley)의 훌륭한 시리즈와 함께 대중매체에서 출판이라는 거대한 홍수를 일으킨 장본인이었다. 헉슬리의 책은 루스 해리슨의 책에 더욱 힘을 실어주었다. 동물윤리 문제에 관해서는 한낱 애송이였던 나는 에든버러 대학에서 데이비드 흄과 스코틀랜드 상식철학 같은 꽤 고상한 학문을 전공하고 있었다. 애송이에 불과했던 나도 해리슨의 글이 흄의 전통을 가장 잘 계승

하고 있다는 점이 명확하게 느껴졌다. 동물의 고통이 일반 상식임을 그리고 상식적 예의의 문제임을 보여주었던 것이다. 이런 해리슨의 통찰은 1970년대의 나에게 이후 40여 년간 동물윤리 분야에서 일하도록 영향을 끼쳤다.

『동물 기계』는 강렬한 정서적 파급력과 잊을 수 없는 문체 그리고 최신 과학 지식이 독특하게 조합된 책이다. 실제로 책은 농업의 산업화가 가져온 뜻밖의 결과, 즉 동물의 복지 문제부터 인간의 건강, 환경 문제까지 거의 모든 문제를 다루고 있다. 비단 책에서만 이 다양한 문제를 분명히 다룬 것은 아니었다. 해리슨은 선지자의 임무를 수행하는 데 필요한 다른 뛰어난 조건도 갖추고 있었다. 그의 문장은 지식인이건 일반인이건 간에 영국 사회의 보통 사람들 모두의 마음을 움직였다.

아울러 출간 이후 영국 정부가 밀집, 감금 환경에서 사육되는 동물의 삶을 조사하는 위원회를 인가할 정도로 강력한 영향을 미쳤다. 이 위원회의 보고서[5]는 후에 동물의 5대 자유라고 알려진 것을 성문화했다. 개념적으로 농장동물에 부여된 최소한의 도덕적 권리라 할 수 있는 이 5대 자유는 이후 농장동물 복지자문위원회(Farm Animal Welfare Advisory Committee)에 채택되었으며, 마침내 1979년 FAWC에 채택되었다. 브람벨 보고서의 원본에는 다음과 같이 서술되어 있다. "농장동물은 자유롭게 일어나고, 앉고, 몸을 돌리고, 스스로 몸을 깨끗이 하고, 사지를 펼 수 있어야 한다."

요즘 FAWC에서 하는 말로 하면, 동물의 5대 자유는 다음과 같다.

동물의 5대 자유

동물의 복지는 동물의 신체적, 정신적 상태를 포함한다. 좋은 동물복지란 건강과 행복을 모두 의미한다. 인간이 키우는 어떤 동물이든, 불필요한 고통으로부터 최소한 보호받아야 한다.

우리는 농장에서든, 수송 중이든, 시장에서든, 도축장에서든 아래의 5대 자유를 배려해야 동물복지라고 생각한다. 이 5대 자유는 수용 가능한 복지 기준이 아니라 이상적인 상태를 정의한 것이다. 이는 어떤 시스템 안에서도 복지를 분석할 수 있는 논리적이고 종합적인 체계로, 효율적인 축산업을 위해 필요한 적절한 통제 안에서 동물복지를 지키고 개선하는 데 필수적인 단계와 절충점을 함께 다루었다.

1. 굶주림과 갈증으로부터의 자유

온전한 건강과 활기를 유지할 수 있는 먹이와 물에 신속하게 접근할 수 있어야 한다.

2. 불편함으로부터의 자유

잠자리와 편안하게 쉴 수 있는 구역을 포함하여 적절한 환경을 제공해야 한다.

3. 고통, 부상, 질병으로부터의 자유

고통, 부상, 질병 등을 예방하고, 이들이 발생했을 때는 신속하게 분석하고 치료해야 한다.

4. 일반적인 행동을 할 자유

충분한 공간, 적절한 시설을 제공하고, 동종의 동물과 함께 있어야 한다.

5. 두려움과 정신적 고통으로부터의 자유

정신적으로 고통을 피할 수 있는 시설과 치료를 보장해야 한다.

유감스럽게도 브람벨 보고서는 규제 기관에 잘 받아들여지지 않았다. 이런 어려움에도 불구하고 보고서가 신호탄이 되어 공장식 축산의 문제들이 제기되었다. 결국 EU의 법에서 강력한 규제를 얻어내고, EU 외의 많은 유럽 국가들도 받아들였다. 가장 눈에 띄는 것은 가축의 감금을 엄격하게 금지한 1988년 스웨덴의 법이다. 스웨덴을 상징하는 작가로 '우리 모두의 할머니'라고 불리는 아스트리드 린드그렌(『내 이름은 삐삐 롱스타킹』의 작가_옮긴이)과 수의사인 크리스티안 포슬런드의 활동이 큰 도움이 됐다. 포슬런드는 린드그렌에게 스웨덴 가축의 실태에 대해 얘기해 주었다. 〈뉴욕 타임스〉는 '가축의 권리를 위한 법안'이 스웨덴 의회에서 반대 없이 순조롭게 통과했다고 전했다. 다시 한 번 선지자 해리슨의 선견지명이 정확하게 들어맞아 역사적인 진보의 증거가 된 것이다. 그 후 미국으로 퍼져나가 동물보호 단체 휴메인 소사이어티(Humane Society)의 진두지휘 아래 배터리 케이지 금지, 돼지 임신 감금틀과 송아지 감금틀 폐지를 위한 국민투표를 하기에 이르렀다.

앞서 이야기했듯 해리슨에서 영향을 받아 시작되어 브람벨 위원회로 이어진 사상적 논리는 1970년대 중반 내가 동물윤리에 대해 글을 쓰기 시작했을 무렵 내 머릿속을 지배했다. 특히 이 두 가지 연결 고리는 대중의 지지를 얻고, 동물의 정신적 생리적 본능을 존중한다는 나의 접근법에서 대단히 중요했다. 그 무렵 영국에서 연구하고 있어서 해리슨의 책에 영향을 받을 수밖에 없었던 피터 싱어는 자신의 중요한 책인 『동물 해방』(Animal Liberation)을 집필했다. 피터 싱어 자신이 '동물을 위한 새로운 윤리'라 말한 이 책은 제러미 벤담의 연구로 곧장 거슬러 올라가는 거대한 영국 공리주의 전통에 기반하고 있었다. 나는 싱어의 논리를 매우 흠모했지만, 몇 가지는 만족스럽지 않았다. 우선 싱어의 논리의 핵심인 동물 이용(animal use)의 철폐는 실용주의적인 관점에서 윤리적으로 정당하지 않은 것으로 보였다. 둘째, 적어도 내가 이해한 싱어의 접근법은 쾌락을 최대화하고, 고통을 최소화하는 것에 바탕을 둔다. 물론 이 접근법은 훌륭하다. 그러나 내가 보기에 쾌락과 고통을 단순하게 하나의 단일한 기준, 즉 불만족으로 측정하는 것 같았다. 나는 사람들이 동물들에 해를 입히는, 그렇지만 '고통'이라는 개념에는 맞지 않아 보이는 수많은 방식을 확인했다. 특히 고통이라는 개념을 넓게 확장해 일반적으로 고통으로 분류되지 않는 모든 종류의 비참함을 포함하지 않는다면, 인간이 동물에게 가하는 모든 종류의 위해가 (일반적 의미에서) **고통**으로 여겨지지 않는다는 것을 알게 되었다. 외로움, 갑갑함, 고통, 자극의 박탈, 운동을 하지 못함, 어미와 새끼의 격리, 영양이 불균형한 먹이, 먹이를 찾거나 사냥을 하지 못하는 것, 자신의 먹이를 지키지 못하는 것을 비롯한 무수한 사례들은 해리슨이 확인했듯이 동물에게 해를 입히는 것이었다. 그런데도 쾌락과 고통이라는 축을 따라 매우 인위적으로 나누고 있었다. 두 번째도 동일한 문제가 있다. 해리슨은 동물 이용의 여러 요소들을 찾아내 대중들의 정당한 분노를 끌어냈다. 하지만 내가 보기에 동물 유래 식품이나 동물에 실시하는 침습성(invasive) 연구 문제와 관련해 대다수의 사람들은 중단할 의향이 없었다. 인간의 건강을 위한 동물실험에서 얻는 이익도 마찬가지였다.

위대한 급진주의 활동가인 헨리 스피라는 미국의 역사를 볼 때 어떤 사회 혁명이나 윤리 혁명도 점진적으로 일어나지 않은 경우는 결코 없다고 내게 말했다. 그와 내가 함께 겪은 시민 평등권 운동도 그렇다. 왜 동물의 도덕적 해방은 다를 거라고 생각하는가?

나는 나 자신의 사유를 지속적으로 발전시키면서 해리슨, 플라톤, 아리스토텔레스를 토대로 나만의 접근법을 다듬었다. 해리슨의 글은 브람벨 위원회와 마찬가지로 유럽의 정책에 상당한 영향을 미쳤는데, 그는 동물의 정신적, 생물학적 요구와 본성 존중의 중요성을 강조했다. 나아가 비록 현대 생명과학에서는 거부하는 개념이긴 하나, 동물의 **본성**이라는 개념이 평범한 상식으로 단단히 뿌리내리는 데도 영향을 주었다. 보통 사람들 대다수가 돼지다운 돼지, 소다운 소, 개다운 개가 개념적으로 문제가 되지 않는다고 생각하게 됐고, 밀집식 사육 방식으로 인한 본성의 침해가 도저히 말도 안 되는 일이라고 보았다. (일례로 내가 공장식 축산에 관한 퓨 위원회(PEW Commission on Industrial Farm Animal Production)에서 전문가 15명과 동물 유래 식품과 밀집식 사육 관련 일을 하고 있을 때, 밀집식 사육 양돈장의 암퇘지 임신 감금틀을 본 적 없었던 위원들은 양돈장의 모습을 보고 떠나면서 눈물을 흘렸다.)

오랜 세월 철학사를 가르친 사람으로서, 동물의 본성이라는 개념에서 아리스토텔레스의 개념인 '텔로스'(telos)를 끌어낼 수 있었다. 동물의 본성은 동물에 대한 도덕적 의무를 설명하는 뿌리와 같은 개념으로, 소비자들에게 그러했듯 내가 동물윤리학을 강의하면서 수천 명의 카우보이들을 설득할 수 있는 개념이었다.

동물윤리학에 접근하는 나의 마지막 연결고리는 플라톤으로부터 출발해 루스 해리슨의 저작에서 분명해졌다. 플라톤은 책 전반에 걸쳐 성인에게는 윤리를 가르칠 수 없고, 오직 상기시킬 수 있다고 강조했다. 시민권 시대를 살아오면서, 나는 마틴 루터 킹과 린든 존슨이 가르치려고 하지 말고 상기시키라는 플라톤의 가르침에 따라 행동했다는 것을 깨달았다. 이들이 흑인들의 처우를 개선하기 위한 새로운 도덕적 원칙을 만들어냈기 때문에 미국 시민들의 지지를 얻는 데 성공한 것은 아니었다. 오히려 모든 사람은 동등하게 대우받아야 하고, 또 흑인도 사실은 사람이라는 개념에 그들이 헌신하고 있음을 시민들에게 **상기**시켰기에 지지를 받은 것이다.

플라톤이 말하는 '상기'와 '가르침'을 좀 더 상세히 설명하기 위해 무예에서 쓰는 전략 개념에 비유하고자 한다. 백병전에는 완전히 다르고 서로 반대되는 두 가지 접근 방식이 있다. 하나는 스모식 접근 방식이다. 스모에서는 상대방의 힘에 대항하여 자신의 힘을 가한다. 마치 미식축구의 공격과 수비 라인맨과 비슷하다. 이런 방식은 상대와 동등한 체급과 힘을 가졌을 때 성공할 수 있다. 내가 상대보다 크다면 더없이 이상적이다. 하지만 이런 방식은 확연히 우월한 체격과 힘을 가진 상대와 싸운다면 반드시 패배한다. 강한 상대와 만났을 때는 상대의 힘을 이용해 싸우는 게 낫다. 유도처럼 힘의 방향을 바꾸어 그 힘으로 상대의 균형을 무너뜨리거나 상대방을 던져버릴 수도 있다. 윤리적인 논쟁에서도 이와 비슷한 논리를 쓸 수 있다. 특히 매우 강력한 상대와 논쟁하는 경우, 자신의 입장을 상대에게 강요하는 것보다는 상대의 윤리적 가정에 당신의 윤리적 입장도 속해 있음을 보여주면 훨씬 효과적이다. 비록 이런 방식이 이제까지 간과되었던 방식이었지만 말이다.

이를 통해서 결국 나는 동물윤리와 관련해 새롭게 깨달음을 얻게 되었다. 우리가 보는 것처럼 서구 사회에서 점진적으로 동물에 대한 도덕적 관심이 커지고 동물의 도덕적 지위도 높아지는 것이 완전히 새로운 동물윤리를 **무에서** 창조했기 때문은 아닐 것이다. 그보다는 우리 사회에 현존하는 인간과 관련한 사회적 윤리를 살펴보고 그중 **필요한 부분을 수정하여** 동물에 맞게 변형했기 때문이다.

이와 같은 변화가 항상 가능하진 않지만, 생각보다는 쉽다. 무엇보다 우리 모두는 동일한 사회윤리적 뼈대 혹은 핵심과 함께 성장한다는 것을 확실히 하는 사회적 교육을 충분히 해야 한다. 만약 우리가 동일한 윤리적 믿음의 기초를 공유할 훌륭한 방법이 없다면, 사회는 쉽게 무질서해질 것이다. 우리 모두가 공유하고 있는 윤리적 뼈대를 고려해볼 때, (사회는 우리 모두에게 이 윤리적 뼈대를 심어주기 위해 어린 시절부터 엄청나게 노력한다) 사회가 동물에게 적용하고자 하는 동물윤리의 논리적인 확장이 사람들 대부분이 이미 윤리적으로 믿고 있는 것들과 접촉점이 없는 완전히 새로운 윤리를 창조해내는 것보다 더 성과가 있지 않을까?

서구 사회는 지난 50년간 도덕적으로 무시 받고 투명인간 취급을 받던 사람들인 여성, 소수 집단, 장애인, 어린이, 제3세계의 시민들까지 **인간**의 도덕적 범주를 확장해 왔다. 앞서 언급한 바와 같이 실행 가능한 새로운 윤리는 **무에서 창조되지 않는다**. 사회에 필요한 확실하고 타당한 변화는 **인간에 적용되는 도덕적 도구들을 적절하게 수정해 동물에게 확장하는** 시도에서 나온다. 지금까지 사회 변화는 정확히 이런 방식으로 이루어졌다. 인간과 관련된 윤리를 마련하는 데 사용한 범주의 요소를 취해 새로운 동물 관련 문제,, 특히 실험 또는 밀집 사육 동물을 대하는 데 적절하게 수정해온 것이다.

그렇다면 인간을 위한 윤리 중 동물윤리로 확장할 수 있는 것은 무엇일까? 동물 이용에 적용할 수 있는 것은 인간 윤리에서도 매우 근본적인 문제에 속한다. 바로 공공복지의 이해관계와 상충하는 개인의 이해관계를 평가하는 문제이다. 이 문제에 대해 각 사회는 각기 다른 답을 내놓는다. 전체주의 사회에서는 개인에 관심을 크게 쓰지 않으며, 자신들의 공공복지가 어떻든 간에 국가를 지지한다. 또 다른 극단적인 예로 몇몇 무정부적 집단을 들 수 있는데, 이들 집단은 개인에게만 주로 관심을 두고, 조직에는 관심을 거의 두지 않는다. 이런 이유로 집단이 일시적으로 존재하는 것을 원하는 경향이 있다. 그러나 우리 사회는 균형이 이루어진다. 비록 대부분의 결정은 공공복지의 이익을 위해 결정되기는 하지만, 다수를 위해 희생하는 데서 발생하는 개인들의 근본적인 이익의 침해를 막기 위해 울타리를 친다. 그러므로 다수가 개인들의 이야기를 못마땅하게 여기더라도 우리는 개인이 침묵당하지 않도록 개인을 보호한다. 우리는 보상 없이는 사유재산이 침해되지 않도록 한다. 설령 그 점유가 공공복지에 이익이 되더라도 말이다. 설사 어떤 한 개인이 초등학교에 폭탄을 설치해 놓고 그 장소를 알려주지 않더라도 그를 고문으로부터 보호한다. 우리는 우리가 인간 존재와 **인간 본성**에 필수적이라 여기는 개인의 이해관심이 침해되는 것으로부터 개인을 지켜준다. 심지어 공공선이 침해됐다 하더라도 말이다. 그렇게 인간 개인을 보호하는 도덕적, 법적 울타리를 **권리**라고 부른다. 그리고 권리는 인간에게 무엇이 필수적인가 하는 합당한 추정을 바탕으로 한다.

인간의 권리는 오늘날 사회가 동물의 본성과 관련해서 동물들의 처우를 놓고 이야기하는 데 필요한 새로운 도덕 개념을 만들어내기 위해 전반적으로 살펴보는 개념이다. 오늘날의 세계에서 동물 학대는 루스 해리슨이 자신의 책 마지막 장에서 잘 보여주었듯이 핵심 문제가 아니다. 하지만 오늘날의 효율성, 생산성, 지식 그리고 의학의 발전, 제품 안전과 같은 놀라운 보편적 인간 복지 달성은 엄청난 동물의 고통을 바탕으로 이룩한 것이다. 이 사회에서 사람들은 동물이 그리고 동물의 이해관심과 본성이 보편적 복지 앞에서 완전히 침해당하지 않도록 동물 주위에 '방어막을 설치'하려고 한다. 그리고 입법기관으로 가져가서 이 목표를 달성하려고 한다. 생산성을 보장하기 위한 착한 사육과 돌봄에 기반을 둔 전통적 축산에서는 방어막이 자동으로 설치된다. 그러나 공장식 축산에서는 이런 방어막이 자동으로 설치되지 않기 때문에 사람들은 법률 제정을 원하는 것이다.

여기서 동물윤리의 어떤 부분은 주류에 속하지 않으며, 속하려 시도하지도 않는다는 것을 강조할 필요가 있다. 주류 운동으로서 인간의 권리를 동물에게 부여하려는 것이 아니다. 동물은 인간과 본성이 다를뿐더러 이 본성에서 나오는 이해관심도 다르기 때문에 인간의 권리는 동물에게 맞지 않다. 동물은 말하기, 종교, 재산에 대해 요구하는 본성이 기본적으로 없다. 따라서 그에 대한 권리도 없다. 하지만 동물은 자신들만의 본성이 있고 고유의 관심사가 있다. 이와 같은 동물의 주요 관심사를 좌절시키는 것은 사람의 말하고자 하는 욕구를 좌절시키는 것과 같다. 주류 사회를 위해 동물에게 사람과 같은 권리를 주자는 이야기가 아니다. '물고기는 헤엄치고 새는 날아야 한다'는, 그렇지 않으면 고통 받는다는 상식적 통찰을 지키자는 것이다.

이 새로운 동물윤리는 사람의 필요에 의해 길렀던 그리하여 동물의 본성을 존중했던, 말하자면 농사를 중심으로 가축을 이용하던 시절을 떠오르게 한다는 점에서 급진적이라기보다는 보수적이다. 새로운 동물윤리는 우리가 사람들이 소중하게 여기는 것을 해주듯 동물들에게 소중한 것을 해주어야 한다는 통찰을 기본으로 하고 있다. 결국 우리가 인간을 대하고 이용할 때 그에게 중요한 점을 존중하듯 우리는 동물을 대하고 이용할 때 그들에게 중요한 것을 존중해야 한다. **아울러 동물의 본성에 대한 존중은 전통적인 가축 사육처럼 더 이상 자연스레 생기는 것이 아니기에, 사회는 이에 대해 법에 넣기를 요구하는 것이다.** 놀랍게도 2004년 미국에서는 동물복지와 관련된 최소 2,100개 법안이 미국 의회에 제출됐다. 또한 90개가 넘는 법대에서 동물법을 가르치고 있다.

곡물도 기르고 사료 작물도 길러 가축들을 먹이는 혼합농업을 생각하면 가축이 초지에서 풀을 뜯고 자유로이 움직이는 목가적 이미지가 떠오른다. 〈시편 23편〉이 말하는 것처럼, 동물을 소비하고자 하는 사람은 그 동물이 육체적, 정신적으로 고통 받는 좌절의 삶이 아니라 행복한 삶을 사는 것을 볼 수 있기를 바란다. 산업적으로 농업을 하는 사람들이 순진한 대중들을 상대로 현실을 숨기는 이유는 현대의 축산이 이와는 반대되기 때문이다.

해리슨을 선지자로 보는 마지막 이유는 동물에 대한 도덕적 의무와 관련하여 평범한 사람들이 어디에 서 있는지를 알아보았고, 그들에게 그 의무를 상기시켰기 때문이다. 내가 이 글의 초반에서 말한 것처럼 선지자는 본디 사람들이 주의를 기울이지 않는 사회적 진실과 문제를 분명하게 지적함으로써 사람들이 주목하도록 만드는 사람이다. 이런 의미에서 마틴 루터 킹이 시민권의 선지자이듯, 루스 해리슨은 동물 윤리의 선지자이다.

루스 해리슨에게 바치는 헌사

데이비드 프레이저(브리티시 컬럼비아 대학교)

1970년대 초 데이비드 우드 구시(David Wood-Gush)는 에든버러의 작은 사무실에서 동물복지 연구프로그램을 이끌었다. 그의 사무실에는 평사 시스템이라고 적힌 종이 파일들이 어지럽게 널려 있었다. 사무실에는 방문객 두 사람 정도가 앉아서 이야기할 수 있는 공간이 있었는데, 사람이 하나 더 올라치면 방을 반쯤 가리는 파일 캐비닛 뒤 의자에 앉아야 했다. 가축의 복지와 관련한 우리 연구에 커다란 관심을 보였던 루스 해리슨이 우드 구시의 사무실에 방문했던 언젠가 그 의자에 앉아서 우드 구시, 이안 던컨, 나와 토론했다. 얼마 후 한 동료가(농업 전문가였던 그는 동물복지와 관련한 그 야단법석이 못마땅한 듯했다) 토론이 끝났는지 보려고 문에 들어서더니 말했다.

"아, 그 여사님은 물러가셨나 보군."

"아니요." 해리슨이 캐비닛 뒤쪽에서 나오며 말했다. "아직 여기 있어요."

그렇다, 정말 해리슨은 동물복지와 함께 있었다. 농장동물의 복지와 동물복지 과학의 역사를 이야기할 때 루스 해리슨과 『동물 기계』의 영향을 빼놓고 이야기하는 것은 불가능하다.[6] 익히 알다시피 1964년 『동물 기계』가 처음 출간되고 또 영국의 주요 신문에서 연이어 다뤄지면서 사람들의 관심은 가히 폭발적이었다. 전하는 이야기에 따르면 시민들의 우려가 영국 정부를 집어삼켰다고 한다. 시민들은 가게에서 식재료를 사는 행위가 학대의 일상화를 용인하는 것이며, 동시에 안전하지 않은 식품으로 인해 자신들이 해를 입고 있다고 걱정했다. 시민들의 분노가 거세지자 정부는 속히 위원회를 꾸렸고 저명한 교수 F.W. 로저스 브람벨을 의장으로 임명했다. 그리고 '밀집식 사육 시스템으로 키우는 가축의 복지'를 조사했다. 위원회가 해당 사안을 '대중적인 불안'이라고 규정한 만큼 조사도 긴급하게 착수했다.[7]

브람벨 위원회의 보고서는 『동물 기계』의 출간 1년 후에 나왔다. 일반적인 권고 사항과 증거에 대한 재검토는 물론이고, 위원회 위원 중 한 사람인 윌리엄 소프의 훌륭한 부록도 포함됐다. 소프는 신사적인 퀘이커 평화주의자로, 새소리를 과학적으로 연구해 널리 알려진 사람이었다. 부록은 '동물의 육체적, 정신적 고통의 평가'라는 제목의 사려 깊은 에세이였다. 여기서 소프는 질병과 부상, 스트레스의 생리학적 지표, 고통과 불편함의 행동지표에 관한 수의학적 연구를 전반적으로 다루었으며, 감금으로 인한 무기력에 관한 연구, 동물의 지능과 인지 능력 조사, 인간에 의해 학습된 공포를 발달시키는 동물의 능력에 관한 연구, 동물들이 선호하는 환경의 다양성에 관한 연구[8]도 포함했다. 소프의 글은 실제로 이후 반세기 넘게 동물복지에 관한 과학 연구의 의제로 다루어졌다. 소프의 영향을 받은 위원회는 새로운 종류의 연구가 필요하다고 지적했다. 일례로 각각 다른 생산 방법이 어떻게 동물복지에 영향을 미치는지, 또 축산이 동물의 욕구와 본성을 만족시킬 때 얼마나 더 효율적인지를 밝혀야 한다고 썼다.

위원회가 연구의 필요성을 제기하면서 실질적으로 동물복지 과학 분야의 연구가 시작되었다. 이는 에든버러에 있는 가금류연구센터의 동물행동학 부문의 확대로 이어졌고(데이비드 우드 구시가 이끌었다) 유력인사였던 이언 던컨, 베리 휴즈, 마이클 젠틀, 존 세이버리, 브라이언 존스도 합류하게 되었다. 모두 동물복지 분야에 이바지했을 뿐만 아니라 오늘날 해당 분야를 이끄는 대학원생 세대를 양성한 인물들이었다. 나는 에든버러 농업학교에 농장동물의 복지를 연구하기 위해 고용된 최초의 과학자였다. 이는 『동물 기계』와 브람벨 위원회가 빚어낸 직접적인 결과였으며, 몇 년 후에는 큰 기관이 되어 에든버러에서 이 연구를 계속하는 단체가 됐다. 아울러 영국에서 동물복지 연구가 시작되고 기금 모금이 이루어지게 된 것에 이 책과 위원회의 영향이 있었다는 것은 두말할 나위가 없다.

해리슨을 단순히 동물복지 연구를 촉발한 인물로만 볼 수는 없다. 그는 동물복지 과학에 적극적인 관심을 가지고 평생에 걸쳐 개혁을 멈추지 않았다. 오랜 세월 영국의 영향력 있는 농장동물복지위원회원을 지냈던 해리슨은 과학자, 농업전문가, 수의사 들과 함께 연구를 진행했다. 단체의 공식 업무뿐만 아니라 동물생산에 관해 해박한 비평가이기도 했다. 내가 목격한 것만 해도 수차례이다. 한 번은 미국 메릴랜드에서 함께 콘퍼런스에 참석했는데, 북미 최초의 착유 로봇을 설비한 실험 시설이 차로 갈 수 있는 거리에 있었다. 그는 친절하게도 그 시설을 방문하기 전에 내게도 함께 갈 것을 제안하고 같이 둘러볼 수 있도록 주선했다. 또 한 번은 내가 캐나다에서 일할 때 영국에서 전화해 기계식 닭 포획기(닭을 손으로 포획하는 스트레스를 줄이는 대체 기계)

가 막 출시되어 미국 남부에서 사용되고 있다면서, 돼지의 복지를 연구하는 정부과학자이지만 닭 포획기의 시연을 한번 살펴보라며 전화를 한 적이 있었다. 1987년 캐나다 몬트리올 생명윤리 콘퍼런스에서 특별 연설을 했을 때는 오타와까지 와서 우리 연구시설을 방문했다. 수년간 많은 동물복지 대변인들을 만났지만, 해리슨만큼 사정에 밝은 동료는 드물었다. (그러나 해리슨도 돼지 사육시설에 들어가기 전에는 갓 머리를 한 '숙녀'라도 샤워를 해야 한다고 했을 때는 약간 겁을 먹은 듯했다.)

해리슨 이후 동물의 처우를 놓고 많은 다른 비평들이 있었다. 몇몇 비평가는 해리슨보다 더 뛰어난 작가였다. 몇몇 주장은 윤리 이론에 더 천착했고, 농장동물에 한정하지 않고 더 종합적인 접근방식을 취한 비평도 있었다. 그러나 누구도 루스 해리슨처럼 진실한 영향을 주지는 못했다. 왜일까?

물론 많은 이유가 있을 것이다. 1964년 당시 해리슨이 던진 메시지의 참신성, 해리슨의 인간적 진실함, 산업화를 놓고 예술과 문학 진영에서 서로 다른 두 견해가 양분되어 있던 나라에서 축산이 산업적 활동이 되고 있다는 주장이 가졌던 문화적 울림 등. 하지만 해리슨의 이야기가 파급력이 있었던 한 가지 이유는 그가 사실에 근거한 정보를 소중하게 여기고 동물 이용이 실생활의 문제와 어떻게 관련이 있는지를 꿰고 있었기 때문이었다.

지금 우리는 그 어느 때보다 본보기로서 해리슨 같은 사람이 필요하다. 오늘날 비평가들은 단순히 옛날의 주장을 반복하거나, 저간의 사정에 어두워 농부들이나 농장동물 관리자들에게는 손쉬운 상대이다. 가축 관리자들은 '단순한 실수'일 뿐이라며 비평가의 비평을 묵살

해버린다. 비평가들이 아는 게 없다고 결론 내리고는 편안하게 홍보 활동이나 하는 것이다.[9] 동물 이용을 놓고 다양한 주장과 말들의 싸움이 벌어지고 있는 지금 그저 옆에 서서 감 놔라 배 놔라 하면서 실제로 동물과 함께 일하는 사람들을 배제하고 고립시키는 비평가가 아니라 개혁의 과정에 참여할 수 있을 만큼 관련 지식을 갖춘 박식한 비평가를 찾기 힘들다.

분명 다른 비평가들은 루스 해리슨의 투지, 설득력, 자신이 믿었던 대의를 위한 일생의 헌신에서 나와는 다른 가르침을 끌어낼 것이다. 하지만 내가 해리슨에게 배운 핵심 교훈은 그의 선례를 따라 변화의 과정에 건설적으로 참여하는 박식한 비평가가 되는 것이 중요하다는 점이다.

루스 해리슨의 후기 저술과 동물복지 업적

도널드 M. 브룸(케임브리지 대학교)

루스 해리슨은 생의 말년 25년 동안 나의 좋은 친구였다. 해리슨은 축산업 종사자는 아니었지만, 업계 사람들을 압박할 줄 알았다. 또 정치와 관련되지는 않았지만, 정치적 결정을 내리는 사람들에게 정보를 제공하는 방법을 알고 있었다. 과학자가 아니었지만, 과학의 중요성을 이해했고, 동물복지를 과학적으로 접근하는 것을 강력하게 지지했다.

해리슨은 항상 두 번째 책을 내고자 했는데, 첫 책을 낸 이후 쓴 글과 공개 연설은 그의 요청에 따라 루스의 자매인 매를린과 다이앤 핼버슨 그리고 루스의 미국 친구들이 책으로 엮었다. 나는 『동물 기계』 이후에 쓴 글들과 활동 특히 유럽 의회에서의 활동에서 해리슨의 선견지명이 잘 드러나는 메시지에 초점을 맞추고자 한다.

『동물 기계』에서 제기한 주요 아이디어 중 하나는 일부 축산시스템이 동물이 생물학적 기능을 효과적으로 발휘하지 못하도록 만들고 있으며, 동물을 고통받게 하거나 살 수 없는 방식으로 사육한다는 것이다. 루스 해리슨과 같이 브람벨 위원회(1965) 회원이었던 생태학자 윌리엄 소프가 설명한 동물의 욕구는 해리슨의 시각과 일치한다. 동물의 욕구 중 일부는 사람을 포함한 많은 종의 동물들과 공통된 것이다. 다른 욕구는 동물 종에 따라 다른데 이 때문에 돼지는 탐색하고 먹이를 찾을 때 코로 땅을 파야 하고, 닭은 알을 낳는 시기에 둥지가 필요하다. 이런 욕구가 실현되지 못하면, 동물들이 비정상적 행동을 하거나 생리적 문제를 해소하려는 행동을 하는 것에서 증명되듯, 동물복지가 열악한 것이다.

소프의 욕구에 대한 개념[10]은 해리슨[11]에 의해 발전됐다. 첫 번째는 밍크의 욕구에 관한 것이고, 두 번째는 사육 동물이 걷고, 헤엄치고, 나는 것과 같은 이동의 욕구 그리고 감각 활동에 대한 욕구이다. 예를 들어 눈으로 보는 활동은 어두운 환경에서는 충족될 수 없다. 세 번째는 동물들이 자신들의 정상적인 행동 양식을 표출할 수 있어야 한다는 것이다. 동물복지 과학자들이 발전시킨 욕구 개념에 대해서는 던컨과 우드 구시,[12] 휴즈와 던컨,[13] 토트즈와 젠슨[14]을 참고하길 바란다.

브룸과 존슨은 욕구를 동물의 기초적인 생명 활동의 한 부분으로, 특정 환경이나 신체의 자극에 반응하거나 자원을 획득하기 위한 필요조건이라고 정의했다.[15] 지난 25년 동안 동물 종의 복지와 관련한 (이를테면 유럽의회 또는 유럽연합, 유럽식품안전기구의 보고서 같은) 논평이나 권고의 출발점은 (과학 연구를 통해 입증되었듯이) 이들 동물 종의 욕구 목록이었다. 일반적인 가이드라인으로 제시되는 것은 동물의 5대 자유이다. 하지만 이 자유의 개념에는 약간의 문제가 있다.[16] 따라서 이와 관련된 증거를 모음으로써 욕구를 더 과학적으로 접근해야 한다. 후기의 루스 해리슨이 했던 수많은 발언과 글은 욕구의 증거로서 동물이 좋아하는 것을 하게 하는 것이 미치는 영향에 대한 과학적 연구 결과를 기술한 것들이다. 이에 대해서는 던컨,[17] 스톨바와 우드 구시,[18] 도킨스,[19] 매튜스와 래이드위그[20]의 연구가 있다. 아울러 이런 아이디어를 검토한 연구들로는 브룸과 프레이저,[21] 프레이저,[22] 브룸[23]의 연구가 있다.

욕구를 언급할 때 루스 해리슨은 동물의 행동에서 관찰한 증거를 자주 강조하곤 했다. 왜냐하면 당시 과학단체와 축산 연구자들이 동물 행동을 고려해야 한다는 사실을 빈번히 무시한다는 것을 알고 있었기 때문이다. 해리슨은 가끔 '행동적 욕구'(behavioural needs)라는 용어를 사용했는데, 도킨스,[24] 브룸과 존슨[25]이 강조한 바와 같이 엄밀하게 말하자면 그 용어는 옳지 않다. 왜냐하면 욕구는 뇌에서 구성되는 것이기 때문에 행동적이거나 생리적일 수 없기 때문이다. 과학적으로 정확하게 말하면 '특정 행동을 드러내고자 하는 욕구' 또는 '특정 생리학적 변화로 충족되는 욕구'이다.

농장동물의 복지를 위한 권고 사항을 마련했던 유럽의회위원회(사육 목적으로 키워지는 동물의 보호를 위한 유럽 회의 상설 위원회, 줄여서 T-AP라고도 한다)에서 루스 해리슨은 잉바르 엑스보, 안드레아스 스타이거 그리고 나와 함께 권고 사항의 주체인 해당 동물 종의 생명 활동의 세부사항이 포함해야 한다고 강력하게 주장했다. 이 세부사항으로 동물의 생물학적 요구에 관한 정보를 알 수 있기 때문이다.

또한 유럽동물복지협회(Eurogroup for Animal Welfare) 대표로 참석했던 유럽회의위원회에서 대체로 최근 읽은 과학논문을 토대로 의견을 개진했다. 나는 동물복지 과학자들의 중요한 과학 모임인 응용동물행동학 국제학회(International Society for Applied Ethology)를 대표하여 13년간 이 위원회에 과학 고문으로 참석했다. 이미 초창기부터 해리슨은 업계 관행을 변호하는 사람들이 전문가의 의견보다 과학적인 증거를 더 어려워한다는 점을 알고 있었다. 이런 이유로 그는 스스로 주요 논문을 찾아 읽고, 과학전문가를 찾아다니며 열정적으로 과학적 증거와 관련한 자문을 구했다. 1969년 영국 왕립공중보건학회에 제출한 논문에서는 스트레스가 동물에게 해로울 수 있다는 점을 받아들이지 못하고 있다고 지적했다.[26] 해리슨은 동물복지가 막 학문으로 태어난 1980년대부터 이후 학문 분야로 단단하게 뿌리를 내릴 때까지 동물복지 과학의 발전을 강력하게 지원했다.

동물복지 과학 초창기부터 해리슨은 동물복지의 긍정적인 면을 강조했다. 1969년《옵저버》기사에서는 가축을 복잡한 사회적 동물이라고 지적하면서,[27] 동물을 좀비나 장난감처럼 취급하는 것보다 좋은 복지 환경에서 키우는 것이 더 좋은 결과를 가져온다고 주장했다. 1988년에 있었던 농업발전자문단 콘퍼런스에서는 동물복지를 확대하는 데 가장 큰 장애물은 최상의 복지를 홍보하는 것이 아니라 최악의 복지를 예방하는 것이라고 보는 태도라고 말했다. 아울러 동물복지 과학은 최악의 복지를 평가하는 것보다 좋은 복지가 뭔지를 판단하는 데 더 초점을 맞추어야 한다고 했다. 동물복지 과학 분야는 결국 이런 방식으로 발전되어 갔다.

해리슨의 글을 보면 동물복지가 더디게 진보하는 데 대한 불만이 종종 드러난다. 그는 법에 비해 자발적 규정의 개선이 훨씬 더디다고 보았다.[28] 1987년 흄 기념 강연에서는 브람벨 보고서의 권고 사항들이 정부에 의해 약화됐다고 언급했다. 권고 사항 대부분이 더 많은 증거가 필요하다는 이유로 실행에 옮겨지지 않았다는 이야기였다.[29] 이를테면 정말 일반적인 가이드라인일 뿐인 동물의 5대 자유도 정부는

더 과학적인 연구가 필요하다면서 실행을 지연한다며 비판했다.[30]

이권에 연루된 사람들 몇몇은 터무니없는 윤리적 태도를 보인다. 농장에서 동물을 사육하는 사람 중에는 동물복지의 수준이 형편없어 그들의 반려동물이라면 강력하게 비난할 수준의 시스템과 과정으로 키우는 사람도 있을 것이다. 1965년 런던 트래펄가 광장에서 열린 강연에서 해리슨은 사람들이 동물을 대하는 태도는 동물을 단순히 동물로 대하는 것보다는 동물을 어떻게 이용하는지에 따라 좌우되는 경향이 있다고 말했다.[31]

하지만 해리슨은 실용주의자였고, 축산업자들도 생존해야 한다고 생각했다. 같은 강연에서 그는 이렇게 말했다. "한 사회에서 모든 동물성 제품이 과잉 생산되는 시기는 동물의 삶과 존엄성을 존중하는 사람들을 위해 시스템을 재정비하고, 생산자들의 동물 이용을 지원하는 데 재원을 투입해야 한다."

동물복지 향상을 위한 제안에 자주 등장하는 반대 논리로는 동물복지는 추가 비용이 들고, 세상의 많은 사람들이 굶주리고 있기 때문에 식품 생산을 최대화해야 한다는 것이다. 하지만 해리슨은 오타와에서 내놓은 논문[32]에서 이렇게 썼다. "대부분의 세계에서 생산하는 고기는 기아에 허덕이는 가난한 사람들과는 관계가 없다."

최근 몇 년간 농장동물 복지의 주요한 개선은 특정 동물 제품을 생산하기 위해 동원되는 동물들의 복지가 열악하다는 사실을 깨달은 소비자들이 해당 제품을 불매하면서 일어났다. 그 결과 기업은 동물복지가 높은 수준의 제품을 광고했고, 식품 소매기업은 동물복지 기준을 세우게 되었다. 해리슨은 "대중들이 제품의 선호도를 알리는 방법은 제품의 라벨에 표시하는 것밖에 없다"라고 말함으로써 이러한 변화의 방향을 예측했다. 지속 가능한 농업을 위한 운동[33] 역시 해리슨이 있던 농장동물보호신탁(Farm Animal Care Trust)에서 해당 주제로 심포지엄을 주최함으로써 예견되었다.[34]

해리슨의 책은 오랫동안 영향을 미쳤다. 오늘날에도 과학자들은 계속해서 해리슨의 연구를 인용하고 있고, 많은 사람들이 농장동물의 삶에 관심을 갖게 되었다. 특히 유럽에서 1972년 이후 지금까지 초창기의 해리슨이 가한 충격 그리고 이후의 영향력 있는 참여가 없었다면 농장동물 보호를 위한 원칙과 과학적인 근거를 마련하지 못했을 것이다. 해리슨의 작업은 궁극적으로 농업에서 이용되는 동물에 관한 새로운 관점으로 이어졌고, 동물복지 과학 분야를 발전시켰다. 이 책을 읽는 독자들은 1964년 루스 해리슨이 압축적으로 묘사한 동물들에 닥친 시련뿐만 아니라 미래 전망에 대한 해리슨의 예지력 그리고 아직도 해야 할 연구들이 엄청나다는 것에 깊은 인상을 받을 것이다.

옮긴이 후기

이 책을 처음 만난 것은 몇 년 전 국회의 동물복지 관련 세미나에서였다. 세미나에서 덴마크 출신의 학자는 동물복지라는 개념은 모두 이 책에서 비롯했다면서 발표를 시작했다. 세미나가 끝나고 책을 찾아보니 아직 우리나라에는 소개되지 않은 책이었다. 동물복지에 관심이 많았던 터라 그저 이 책을 알려야겠다는 마음으로 번역에 매달리게 되었다.

요즘 우리 사회도 공장식 축산 동물에 대한 우려가 높아져 '비거니즘'이라는 단어가 낯설지 않다. 하지만 공장식 축산 시스템에서 고통받는 동물들의 삶을 처음으로 고발해 출간되자마자 영국 사회를 뒤흔들고 이후 유럽과 세계 곳곳에서 동물복지와 동물권, 동물윤리에 대한 각성을 일으킨 이 책이 소개되지 않아 아쉬움이 많았다.

이 책은 동물복지 분야의 고전이다. 루스 해리슨이 책을 쓴 1964년과 비교하면 지금은 많이 달라진 것도 있고, 어떤 부분은 개선되기도 했다. 그러나 달라진 게 아무것도 없는 부분도 있다. 동물을 아무 자극 없는 밀폐된 공간에서 키우고, 수많은 약물을 사용하는 것은 여전히 계속되고 있다. 뿐만 아니라 이제는 인간의 필요에 따라 동물의 특성을 변화시켜 사육함으로써, 태어나면서부터 고통을 받는 더 끔찍한 일도 일어나고 있다.

평범한 삶을 살던 루스 해리슨은 어느 날 전단 한 장으로 공장식 축산에 눈 뜨고, 그에 반대하는 활동에 평생을 바쳤다. 이 책도 어느 누군가의 눈을 뜨게 해주었으면 하는 바람이다.

편리하게 요리해 먹는 달걀, 햄, 소시지, 치즈, 기쁜 날 사람들과 함께 먹는 고기요리, 배달시켜 먹는 치킨. 이런 음식들이 한때는 생명으로 태어났으나 인간에 의해 끔찍한 고통을 주는 사육방식으로 길러져 우리의 먹거리가 된다는 것을 깨닫고 그 소비를 조금이라도 줄이게 되면 더 좋겠다. 이 책으로 공장식 축산으로 고통받는 동물들에게 조금이나마 도움이 된다면 나는 그것으로 족할 것 같다.

미주

1. 들어가며

1) 《농부와 목축업자》(Farmer and Stockbreeder) 1961년 12월 19일자
2) 《옵저버》 1962년 5월 6일자
3) 《수의학 기록》 73권 2호
4) 《선데이 타임스》 1963년 3월 17일자

2. 육계

1) 더럼 대학교 경제학부 위크스(W.G.R. Weeks) 교수의 미국 방문 보고서, 《농부와 목축업자》 1961년 5월 16일자
2) 《농업 신문》(Farming Express) 1962년 8월 30일자
3) 〈파이낸셜 타임스〉1962년 8월 24일자
4) 《베드퍼드셔 타임스 앤드 스탠더드》(Bedfordshire Times and Standard) 1962년 2월 16일자
5) 《뉴스 크로니클》(News Chronicle) 1960년 6월 4일자
6) 《농부와 목축업자》 1961년 8월 8일자
7) 〈데일리 메일〉 1961년 4월 6일자
8) 《가금 세계》(Poultry World) 1962년 8월 2일자
9) 《농업 신문》 1961년 9월 28일자
10) 《가금 세계》 1961년 10월 12일자
11) 《축산농가》(The Smallholder) 1962년 6월 1일자
12) 《가금 세계》 1962년 6월 26일자
13) 〈데일리 텔레그래프〉 1962년 6월 20일자
14) 《윌트셔 가제트 앤드 해럴드》(Wiltshire Gazette and Herald) 1962년 3월 8일자
15) 〈데일리 텔레그래프〉 1961년 11월 1일자
16) 《가금 세계》 1963년 2월 14일자
17) 《가금 세계》 1963년 6월 13일자
18) 〈데일리 익스프레스〉 1962년 2월 12일자
19) 《가금 세계》 1961년 6월 29일자

3. 도계장

1) 《가금 세계》 1961년 10월 5일자
2) 《가금 세계》 1961년 6월 22일자
3) 《농부와 목축업자》 증보판 1962년 1월 30일자
4) 《가금 세계》 1961년 10월 5일자
5) 《농부와 목축업자》 1961년 8월 29일자
6) 《농부와 목축업자》 1961년 10월 10일자

4. 배터리 산란계

1) 〈옥스퍼드 메일 파밍 서플리먼트〉(Oxford Mail Farming Supplement) 1962년 2월 16일자
2) 《가금 세계》 1962년 11월 8일자
3) 《가금 세계》 1961년 8월 24일자
4) 《농부와 목축업자》 1961년 4월 11일자
5) 〈옥스퍼드 메일 파밍 서플리먼트〉 1962년 2월 16일자
6) 《가금 세계》 1962년 10월 11일자
7) 《주간 농부》 1962년 10월 13일자
8) 《축산농가》 1961년 6월 22일자
9) 《주간 농부》 1962년 3월 9일자 보도
10) 《가금 세계》 1962년 9월 2일자
11) 《농부와 목축업자》 1962년 3월 14일자
12) 《가금 세계》 1962년 5월 17일자
13) 《가금 세계》 1962년 2월 8일자
14) 《농부와 목축업자》 증보판 1963년 1월 29일자
15) 《농업 신문》 1961년 12월 14일자
16) 《농부와 목축업자》 1961년 12월 19일자
17) 《농부와 목축업자》 1962년 1월 30일자
18) 《가금 세계》 1962년 10월 18일자
19) 《가금 세계》 1962년 11월 22일자
20) 《가금 세계》 1961년 10월 12일자
21) 《가금 세계》 1961년 8월 29일자
22) 《농업 신문》 1963년 1월 31일자
23) 《가금 세계》 1962년 11월 22일자
24) 《가금 세계》 1962년 10월 4일자
25) 《가금 세계》 1961년 10월 5일자

26) 《가금 세계》 1962년 6월 14일자
27) 《농부와 목축업자》 1961년 4월 11일자
28) 《농업 신문》 1961년 12월 21일자
29) 《주간 농부》 1961년 12월 1일자
30) 《농업 신문》 1961년 5월 18일자
31) 《가금 세계》 1962년 12월 27일자
32) 《농부와 목축업자》 1962년 10월 23일자
33) 《농업 신문》 1962년 6월 28일자
34) 《가금 세계》 1963년 1월 31일자

5. 식육용 송아지

1) 《농업 신문》 1961년 9월 7일자
2) Universities Federation for Animal Welfare Courier 1960년 가을호
3) 《농부와 목축업자》 1960년 9월 13일자
4) 《수의학 기록》 1960년 8월 27일자, 바커 박사의 기술
5) 《농부와 목축업자》 1960년 9월 13일자
6) 《농부와 목축업자》 1960년 9월 13일자, 편집자의 언급
7) 《농부와 목축업자》 1960년 9월 13일자, 트로스미스(R. Trow Smith)의 언급
8) 《수의학 기록》 1960년 8월 20일자
9) 『사육 동물의 사료에 대한 과학적 원칙』(Scientific Principles of Feeding Farm Livestock)
10) 《농부와 목축업자》 1960년 9월 13일자
11) Universities Federation for Animal Welfare Courier 1960년 가을호
12) 《뉴스 크로니클》 1960년 6월 4일자
13) 《UFAW 통신》 1960년 가을호
14) 〈타임스〉 1960년 8월 15일자
15) 《의회 의사록》 1960년 7월 25일자
16) Blaxter, Sharman and MacDonald 1957
17) Matrone et al. 1957
18) Matrone et al. 1957
19) Thomas, Okamoto, Jakobson and Moore 1954
20) Blaxter, Sharman and MacDonald 1957
21) Matrone, Conley, Wise and Waugh 1957
22) 《실험 사육》(Experimental Husbandry) 5호
23) 《농업》 1962년 8월호
24) 《농부와 목축업자》 1961년 10월 24일자

25) 《농업》 1961년 9월호
26) 《농업》 1961년 9월호
27) 《UFAW 통신》 1960년 가을호
28) 《수의학 기록》 1960년 8월 27일자
29) 〈타임스〉 1960년 8월 15일자
30) 《농업》 1961년 9월호에서 실럼 박사의 언급
31) 《농부와 목축업자》 1960년 9월 30일자

6. 기타 밀집식 사육 시설

1) 《옵저버》 1962년 8월 19일자
2) 〈파이낸셜 타임스〉 1963년 6월 21일자
3) 〈데일리 익스프레스〉 1962년 9월 6일자
4) 《농부와 목축업자》 1961년 4월 4일자
5) 《수의학 기록》 1961년 11월 25일자
6) 《가금 세계》 1962년 3월 1일자
7) 《농부와 목축업자》 1963년 1월 22일자
8) 《주간 농부》 1962년 2월 23일자
9) 《농부와 목축업자》 1963년 3월 26일자
10) 《주간 농부》 1962년 11월 7일자

8. 품질 기준

1) 『홀리 실험』(The Haughley Experiment)

9. 고품질 생산과 대량 생산

1) Carson 1963
2) 〈이브닝 스탠더드〉 1962년 11월 9일자
3) 《가금 세계》 1962년 5월 17일자
4) 《농부와 목축업자》 1962년 9월 4일자
5) 《농부와 목축업자》 1961년 3월 14일자
6) 《농부와 목축업자》 1961년 5월 11일자
7) 《농부와 목축업자》 1962년 5월 1일자
8) 미국 동물건강신탁의 윌리엄 스미스(H. William Smith)의 연구
9) Lewis Herber 1963
10) 《농부와 목축업자》 1962년 5월 1일자

11) Frye et al.

12) 『식품 속 화학물질』(Chemials in Food), 1960

13) 『우리의 합성 환경』(Our Synthetic Environment), 1963

14) Bicknell 1960

15) 전 건강·교육·복지부 장관 플레밍(Arthur S. Flemming)의 항의

16) Herber 1963

17) 《브리스톨 이브닝 월드》(Bristol Evening World)

18) 《가금 세계》 1963년 2월 21일자

19) 〈타임스〉 1962년 11월 13일자

20) 《농업 신문》 1961년 7월 20일자

21) 《농부와 목축업자》 1963년 3월 5일자

22) 《가금 세계》 1962년 10월 18일자

23) 《농부와 목축업자》 1960년 9월 13일자

24) 《미국 소화기 질환 저널》(American Journal of Digestive Diseases) 1953년 11월호

25) Wickenden 1956

26) 《주간 농부》 1962년 2월 9일자

27) 〈파이낸셜 타임스〉 1963년 3월 21일자

28) 《가금 세계》 1962년 8월 16일자

29) 《어머니 지구》(Mother Earth) 1962년 10월호

30) 《농부와 목축업자》 1962년 5월 31일자에서 로빈 클래펌의 발언

31) 〈파이낸셜 타임스〉 1962년 10월 11일자

32) 《랜싯》(Lancet) 1961년 1월 28일자

10. 동물 학대와 법률

1) 『동물을 배려해야 하는 과학적 근거』(The Scientific Basis of Kindness to Animals)

2) 《농부와 목축업자》 1962년 1월 30일자

3) Bedichek 1948

4) 《농부와 목축업자》 1962년 4월 10일자

5) 《농부와 목축업자》 1961년 7월 11일자

6) 《농부와 목축업자》 1961년 6월 20일자

7) 《주간 농부》 1962년 12월 14일자

8) 《농업》 1962년 8월호

9) 《농부와 목축업자》 1962년 6월 20일자

10) 《컨트리맨》(The Countryman) 1960년 8월호

11) 《농부와 목축업자》 1961년 3월 7일자

12) 〈이스트 앵글리안 데일리 타임스〉(East Anglian Daily Times) 1962년 10월 6일자

13) 『산란계 배터리』

14) 《가금 세계》 1962년 7월 12일자

15) 〈요크셔 포스트〉(Yorkshire Post) 1963년 5월 4일자

16) Colin 1871

17) 《수의학 기록》 1963년 1월 26일자

18) 《농부와 목축업자》 1962년 1월 30일자

19) 《농업 신문》 1960년 7월 28일자

20) 《농부와 목축업자 부록》(Farmer and Stockbreeder Supplement) 1962년 3월 13일자

21) 《농부와 목축업자》 1960년 9월 30일자

11. 결론

1) 《가금 세계》 1962년 8월 16일자

2) 〈파이낸셜 타임스〉 1962년 9월 19일자

3) 〈선데이 타임스〉 1963년 3월 17일자

추천의 말

1) Godfray et al. 2010

2) Steinfeld et al. 2006; The Government office for Science 2011

3) Dawkins 2012

4) Hart 1961

5) Brambell 1965

6) Fraser 2008; Woods 2012

7) Brambell 1965

8) Thorpe 1965

9) Frazer 2011, 2012

10) Thorpe 1965

11) Harrison 1967, 1970, 1980

12) Duncan and Wood-Gush 1971, 1972

13) Hughes and Duncan 1988

14) Toates and Jensen 1991

15) Broom and Johnson 1993

16) Broom 2003

17) Duncan 1978, 1992
18) Stolba and Wood-Gush 1989
19) Dawkins 1983, 1990
20) Matthews and Ladewig 1994
21) Broom and Frazer 2007
22) Frazer 2008
23) Broom 2011
24) Dawkins 1983
25) Broom and Johnson 1993
26) Harrison 1969
27) Harrison 1969b
28) Harrison 1978
29) Harrison 1987
30) Harrison 1993
31) Harrison 1965
32) 1978, 미출간
33) Broom 2010
34) Marshall 1992

참고문헌

책

Balfour, E.B. (1959) *The Living Soil*, Faber and Faber.

Bedichek, Roy (1948) *Adventure with a Naturalist*, Gollancz.

Dr. Bicknell, Franklin (1960) *Chemicals in Food and in Farm Produce: Their Harmful Effects*, Faber and Faber.

Blount, W.P. (1951) *Hen Batteries*, Baillière, Tindall and Cox.

Carson, Rachel (1963) *Silent Spring*, Hamish Hamilton.

Herber, Lewis (1963) *Our Synthetic Environment*, Jonathan Cape.

Jenks, Jorian (1959) *The Stuff Man's Of*, Faber and Faber.

King, J.O.L. (1961) *Veterinary Dietetics, A Manual of Nutrition in Relation to Disease in Animals*, Baillière, Tindall and Cox.

Linton, R.G. and Williamson, Grahame (1943) *Animal Nutrition and Veterinary Dietetics*, W. Green and Son Ltd.

Lorenz, Konrad (1952) *King Solomon's Ring*, Methuen and Co. Ltd.

Sir McCarrison, Robert and Sinclair H.M. (1961) *Nutrition and Health*, Faber and Faber.

Massingham, H.J. (1941) *England and the Farmer*, Batsford.

Perrin, Michel (1953) *Essai de Caracterisation des Viands de Veau Insuffisantes*, Foulon.

Picton, L.J. *Thoughts on Feeding*, Faber and Faber.

Weston Price, D.D.S. (1950) *Nutrition and Physical Degeneration - A Comparison of Primitive and Modern Diets and their Effects*, The American Academy of Applied Nutrition, Los Angeles.

Rural-Reconstruction Association (1955) *Feeding the Fifty Million*, Hollis and Carter.

Scientific Principles of Feeding Farm Livestock, Proceedings of a Conference held at Brighton, 1958, Farmer and Stockbreeder Publications Ltd., 1959.

Second Conference on the Health of Executives 1960, The Chest and Heart Association.

Wickenden, Leonard (1956) *Our Daily Poison*, The Devin-Adair Company.

Wrench, M.D. (LOND), G.T. (1946) *The Wheel of Health - A Study of a Very Healthy People*, C.W. Daniel Company Ltd.

소책자와 논문

Royal Institute of Public Health and Hygiene. Papers Given at Public Health Conference 1962.

Soil Association, *The Haughley Experiment 1938-62*.

The British Veterinary Association, *The Husbandry and Diseases of Calves*.

Proceedings of the Vitalstoffe-Zivilisationskrankheiten steht unter dem Protektorat des Wissenschaftlichen Rates der Internationalen Gesellschaft für Nahrungsund Vitalstoff-Forschung.

Universities Federation for Animal Welfare, *Courier*, Autumn 1960; and *The Scientific Basis of Kindness to Animals*, by John R. Baker, 1955.

Freedom for Hunger Campaign, *Third World Food Survey*, Basic Study No. 11, and *Malnutrition and Disease*, Basic Study No. 12, World Health Organisation, 1963.

Ministry of Agriculture publication, published by HMSO:

Report of the Committee on Fowl Pest Policy, 1962.

Beef Production, Bulletin No. 178.

Poultry on the General Farm, Bulletin No. 8.

Poultry Housing, Bulletin No. 56.

Intensive Poultry Management, Bulletin No. 152.

Table Chickens, Bulletin No. 168.

Hybrid Chickens, Bulletin No. 180.

Rations for Livestock, Bulletin No. 48.

Calf Rearing, Bulletin No. 10.

Experimental Husbandry, Nos. 1, 2, 3, 4, 5, 6.

Experimental Progress Report, 1961.

Incubation and Hatchery Practice, Bulletin No. 148.

Modern Rabbit Keeping, Bulletin No. 50.

Housing the Pig, Bulletin No. 160.
Ministry of Agriculture Advisory Leaflets.

Poultry World Publication: *Egg Productions in Laying Cages, Fundamentals of Nutrition*, Nos. 1-8, by Dr. Wokes, Frank and Vesey, Cyril, reprinted from Good Health.

Dr. Pirie, N.W., *A Biochemical Approach to World Nutrition*. May and Baker Laboratory Bulletin, May 1961.

우리가 『동물 기계』를 읽어야 하는 이유

Carson, R. (1962) *Silent Spring*. Published in the UK by Hamish Hamilton, London (1963). This is the edition RH cites.

Dawkins, M.S. (2012) *Why Animals Matter: Animal Consciousness, Animal Welfare and Human Well-being*. Oxford University Press, Oxford, UK.

Godfray, H.C.J., Beddington, J.R., Crute, I.R., Haddad, L., Lawrence, D., Muir, J.F., *et al*. (2010) Food Security: The Challenge of Feeding 9 Billion People. *Science* 327, 812-817.

The Government Office for Science (2011) *Foresight: The Future of Food and Farming. Challenge and Choices for Global Sustainability*. Final Project Report. The Government Office for Science, London.

Harrison, R. (1964) *Animal Machines. The New Factory Farming Industry*. Food and Agricultural Organization of the United Nations.

Steinfeld, H., Gerber, P., Wassener, T., Castel, V., Rodales, m. and de Haan, C. (2006) *Livestock's Long Shadow. Environmental Issues and Options*. Food and Agricultural Organization of the United Nations.

루스 해리슨, 영감을 주는 친구에게 바치는 헌사

Brambell, F.W.R. (1965) *Report of Technical Committee to Enquire into the Welfare of Animals Kept Under Intensive Husbandry Systems*, Cmnd. 2836. HMSO, London.

Harrison, R. (1964) *Animal Machines. The New Factory Farming Industry*. Vincent Stuart, London.

Hart, H.L.A. (1961) *The Concept of Law*. Clarendon Press, Oxford, UK.

『동물 기계』의 예언과 철학

Brambell, F.W.R. (1965) *Report of Technical Committee to Enquire into the Welfare of Animals Kept Under Intensive Husbandry Systems*, Cmnd. 2836. HMSO, London.

Farm Animal Welfare Council (1979) (http://www.defra.gov.uk/fawc/about/fivefreedoms, accessed December 2012).

Harrison, R. (1964) *Animal Machines. The New Factory Farming Industry*. Vincent Stuart, London.

Singer, P. (1975) *Animal Liberation: A New Ethics for Our Treatment of Animals*. Jonathan Cape, London.

루스 해리슨에게 바치는 헌사

Brambell, F.W.R. (Chairman) (1965) *Report of Technical Committee to Enquire into the Welfare of Animals Kept Under Intensive Livestock Husbandry Systems*. HMSO, London.(인용은 표지와 2쪽)

Fraser, D. (2001) The 'New Perception' of Animal Agriculture: Legaless Cows, Featherless Chickens, and a Need for Genuine Analysis. *Journal of Animal Science 79*, 634~641.

Fraser, D. (2008) *Understanding Animal Welfare: The Science in its Cultural Context*. Wiley-Blackwell, Oxford, UK.

Fraser, D. (2012) Animal Ethics and Food Production in the 21st Century. In: Kaplan, D. (ed.) *Philosophy of Food*. University of California Press, Berkeley, California, pp. 190~213.

Harrison, R. (1964) *Animal Machines. The New Factory Farming Industry*. Vincent Stuart, London.

Thorpe, W. H. (1965) The Assessment of Pain and Distress in Animals. Appendix III. In: Brambell, F.W.R. (Chairman) (1965) *Report of Technical Committee to Enquire into the Welfare of Animals Kept Under Intensive Livestock Husbandry Systems*. HMSO, London.

Woods, A. (2012) From Cruelty to Welfare: The Emergence of Farm Animal Welfare in Britain, 1964~1971. *Endeavour* 36, 14~22.

Broom, D.M. (2003) *The Evolution of Morality and Religion*. Cambridge University Press, Cambridge, UK, pp. 259.

Broom, D.M. (2010) Animal Welfare: An Aspect of Care, Sustainability, and Food Quality Required by the Public. *Journal of Veterinary Medical Education* 37, 83~88.

Broom, D.M. (2011) A History of Animal Welfare Science. *Acta Biotheoretica* 59, 121~137.

Broom, D.M. and Fraser, A.F. (2007) *Domestic Animal Behaviour and Welfare*, 4th edn. CAB International, Wallingford, UK, pp. 438.

Broom, D.M. and Johnson, K.G. (1993) (reprinted with corrections, 2000) *Stress and Animal Welfare*. Kluwer, Dordrecht, Netherlands.

Dawkins, M. (1983) Battery Hens Name Their Price: Consumer Demand Theory and the Measurement of Animal Needs. *Animal Behaviour* 31, 1195~1205.

Dawkins, M.S. (1990) From an Animal's Point of View: Motivation, Fitness and Animal Welfare. *Behavioral and Brain Science* 13, 1~31.

Duncan, I.J.H. (1978) The Interpretation of Preference Tests in Animal Behaviour. *Applied Animal Ethology* 4, 197~200.

Duncan, I.J.H. (1992) Measuring Preferences and the Strength of Preference. *Poultry Science* 71, 658-663.

Duncan, I.J.H. and Wood-Gush, D.G.M. (1971) Frustration and Aggression in the Domestic Fowl. *Animal Behaviour* 19, 500~504.

Duncan, I.J.H. and Wood-Gush, D.G.M. (1972) Thwarting of Feeding Behaviour in the Domestic Fowl. *Animal Behaviour* 20, 444~451.

Fraser, D. (2008) *Understanding Animal Welfare: The Science in its Cultural Context*. Wiley Blackwell, Chichester, UK.

Harrison, R. (1964) *Animal Machines*. Vincent Stuart, London.

Harrison, R. (1965) (unpublished) Mass rally in Trafalgar Square against Factory Farming. Reported in *The Observer*, 25 April 1965, p. 4.

Harrison, R. (1967) What Price Mink? Unpublished pamphlet.

Harrison, R. (1969a) Intensive Livestock Farming and Health (c) Welfare. *Proceedings of Health Congress, Eastbourne, 28 April to 2 May 1969*. Royal Society of Health, London.

Harrison, R. (1969b) Why Animals Need Freedom to Move. *The Observer*, 12

October 1969, p. 7.

Harrison, R. (1970) Unpublished discussion: Proceedings of Factory Farming Conference.

Harrison, R. (1978) Intensive Livestock Systems: Where Do We Draw the Line? Unpublished conference proceedings.

Harrison, R. (1980) Animal Production and Welfare-practical Considerations. *Animal Regulation Studies* 2, 215~221.

Harrison, R. (1987) Farm Animal Welfare: What, If Any, Progress? Hume Memorial Lecture, Royal Society of Medicine, 26 November 2987. Universities Federation for Animal Welfare, Potters Bar, Herts, UK.

Harrison, R. (1988) Livestock Production Methods at a Crossroads. Unpublished paper presented at the Agricultural Development and Advisory Service Conference, 6 April 1988, Harper Adams College, Newport, UK.

Harrison, R. (1993) Since *Animal Machines. Journal of Agricultural and Environmental Ethics* 6 Suppl. 1, 4~14.

Hughes, B.O. and Duncan, I.J.H. (1988) Behavioural Needs: Can They Be Explained in Terms of Motivational Models? *Applied Animal Behaviour Science* 20, 352~355.

Marshall, B.J. (ed.) (1992) *Sustainable Livestock Farming into the 21st Century*. Centre for Agricultural Strategy, University of Reading, Reading, UK.

Matthews, L.R. and Ladewig, J. (1994) Environmental Requirements of Pigs Measured by Behavioural Demand Functions. *Animal Behaviour* 47, 713~719.

Stolba, A. and Wood-Gush, D.G.M. (1989) The Behaviour of Pigs in a Semi-natural Environment. *Animal Production* 48, 419~425.

Thorpe, W.H. (1965) The Assessment of Pain and Distress in Animals. Appendix III. In: Brambell, F.W.R. (Chairman) *Report of Technical Committee to Enquire into the Welfare of Animals Kept under Intensive Husbandry Conditions*. HMSO, London.

Toates, F. and Jensen, P. (1991) Ethological and Psychological Models of Motivation: Towards a Synthesis. In: Meyer, J.A. and Wilson, S. (eds) *Farm Animals to Animats*. MIT Press, Cambridge, Massachusetts, pp. 194~205.

찾아보기

《가금 세계》 37, 42, 49, 76, 84, 102, 103, 323, 334
가금 페스트 36, 44~49, 51, 70, 100
가금 페스트 관련 시설 보고서 36
『건강의 바퀴』 207
권태 173, 174, 281, 282, 312
근친교배 96
깃털 쪼기와 카니발리즘 41, 80, 85, 87, 183, 282
꼬리 물기(돼지) 173, 282
노란색 염료 243, 244
노팅엄 농장 연구소 170
《농부와 목축업자》 68, 84, 95, 106, 109, 111, 133, 137, 154, 157, 240, 284, 286, 287, 311~313, 318, 334
달걀 품질 103, 104
덴마크 S.P.C.A. 296
덴마크식 양돈장 170
도계장 28, 35, 43, 53, 57~71, 113, 297~300
도축장 57, 58, 62, 65, 67, 70, 71, 102, 118, 155, 156, 166, 300, 350
독일 식품법 330
동맥경화증 270
〈동물보호법〉(1911) 277, 280, 283, 284, 290, 301, 304~306, 311, 341
〈동물의 육체적, 정신적 고통의 평가〉 361
딜레이니 위원회American Delaney Committee 247, 250, 329
땀 흘리게 하는 방법(송아지) 130, 131
로렌츠, 콘라트 39, 40, 58
로윗 연구소 13, 131, 162, 165, 313, 344
막스 플랑크 연구소 232
만성 호흡기 질환 43
매캐리슨, 로버트Sir Robert McCarrison 206, 209, 210, 212
맨체스터 기업법 71
메추리 109, 161, 342
묶어 두기(송아지) 128
미국 식약청 241, 246
미국식 비육장 162
미국식 양계 방식 52
미국에서 성장촉진제로 사용되는 비소 241, 242
미오글로빈 131
밀집사육 7~9, 13, 19, 22, 44, 64, 76~81, 89, 91, 93, 127, 164, 230, 264, 265, 271, 279, 282, 307, 309, 311, 325, 331, 332, 337, 338, 342
밀집사육의 위험성 280
『박물학자와 함께하는 모험』 231, 294
반추 방지 133, 136, 302, 304
『배양과 부화』 271
배터리 케이지 31, 64, 78~87, 92~96, 100, 106, 161, 167, 169, 181, 197, 199, 232, 243, 244, 256, 257, 267~270, 276, 281, 282, 292~297, 331, 336, 343, 351
배터리 케이지 산란계 297, 318
볏 자르기 108, 109
보조금 112, 228, 321~324, 329,
부리 절단(닭) 38, 39, 58, 80, 87, 102, 294, 295, 321
비소 241~243
비콘 제분 기업 91
비타민A 부족 144, 150, 303, 304
비타민B12 부족 135, 144, 150
빈혈(송아지) 131, 134~141, 145~152, 291, 304, 331
빨기와 오줌 핥기 127, 132, 281
사우나 양돈장 15, 172, 173, 310
『산란계 배터리』 99, 290
〈살아 있는 가금류 운송 명령〉(1919) 297, 298
살충제와 농약 226
'삶의 위험'(1962년 왕립 공중보건위생협회) 265
성장촉진제 19, 153, 241~243
『솔로몬의 반지』 40
송아지고기용 송아지 284
수분 부족 130

《수의학 기록》Veterinary Record 18, 68, 141, 302, 335
『수의학적 영양학』(Veterinary Dietetics) 145,
스트레스 42, 43, 97, 99, 113, 171, 361, 368
스틸베스트롤 244, 246~250, 252, 253
슬랫 바닥 79, 106, 124~127, 132, 133, 163~165, 283~288, 332
시력 상실 166, 301
식량농업기구 327
〈식품 생산을 위한 가축의 밀집식 사육방법 통제 법안〉 313
안경(닭) 39, 109, 183
안정제 19, 20, 67, 165, 198, 238, 292, 301
알려지지 않은 비타민 231
양계장 40, 256
에스트로겐 20, 244, 245, 248, 260
영양 부족 식단 331
『영양과 건강』 206
『영양과 신체의 퇴화』Nutrition and Physical Degeneration 209
오리 61, 161, 345
왕립 수의대학 149
『우리 일상의 독』Our Daily Poison 21
우유 대용품 120, 122, 129, 130, 132, 135, 137~147, 149~152, 191, 192, 302~305
『육계 사육장』 33
육우 송아지 166, 254, 281, 291, 292, 300, 331
이스터브룩, 로런스Laurence Easterbrook 132, 163, 267, 292, 334
인도적 도축협회도축협회Humane Slaughter Association 62~64
《인도적 도축협회 연간 보고서》 63
인도적인 충격기 62, 156
〈조류보호법〉(1954) 293, 342
조명자극법과 황혼조명법 108
주 5일 농장 근무 312
《주간 농부》 85, 107, 334
진균 감염 240
질병의 억제 또는 성장촉진제로 사용되는 항생제 153, 234, 235
쪼기 서열 40, 79, 80, 276
철망 바닥 77~79, 83, 87, 95, 168, 230, 256, 312
철분 부족 134, 137, 147
《축산농가》 41, 85
『침묵의 봄』 227, 339
카슨, 레이철 227, 241, 256, 260, 335, 339, 342
크누르의 쥐 실험 210
클로람페니콜 20
토끼 61, 161, 166~169, 182, 338
토양협회 219, 334
토지소유자협회 164
톱밥이 깔린 평사 사육장 87, 95, 96
퇴행성 질환 227
파리, 해충 101, 125, 154, 197, 255~257, 306
페니실린 39, 235, 238
항콕시듐증 제제 168, 241
헤어볼 128, 302
호르몬 9, 19, 20, 110, 152, 153, 165, 198, 234, 244~248, 254, 260, 272, 292, 301, 339
홀리 실험 219
흰 고기(송아지) 120, 135, 137, 154, 157

DDT 256, 258, 259, 260, 261
RSPCA 296, 300

동물 기계

2020년 7월 17일 1판 1쇄 발행

지은이 루스 해리슨
옮긴이 강정미
펴낸이 박래선
펴낸곳 에이도스출판사
출판신고 제406-251002011000004호
주소 경기도 파주시 회동길 363-8, 308호
전화 031-955-9355
팩스 031-955-9356
이메일 eidospub.co@gmail.com
페이스북 facebook.com/eidospublishing
인스타그램 instagram.com/eidos_book
블로그 https://eidospub.blog.me/
표지 디자인 공중정원
본문 디자인 김경주

ISBN 979-11-85415-38-3 03470

이 도서의 국립중앙도서관 출판예정도서목록(CIP)은
서지정보유통지원시스템 홈페이지(http://seoji.nl.go.kr)와
국가자료종합목록 구축시스템(http://kolis-net.nl.go.kr)에서 이용하실 수 있습니다.
(CIP제어번호: CIP2020027444)